普通高等教育“十三五”规划教材
（风景园林/园林）

园林工程概预算

李　良　牛来春　主编

中国农业大学出版社
· 北京 ·

内 容 简 介

全书共分为10章，理论部分从工程造价管理及其基本制度、园林工程概预算基础、园林工程概预算定额、园林工程工程量清单理论、园林工程计量、园林工程计价、决策和设计阶段工程造价的确定与控制、建设工程招投标与合同价款的约定、建设项目施工阶段合同价款的调整和结算、竣工决算的编制与保修费用的处理这十个方面进行阐释。通过网址链接的综合预算案例与素材文件部分借助园林工程概预算的实训操作巩固所学知识，促进理论与实践结合，进一步掌握园林工程概预算的编制方法，获得编制园林工程概预算的实操能力。本教材可作为高等院校园林和风景园林专业教材，也可供市政、园林工程建设单位的预决算编制人员或审核人员学习参考。

图书在版编目(CIP)数据

园林工程概预算/李良，牛来春主编. —北京：中国农业大学出版社，2019.3(2023.10重印)
ISBN 978-7-5655-2188-1

Ⅰ.①园… Ⅱ.①李… ②牛… Ⅲ.①园林-工程施工-建筑概算定额②园林-工程施工-建筑预算定额 Ⅳ.①TU986.3

中国版本图书馆CIP数据核字(2019)第061789号

书 名 园林工程概预算
作 者 李 良 牛来春 主编

策划编辑	梁爱荣	**责任编辑**	梁爱荣
封面设计	郑 川 李尘工作室		
出版发行	中国农业大学出版社		
社 址	北京市海淀区圆明园西路2号	**邮政编码**	100193
电 话	发行部 010-62818525，8625	**读者服务部**	010-62732336
	编辑部 010-62732617，2618	**出 版 部**	010-62733440
网 址	http://www.caupress.cn	**E-mail**	cbsszs@cau.edu.cn
经 销	新华书店		
印 刷	涿州市星河印刷有限公司		
版 次	2019年5月第1版 2023年10月第4次印刷		
规 格	889×1 194 16开本 13.25印张 360千字		
定 价	38.00元		

图书如有质量问题本社发行部负责调换

普通高等教育风景园林/园林系列
“十三五”规划教材编写指导委员会

编 委 会

主　　编　李　良　牛来春

编写人员　（按姓氏拼音排序）

高宇琼（铜仁学院）

李　良（西南大学）

刘维东（四川农业大学）

牛来春（云南师范大学文理学院）

徐凌彦（云南农业技术学院）

曾天明（西南大学）

出版说明

进入21世纪以来，随着我国城市化快速推进，城乡人居环境建设从内容到形式，都在发生着巨大的变化，风景园林/园林产业在这巨大的变化中得到了迅猛发展，社会对风景园林/园林专业人才的要求越来越高、需求越来越大，这对风景园林/园林高等教育事业的发展起到巨大的促进和推动作用。2011年风景园林学新增为国家一级学科，标志着我国风景园林学科教育和风景园林事业进入了一个新的发展阶段，也对我国风景园林学科高等教育提出了新的挑战、新的要求，也提供了新的发展机遇。

由于我国风景园林/园林高等教育事业发展的速度很快，办学规模迅速扩大，办学院校学科背景、资源优势、办学特色、培养目标不尽相同，使得各校在专业人才培养质量上存在差异。为此，2013年由高等学校风景园林学科专业教学指导委员会制定了《高等学校风景园林本科指导性专业规范(2013年版)》，该规范明确了风景园林本科专业人才所应掌握的专业知识点和技能，同时指出各地区高等院校可依据自身办学特点和地域特征，进行有特色的专业教育。

为实现高等学校风景园林学科专业教学指导委员会制定规范的目标，2015年7月，由中国农业大学出版社邀请西南地区开设风景园林/园林等相关专业的本科专业院校的专家教授齐聚四川农业大学，共同探讨了西南地区风景园林本科人才培养质量和特色等问题。为了促进西南地区院校本科教学质量的提高，满足社会对风景园林本科人才的需求，彰显西南地区风景园林教育特色，在达成广泛共识的基础上决定组织开展园林、风景园林西南地区特色教材建设工作。在专门成立的风景园林/园林西南地区特色教材编审指导委员会统一指导、规划和出版社的精心组织下，经过2年多的时间系列教材已经陆续出版。

该系列教材具有以下特点：

(1)以"专业规范"为依据。以风景园林/园林本科教学"专业规范"为依据对应专业知识点的基本要求组织确定教材内容和编写要求，努力体现各门课程教学与专业培养目标的内在联系性和教学要求，教材突出西南地区各学校的风景园林/园林专业培养目标和培养特点。

(2)突出西部地区专业特色。根据西部地区院校学科背景、资源优势、办学特色、培养目标以及文化历史渊源等，在内容要求上对接"专业规范"的基础上，努力体现西部地区风景园林/园林人才需求和培养特色。院校教材名称与课程名称相一致，教材内容、主要知识点与上课学时、教学大纲相适应。

(3)教学内容模块化。以风景园林人才培养的基本规律为主线，在保证教材内容的系统性、科学性、先进性的基础上，专业知识编写板块化，满足不同学校、不同授课学时的需要。

(4)融入现代信息技术。风景园林/园林系列教材采用现代信息技术特别是二维码等数字技术，使得教材内容更加丰富，表现形式更加生动、灵活，教与学的关系更加密切，更加符合“90后”学生学习习惯特点，便于学生学习和接受。

(5)着力处理好4个关系。比较好地处理了理论知识体系与专业技能培养的关系、教学体系传承与创新的关系、教材常规体系与教材特色的关系、知识内容的包容性与突出知识重点的关系。

我们确信这套教材的出版必将为推动西南地区风景园林/园林本科教学起到应有的积极作用。

编写指导委员会

2017.3

前　言

党的二十大报告指出:推动绿色发展,促进人与自然和谐共生。展望新时代新征程,风景园林对美丽中国建设的支撑作用日益重要,每一个风景园林教育工作者对美丽中国建设满怀信心和期待。

在我国经济的快速度发展下,园林工程的建设分工越来越细,工程的规模也日渐扩大。园林工程建设作为城市建设的重要组成部分,其重要性不言而喻。提高对园林工程造价的管理和控制,使园林工程的投资效益最大化,是园林工程建设过程中非常重要的部分。

本教材阐述了园林工程概预算的变迁历史、基本知识、不同阶段概预算的编制要求和方法等内容,重点讲解了园林工程施工图预算的编制及工程量清单计价的编制。本书系统知识与应用技能掌握并重,以行业发展需求为导向,以培养熟练技能实用型人才为目标,精心组织理论与实训内容,使学生能够在较短时间内掌握园林工程概预算的编制基本技能。

本书由多位从事园林工程概预算、园林工程招投标、园林工程专业教学的教师,依据国家现行标准规范,以多年教学与实践工作积累为基础,参考大量国内外相关教材和案例编撰而成。由于园林工程概预算的编制过程中涉及定额的套取,而定额有全国统一定额、行业定额、地区定额、企业定额等,本书编撰是在全面阐述园林工程概预算理论和技能基础上,偏重我国西部地区园林工程概预算实践,以便结合地方定额选用教材和理论结合实际进行学习和实训。

本书由西南大学李良和云南师范大学文理学院牛来春主编,具体编写分工为:牛来春编写第 1 章、第 7 章,刘维东编写第 2 章,徐凌彦编写第 3 章、第 6 章,高宇琼编写第 4 章、第 9 章,李良编写第 5 章、第 8 章,曾天明编写第 10 章。

编　者

2023 年 10 月

目　录

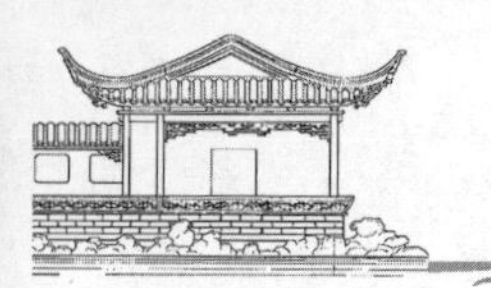

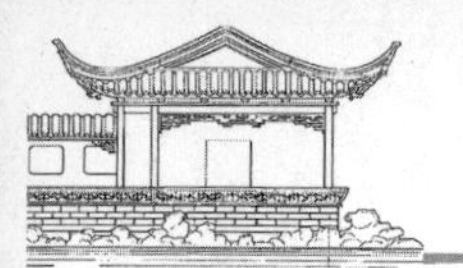

第1章 工程造价管理及其基本制度

实施工程造价管理，首先，需要明确工程造价的基本内容、工程造价管理的组织系统和主要内容；其次，应理解我国工程造价管理的基本制度，包括工程造价专业人员管理制度和工程造价咨询企业资质管理制度。此外，还应了解国内外工程造价管理的发展情况。

1.1 工程造价的基本内容

1.1.1 工程造价及其计价特征

1.1.1.1 工程造价含义及特点

1)工程造价的含义

工程造价通常指工程项目在建设期(预计或实际)支出的建设费用。由于所处的角度不同，工程造价有不同的含义。

含义一:从投资者(业主)角度分析，工程造价是指建设一项工程预期开支或实际开支的全部固定资产投资费用。投资者为了获得投资项目的预期效益，需要对项目进行策划决策、建设实施(设计、施工)直至竣工验收等一系列活动。在上述活动中所花费的全部费用，即构成工程造价。从这个意义上讲，工程造价就是建设工程固定资产的总投资。

含义二:从市场交易角度分析，工程造价是指在工程发承包交易活动中形成的建筑安装工程费用或建设工程总费用。显然，工程造价的这种含义是指以建设工程这种特定的商品形式作为交易对象，通过招标投标或其他交易方式，在多次预估的基础上，最终由市场形成的价格。这里的工程既可以是整个建设工程项目，也可以是其中一个或几个单项工程或单位工程，还可以是其中一个或几个分部工程，如建筑安装工程、装饰装修工程等。随着经济发展、技术进步、分工细化和市场不断完善，工程建设中的中间产品会越来越多，商品交换会更加频繁，工程价格的种类和形式也会更为丰富。

工程发承包价格是一种重要且较为典型的工程造价形式，是在建筑市场通过发承包交易(多数为招标投标)，由需求主体(投资者或建设单位)和供给主体(承包商)共同认可的价格。

工程造价的两种含义实质上就是从不同角度把握同一事物的本质。对投资者而言，工程造价就是项目投资，是“购买”工程项目需支付的费用；同时，工程造价也是投资者作为市场供给主体“出售”工程项目时确定价格和衡量投资效益的尺度。

2)工程造价的特点

(1)大额性　任何一项建设工程，不仅实物形态庞大，而且造价高昂，需投资几百万、几千万甚至上亿元的资金。工程造价的大额性关系到多方面的经济利益，同时也能对社会宏观经济产生重大影响。

(2)单个性　任何一项建设工程都有特殊的用途，其功能、用途各不相同，从而使每一项工程的结构、造型、平面布置、设备配置和内外装饰都有不同

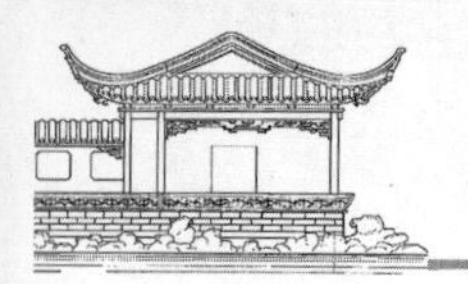

的要求。工程内容和实物形态的个别差异决定了工程造价的单个性。

(3)动态性　任何一项建设工程从决策到竣工交付使用,都会有一个建设周期,在这一期间,工程变更、材料价格波动、费率变动都会引起工程造价的变动,直至竣工决算后才能最终确定工程的实际造价。建设周期长,资金的时间价值突出,这体现了工程造价的动态性。

(4)层次性　一项建设工程往往含有多个单项工程,一个单项工程又由多个单位工程组成,与此相适应,工程造价也存在三个对应层次,即建设项目总造价、单项工程造价和单位工程造价,这就是工程造价的层次性。

(5)兼容性　一项建设工程往往包含有许多工程内容,不同工程内容的组合、兼容能适应不同的工程要求。工程造价由不同工程内容的费用组合而成,具有很强的兼容性。

1.1.1.2　工程计价及其特征

1)工程计价含义

工程计价是指对工程建设项目及其对象,即各种建筑物和构筑物建造费用的计算,也就是工程造价的计算。工程计价包括工程概预算、工程结算和竣工决算。

工程概预算(工程估价)是指工程建设项目在开工前,对所需的各种人力、物力资源及其资金需用量的预先计算。其目的在于有效确定和控制建设项目的投资,进行人力、物力、财力的准备,以保证工程项目的顺利进行。工程结算和竣工决算是指工程建设项目在完工后,对所消耗的各种人力、物力资源及资金的实际计算。

工程计价作为一种专业术语,实际上又存在着两种理解。广义理解应指工程计价这样一个完整的工作过程,狭义理解则指这一过程必然产生的结果,即工程造价文件。

2)工程计价的特点

工程建设是一项特殊的生产活动,它有别于一般的工农业生产,具有周期长、消耗大、涉及面广、协作性强、建设地点固定、水文地质各异、生产过程单一、不能批量生产,需要预先定价等特点。尤其是园林绿化工程中的植物具有生命,更是增加了其定价的难度。因此,工程计价也就有了不同于一般工农业产品定价的特点。

(1)计价的单件性　建筑产品的单件性特点决定了每项工程都必须单独计算造价。

(2)计价的多次性　工程项目需要按程序进行策划决策和建设实施,工程计价也需要在不同阶段多次进行,以保证工程造价计算的准确性和控制的有效性。多次计价是一个逐步深入和细化,不断接近实际造价的过程。工程多次计价过程如图 1-1 所示。

3)计价的组合性

工程造价的计算与建设项目的组合性有关。一个建设项目是一个工程综合体,可按单项工程、单位工程、分部工程、分项工程等不同层次分解为许多有内在联系的组成部分。建设项目的组合性决定了工程计价的逐步组合过程。工程造价的组合过程是:分部分项工程造价→单位工程造价→单项工程造价→建设项目总造价。

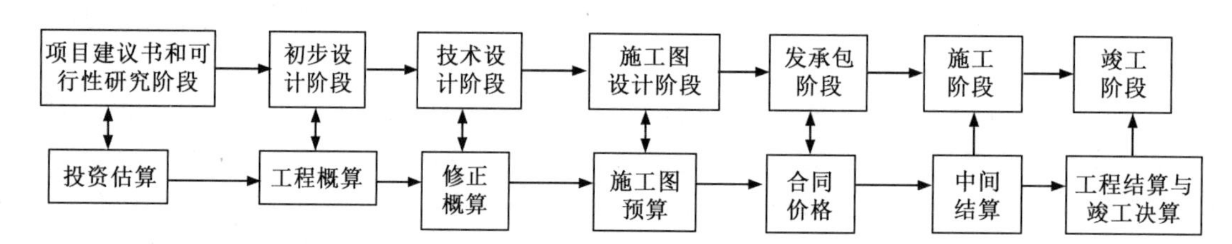

注:竖向箭头表示对应关系,横向箭头表示多次计价流程及逐步深化过程。

图 1-1　工程多次计价示意图

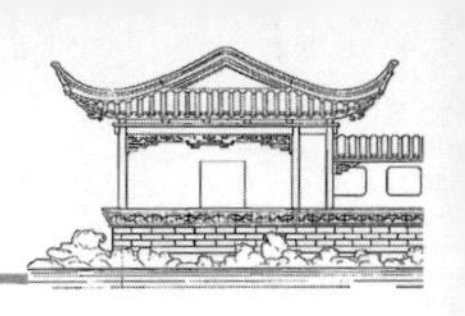
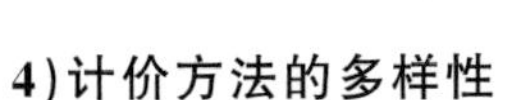

4)计价方法的多样性

工程项目的多次计价有其各不相同的计价依据，每次计价的精确度要求也各不相同，由此决定了计价方法的多样性。例如，投资估算方法有设备系数法、生产能力指数估算法等，概预算方法有单价法和实物法等。不同方法有不同的适用条件，计价时应根据具体情况加以选择。

5)计价依据的复杂性

工程造价的影响因素较多，决定了工程计价依据的复杂性。计价依据主要可分为以下七类：①设备和工程量计算依据。包括项目建议书、可行性研究报告、设计文件等。②人工、材料、机械(以下简称人、材、机)等实物消耗量计算依据。包括投资估算指标、概算定额、预算定额等。③工程单价计算依据。包括人工单价、材料价格、材料运杂费、机械台班费等。④设备单价计算依据。包括设备原价、设备运杂费、进口设备关税等。⑤措施费、间接费和工程建设其他费用计算依据。主要是相关的费用定额和指标。⑥政府规定的税费。⑦物价指数和工程造价指数。

1.1.1.3　工程计价的分类及其作用

1)根据建设程序的不同阶段分类

(1)投资估算　投资估算是指在编制建设项目建议书和可行性研究阶段，对建设项目总投资的粗略估算，作为建设项目决策时一项重要的参考性经济指标，投资估算是判断项目可行性的重要依据之一。作为工程造价的目标限额，投资估算是控制初步设计概算和整个工程造价的目标限额，投资估算也是作为编制投资计划、资金筹措和申请贷款的依据。

(2)设计概算　设计概算是指在工程项目的初步设计阶段，根据初步设计文件和图纸、概算定额或概算指标及有关取费规定，对工程项目从筹建到竣工应发生费用的概略计算。它是国家确定和控制基本建设投资额、编制基本建设计划、选择最优设计方案、推行限额设计的重要依据，也是计算工程设计收费、编制施工图预算、确定工程项目总承包合同价的主要依据。

(3)施工图预算　施工图预算是指在工程项目的施工图设计完成后，根据施工图纸和设计说明、预算定额、预算基价以及费用定额等，对工程项目应发生费用的较详细的计算。它是确定单位工程、单项工程预算造价的依据，是确定招标工程标底、投标报价、工程承包合同价的依据，是建设单位与施工单位拨付工程款项和办理竣工结算的依据，也是施工企业编制施工组织设计、进行成本核算的不可缺少的依据。

(4)施工预算　施工预算指由施工单位在中标后的开工准备阶段，根据施工定额或企业定额编制的内部预算。它是施工单位编制施工作业进度计划、实行定额管理、班组成本核算的依据；也是进行“两算对比”，即施工图预算与施工预算对比的重要依据；是施工企业有效控制施工成本，提高企业经济效益的手段之一。

(5)工程结算　工程结算是指在工程建设的收尾阶段，由施工单位根据影响工程造价的设计变更、工程量增减、项目增减、设备和材料价差，在承包合同约定的调整范围内，对合同价进行必要修正后形成的造价。经建设单位认可的工程结算是拨付和结清工程款的重要依据。工程结算价是该结算工程的实际建造价格。

(6)竣工决算　竣工决算是指在建设项目通过竣工验收交付使用后，由建设单位编制反映的整个建设项目从筹建到竣工验收所发生全部费用的决算价格，竣工决算应包括建设项目产品的造价、设备和工器具购置费用和工程建设的其他费用。它应当反映工程项目建成后交付使用的固定资产及流动资金的详细情况和实际价值，是建设项目的实际投资总额，可作为财产交接、考核交付使用的财产成本以及使用部门建立财产明细账和登记新增固定资产价值的依据。

不同阶段工程计价特点对比见表 1-1。

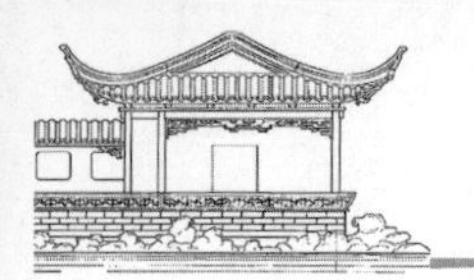
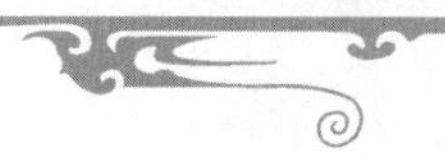

表 1-1　不同阶段的工程计价特点对比

类别	编制阶段	编制单位	编制依据	用途
投资估算	可行性研究	工程咨询机构	投资计算指标	投资决策
设计概算	初步设计或扩大初步设计	设计单位	概算定额或概算指标	控制投资及工程造价
施工图预算	工程招投标	工程造价咨询机构和施工单位	预算定额或清单计价规范等	确定招标控制价、投标报价、工程合同价
施工预算	施工阶段	施工单位	施工定额或企业定额	控制企业内部成本
工程结算	竣工验收后交付使用前	施工单位	合同价、设计及施工变更资料	确定工程项目建造价格
竣工决算	竣工验收并交付使用后	建设单位	预算定额、工程建设其他费用定额、工程结算资料	确定工程项目实际投资

2)根据编制对象的不同分类

(1)单位工程概预算　单位工程概预算，是指根据设计文件和图纸、结合施工方案和现场条件计算的工程量、概预算定额以及其他各项费用标准编制的，用于确定单位工程造价的文件。

(2)工程建设其他费用概预算　工程建设其他费用概预算，是指根据有关规定应在建设投资中计取的，除建筑安装工程费用、设备购置费用、工器具及生产工具购置费、预备费以外的一切费用。工程建设其他费用概预算以独立的项目列入单项工程综合概预算和总概预算中。

(3)单项工程综合概预算　单项工程综合概预算，是由组成该单项工程的各个单位工程概预算汇编而成的，用于确定单项工程造价的综合性文件。

(4)建设项目总概预算　建设项目总概预算，是由组成该建设项目的各个单项工程综合概预算、设备购置费用、工器具及生产工具购置费、预备费加工程建设其他费用概预算汇编而成的，用于确定建设项目从筹建到竣工验收全部建设费用的综合性文件(图 1-2)。

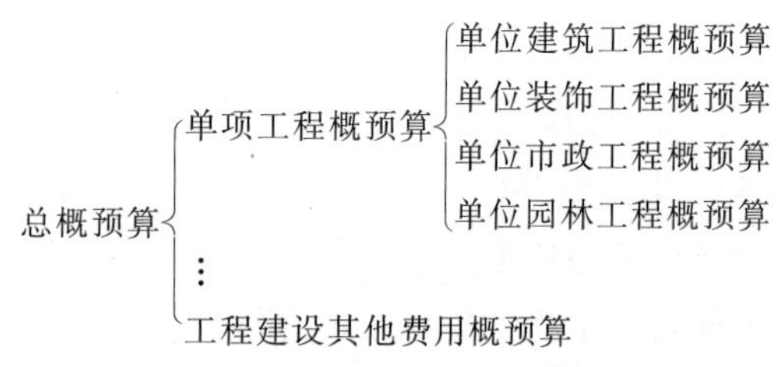

图 1-2　根据编制对象不同划分的概预算相互关系图

3)根据单位工程专业分工的不同

(1)建筑工程概预算　含土建工程及装饰工程；

(2)装饰工程概预算　专指二次装饰装修工程；

(3)安装工程概预算　含建筑电气照明、给排水、暖气空调等设备安装工程；

(4)市政工程概预算；

(5)园林建筑工程概预算；

(6)修缮工程概预算；

(7)煤气管网工程概预算；

(8)抗震加固工程概预算。

1.1.2　工程造价相关概念

1.1.2.1　静态投资与动态投资

静态投资是指不考虑物价上涨、建设期贷款利息等影响因素的建设投资。静态投资包括建筑安装工程费、设备和工器具购置费、工程建设其他费、基本预备费，以及因工程量误差而引起的工程造价增减值等。

动态投资是指考虑物价上涨、建设期贷款利息等影响因素的建设投资。动态投资除包括静态投资外，还包括建设期贷款利息、涨价预备费等。相比之下，动态投资更符合市场价格运行机制，使投资估算和控制更加符合实际。

静态投资与动态投资密切相关。静态投资是动态投资最主要的组成部分，动态投资包含静态投

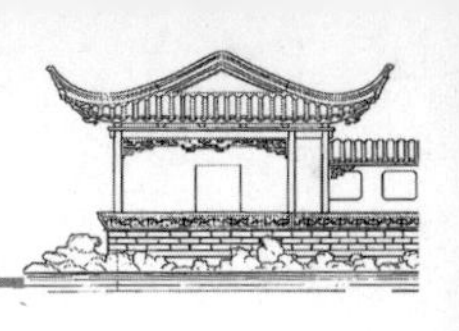

资，也是动态投资的计算基础。

1.1.2.2　建设项目总投资与固定资产投资

建设项目总投资是指为完成工程项目建设，在建设期（预计或实际）投入的全部费用总和。建设项目按用途可分为生产性建设项目和非生产性建设项目。生产性建设项目总投资包括固定资产投资和流动资产投资两部分；非生产性建设项目总投资只包括固定资产投资，不含流动资产投资。建设项目总造价是指项目总投资中的固定资产投资总额。

固定资产投资是投资主体为达到预期收益的资金垫付行为。建设项目固定资产投资也就是建设项目工程造价，二者在量上是等同的。其中，建筑安装工程投资也就是建筑安装工程造价，二者在量上也是等同的。从这里也可以看出工程造价两种含义的同一性。

1.1.3　建筑安装工程造价

建筑安装工程造价亦称建筑安装产品价格。从投资角度看，它是建设项目投资中的建筑安装工程投资，也是工程造价的组成部分。从市场交易角度看，建筑安装工程实际造价是投资者和承包商双方共同认可的、由市场形成的价格。

我国实行造价工程师注册执业管理制度。在我国现行的造价工程师考试中，有土木建筑、安装、交通运输工程和水利工程四个专业，从事园林工程计价的造价工程师应通过土木建筑专业的造价工程师执业资格考试，合格后取得造价工程师执业资格证书，方能以注册造价工程师的名义进行执业。因此，园林工程造价也是建筑安装工程造价的组成部分。

1.2　工程计价的原理

1.2.1　工程计价基本方法

从工程费用计算的角度分析，每一建设项目都可以分解为若干子项目，每一子项目都可以计量计价，进而在上一层次组合，最终确定工程造价。其数学表达式为：

$$工程造价=\sum_{i=1}^{n}(子项目工程量\times工程单价)$$

式中：i 为第 i 个工程子项；n 为建设项目分解得到的工程子项总数。

其中，影响工程造价的主要因素有两个，即子项工程量和工程单价。可见，子项工程量的大小和工程单价的高低直接影响工程造价的高低。

如何确定子项工程量是一个繁琐而又复杂的过程。当设计图深度不够时，我们不可能准确计算工程量，只能用大而粗的量如建筑面积、体积等作为工程量，对工程造价进行计算和概算。当设计图深度达到施工图要求时，我们就可以对由建设项目分解得到的若干子项目逐一计算工程量，用施工图预算的方式确定工程造价。

工程单价的不同决定了所用计价方式的不同。投资计算指标用于投资计算，概算指标用于设计概算，人、材、机单价适用于定额计价法编制施工图预算，综合单价适用于清单计价法编制施工图预算，全费用单价可在更完整的层面上进行施工图预算和设计概算。

工程单价由消耗量和人、材、机的具体单价决定。消耗量是在长期的生产实践中形成的生产一定计量单位的建筑产品所需消耗人、材、机的数量标准，一般体现在《预算定额》或《消耗量定额》中，因而《预算定额》或《消耗量定额》是工程计价的基础，无论定额计价和清单计价都离不开定额。人、材、机的具体单价由市场供求关系决定，服从价值规律。在市场经济条件下，工程造价的定价原则是“企业自主报价、竞争形成价格”，因此工程单价的确定原则应是“价变量不变”，即人、材、机的具体单价是绝对变化的，而定额消耗量是相对不变的。

计价中的项目划分是十分重要的环节。《园林绿化工程工程量清单计算规范》是清单项目划分的标准，《预算定额》或《消耗量定额》是计价项目划分的标准，而清单项目划分注重工程实体，定额项目划分注重施工过程，一个工程实体往往由若干个施工过程来完成，所以一个清单分项往往要包含多个定额子项。

1.2.2 建设项目的分解

根据我国现行有关规定，一个建设项目一般可向下一层次分解为单项工程、单位工程、分部工程、分项工程等项目。园林工程项目既可以是一个独立的建设项目，如各类型公园、各种专类园、植物园、动物园、小型城市绿地等，也可以是建设项目的单项工程的附属工程（单位工程），如城市道路的绿化带，工厂、学校、办公区等的附属绿地，滨水或其他项目的防护带等。

1）建设项目

建设项目是指在一个总体设计或初步设计的范围内，由一个或若干个单项工程所组成的，经济上实行统一核算，行政上有独立机构或组织形式，实行统一管理的基本建设单位。一般以一个行政上独立的企事业单位作为一个建设项目，如一家工厂、一所学校等。

2）单项工程

单项工程是指具有单独的设计文件，建成后能够独立发挥生产能力和使用功能的工程。单项工程又称为工程项目，它是建设项目的组成部分。

工业建设项目的单项工程，一般是指能够生产出设计所规定的主要产品的车间或生产线以及其他辅助或附属工程，如某机械厂的一个铸造车间或装配车间等。民用建设项目的单项工程，一般是指能够独立发挥设计规定的使用功能的各项独立工程，如大学内的一栋教学楼或实验楼、图书馆等。

3）单位工程

单位工程是指具有单独的设计文件，独立的施工条件，但建成后不能够独立发挥生产能力和使用功能的工程。单位工程是单项工程的组成部分，如建筑工程中的一般土建工程、装饰装修工程、给排水工程、电气照明工程、园林绿化工程等均可单独作为单位工程。

4）分部工程

分部工程是指各单位工程的组成部分。它一般根据建筑物、构筑物的主要部位、工程结构、工种内容、材料类别或施工程序等来划分。分部工程在《预算定额》或《消耗量定额》中一般表达为“章”。

5）分项工程

分项工程是指各分部工程的组成部分。它是工程造价计算的基本要素和工程计价最基本的计量单元，是通过较为简单的施工过程就可以生产出来的建筑产品或构配件，分项工程在《预算定额》或《消耗量定额》中一般表达为“子目”。

1.2.3 工程计价步骤

工程计价基本步骤可概括为：读图→列项→算量→套价→计费，适合于工程计价的每一过程，其中的每一步骤所涉及的内容不同，就会对应不同的计价方法。

1）读图

读图是工程计价的基本工作，只有看懂设计图纸和熟悉图纸后，才能对工程内容、结构特征、技术要求有清晰的概念，才能在计价时做到项目全、计量准、速度快。因此，在计价之前，应留一定时间，专门用来读图，阅读重点是：①照图纸目录，检查图纸是否齐全。②采用的标准图集是否已经具备。③设计说明或附注要仔细阅读，因为有些分张图纸中不再表示的项目或设计要求，往往在说明或附注中可以找到，稍不注意，容易漏项。④设计上有无特殊的施工质量要求，事先列出需要另编补充定额的项目。⑤平面坐标和竖向布置标高的控制点。⑥本工程与总图的关系。

2）列项

列项就是列出需要计量计价的分部分项工程项目。其要点是：

（1）工程量清单列项　它要依据《园林绿化工程工程量清单计算规范》列出清单分项，才可对每一清单分项计算清单工程量，按规定格式（包含项目编码、项目名称、项目特征、计量单位、工程数量）编制成“工程量清单”文件。

（2）综合单价的组价列项　它要依据《园林绿化工程工程量清单计算规范》每一分项的特征要求和工作内容，从《预算定额》或《消耗量定额》中找出与施工过程匹配的定额项目，对每一定额项目计量计价，才能产生每一清单分项的综合单价。

（3）定额计价列项　它要依据《预算定额》或

《消耗量定额》列出定额分项，才可对每一定额分项计算定额工程量并套价。

3)算量

算量就是对工程量的计量。清单工程量必须依据《园林绿化工程工程量清单计算规范》规定的计算规则进行正确计算，定额工程量必须依据《预算定额》规定的计算规则进行正确计算。计价的基础是定额工程量，施工费用因定额工程量而产生，不同的施工方式会使定额工程量有差异。清单工程量是唯一的，由业主方在“招标工程量清单”中提供，它反映分项工程的实物量，是工程发包和工程结算的基础。施工费用除以清单工程量可得出每一清单分项的综合单价。

4)套价

套价就是套用工程单价。在市场经济条件下，按照“价变量不变”的原则，基于《预算定额》或《消耗量定额》的消耗量，采用人、材、机的市场价格，一切工程单价都是可以重组的。定额计价法套用人、材、机单价可计算出直接工程费；清单计价法套用综合单价可计算出“分部分项工程费”或“单价措施费”。直接工程费或分部分项工程费是计算其他费用的基础。

5)计费

计费就是计算除分部分项工程费以外的其他费用。定额计价法在直接工程费以外还要计算措施项目费、其他项目费、管理费、利润、规费及税金，清单计价法在分部分项工程费以外还要计算措施项目费、其他项目费、规费及税金，这些费用的总和就是单位工程总造价。

1.2.4 工程量及其计算

1.2.4.1 工程量的含义

工程量是指以物理计量单位或自然计量单位所表示的各个具体分部分项工程和构配件的数量。物理计量单位是指需要度量的具有物理性质的单位，如长度以米(m)为计量单位，面积以平方米(m^2)为计量单位，体积以立方米(m^3)为计量单位，质量以千克(kg)或吨(t)为计量单位等。自然计量单位指不需要度量的具有自然属性的单位，如园林工程中的株、根、组、个等。

1.2.4.2 工程量计算的意义

计算工程量就是根据施工图、《清单计量规范》《预算定额》或《消耗量定额》划分的项目及工程量计算规则，列出分部分项工程名称和计算式，然后计算出结果的过程。工程量计算的工作，在整个工程计价的过程中是最繁重的一道工序，是编制施工图预算的重要环节。一方面，工程量计算工作在整个预算编制工作中所花的时间最长，它直接影响到预算的及时性；另一方面，工程量计算正确与否直接影响到各个直接工程费或分部分项工程费计算的正确与否，从而影响预算造价的准确性。因此，要求造价人员具有高度的责任感，耐心细致地进行计算。

1.2.4.3 工程量计算的一般方法

工程量必须按照工程量计算规则和相关规定进行正确计算。

1)工程量计算基本要求

(1)工作内容须与《园林绿化工程工程量计算规范》《预算定额》或《消耗量定额》中分项工程所包括的内容和范围相一致。计算工程量时，要熟悉定额中每个分项工程所包括的内容和范围，以避免重复列项和漏计项目。

(2)工程量计量单位须与《园林绿化工程工程量计算规范》《预算定额》或《消耗量定额》中的单位相一致。在计算工程量时，首先要弄清楚《园林绿化工程工程量计算规范》或《预算定额》的计量单位。一般以清单规范计量单位为本位，而预算定额的计量单位可能会扩大10倍、100倍。

(3)工程量计算规则要与《园林绿化工程工程量计算规范》《预算定额》或《消耗量定额》要求一致。按施工图纸计算工程量时，所采用的计算规则必须与《园林绿化工程工程量计算规范》和本地区现行的《预算定额》或《消耗量定额》工程量计算规则相一致，这样才能有统一的计量标准，防止错算。由于清单规则与定额规则在有些分部有所不同，因而按清单规则计算出的工程量为“清单工程量”，按定额规则计算出的工程量为“定额工程量”，这一点在以后几章的学习中一定要注意区分。

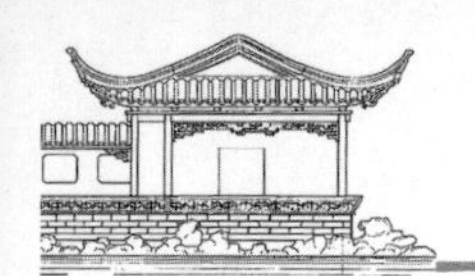

(4)工程量计算式力求简单明了,按一定秩序排列。为了便于工程量的核对,在计算工程量时有必要注明部位、图号等。工程量计算式一般按长、宽、厚的秩序排列。如计算面积时按长×宽(高),计算体积时按长×宽×高等。

(5)工程量计算的精确程度要符合要求。工程量在计算的过程中,一般可保留3位小数,计算结果则四舍五入后保留两位小数。

2)工程量计算顺序

工程量计算是一项繁杂而细致的工作,为了达到既快又准确、防止重复或错漏的目的,合理安排计算顺序是非常重要的。工程量计算顺序一般有以下两种方法:

(1)按施工先后顺序计算　使用这种方法要求对实际的施工过程比较熟悉,否则容易出现漏项。

(2)按定额分部分项顺序计算　即在计算工程量时,对应施工图纸按照定额的章节顺序和子目顺序进行分部分项工程的计算。采用这种方法要求熟悉图纸,有较全面的设计基础知识。由于目前的建筑设计从造型到结构形式都千变万化,尤其是新材料、新工艺层出不穷,无法从定额中找全现成的项目供套用,因此,在计算工程量时,最好将这些项目列出来编制成补充定额,以避免漏项。

1.3　工程造价管理的组织和内容

1.3.1　工程造价管理的基本内涵

1.3.1.1　工程造价管理

工程造价管理是指综合运用管理学、经济学和工程技术等方面的知识与技能,对工程造价进行预测、计划、控制、核算、分析和评价等的过程。工程造价管理既涵盖宏观层次的工程建设投资管理,也涵盖微观层次的工程项目费用管理。

1)工程造价的宏观管理

工程造价的宏观管理是指政府部门根据社会经济发展需求手段规范市场主体的价格行为、监控工程造价的系统活动。

2)工程造价的微观管理

利用法律、经济和行政等工程造价的微观管理是指工程参建主体根据工程计价依据和市场价格信息等预测、控制、核算工程造价的系统活动。

1.3.1.2　建设工程全面造价管理

按照国际造价管理联合会(International Cost Engineering Council,ICEC)给出的定义,全面造价管理(Total Cost Management,TCM)是指有效地利用专业知识与技术,对资源、成本、盈利和风险进行筹划和控制。建设工程全面造价管理包括全寿命期造价管理、全过程造价管理、全要素造价管理和全方位造价管理。

1)全寿命期造价管理

建设工程全寿命期造价是指建设工程初始建造成本和建成后的日常使用成本之和,包括策划决策、建设实施、运行维护及拆除回收等各阶段费用。由于在建设工程全寿命期的不同阶段,工程造价存在诸多不确定性,因此,全寿命期造价管理主要是作为一种实现建设工程全寿命期造价最小化的指导思想,指导建设工程投资决策及实施方案的选择。

2)全过程造价管理

全过程造价管理是指覆盖建设工程策划决策及建设实施各阶段的造价管理。包括策划决策阶段的项目策划、投资估算、项目经济评价,项目融资方案分析,设计阶段的限额设计、方案比选、概预算编制,招投标阶段的标段划分、发承包模式及合同形式的选择、招标控制价或标底编制,施工阶段的工程计量与结算、工程变更控制、索赔管理,竣工验收阶段的结算与决算等。

3)全要素造价管理

影响建设工程造价的因素有很多。为此,控制建设工程造价不仅仅是控制建设工程本身的建造成本,还应同时考虑工期成本、质量成本、安全与环境成本的控制,从而实现工程成本、工期、质量、安全、环保的集成管理。全要素造价管理的核心是按照优先性原则,协调和平衡工期、质量、安全、环保与成本之间的对立统一关系。

4)全方位造价管理

建设工程造价管理不仅仅是建设单位或承包

单位的任务，也应是政府建设主管部门、行业协会、建设单位、设计单位、施工单位以及有关咨询机构的共同任务。尽管各方的地位、利益、角度等有所不同，但必须建立完善的协同工作机制，才能实现建设工程造价的有效控制。

1.3.2　工程造价管理的组织系统

工程造价管理的组织系统是指履行工程造价管理职能的有机群体。为实现工程造价管理目标而开展有效的组织活动，我国设置了多部门、多层次的工程造价管理机构，并规定了各自的管理权限和职责范围。

1.3.2.1　政府行政管理系统

政府在工程造价管理中既是宏观管理主体，也是政府投资项目的微观管理主体。在管理的角度，政府对工程造价管理有一个严密的组织系统，设置了多层管理机构、管理权限和职责范围。

(1)国务院建设主管部门造价管理机构　主要职责是：①组织制定工程造价管理有关法规、制度并组织贯彻实施；②组织制定全国统一经济定额和制定、修订本部门经济定额；③监督指导全国统一经济定额和本部门经济定额的实施；④制定和负责全国工程造价咨询企业的资质标准及其资质管理工作；⑤制定全国工程造价管理专业人员执业资格准入标准，并监督执行。

(2)国务院其他部门的工程造价管理机构　包括水利、水电、电力、石油、石化、机械、冶金、铁路、煤炭、建材、林业、有色、核工业、公路等行业和军队的造价管理机构。主要是修订、编制和解释相应的工程建设标准定额，有的还担负本行业大型或重点建设项目的概算审批、概算调整等职责。

(3)省(自治区、直辖市)工程造价管理部门　主要职责是修编及解释当地定额、收费标准和计价制度等。此外，还有审核政府投资工程的标底、结算，处理合同纠纷等职责。

1.3.2.2　企事业单位管理系统

企事业单位的工程造价管理属于微观管理范畴。设计单位，工程造价咨询单位等按照建设单位或委托方意图，在可行性研究和规划设计阶段合理确定和有效控制建设工程造价，通过限额设计等手段实现设定的造价管理目标；在招标投标阶段编制招标文件、标底或招标控制价，参加评标、合同谈判等工作；在施工阶段通过工程计量与支付、工程变更与索赔管理等控制工程造价。设计单位、工程造价咨询单位通过工程造价管理业绩，赢得声誉，提高市场竞争力。

工程承包单位的造价管理是企业自身管理的重要内容。工程承包单位设有专门的职能机构参与企业投标决策，并通过市场调查研究，利用过去积累的经验，研究报价策略，提出报价；在施工过程中，进行工程造价的动态管理，注意各种调价因素的发生，及时进行工程价款结算，避免收益的流失，以促进企业盈利目标的实现。

1.3.2.3　行业协会管理系统

中国建设工程造价管理协会是经建设部和民政部批准成立、代表我国建设工程造价管理的全国性行业协会，是亚太区测量师协会(PAQS)和国际造价管理联合会(ICEC)等相关国际组织的正式成员。

为了增强对各地工程造价咨询工作和造价工程师的行业管理，近年来，我国先后成立了各省(自治区、直辖市)所属的地方工程造价管理协会。全国性造价管理协会与地方造价管理协会是平等、协商、相互支持的关系，地方协会接受全国性协会的业务指导，共同促进全国工程造价行业管理水平的整体提升。

1.3.3　工程造价管理的主要内容及原则

1.3.3.1　工程造价管理的主要内容

在工程建设全过程各个不同阶段，工程造价管理有着不同的工作内容，其目的是在优化建设方案、设计方案、施工方案的基础上，有效控制建设工程项目的实际费用支出。

(1)工程项目策划阶段　按照有关规定编制和审核投资估算，经有关部门批准，可作为拟建工程项目的控制造价；基于不同的投资方案进行经济评价，作为工程项目决策的重要依据。

(2)工程设计阶段　在限额设计、优化设计方

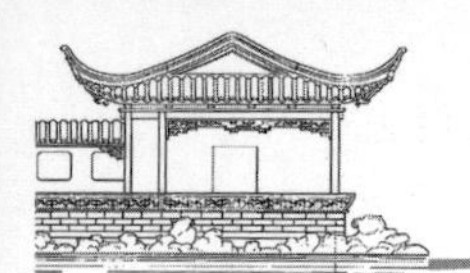

案的基础上编制和审核工程概算、施工图预算。对于政府投资工程而言,经有关部门批准的工程概算,将作为拟建工程项目造价的最高限额。

(3)工程发承包阶段　进行招标策划,编制和审核工程量清单、招标控制价或标底,确定投标报价及其策略,直至确定承包合同价。

(4)工程施工阶段　进行工程计量及工程款支付管理,实施工程费用动态监控工程变更和索赔,编制和审核工程结算,竣工决算,处理工程保修费用等。

1.3.3.2　工程造价管理的基本原则

实施有效的工程造价管理,应遵循以下三项原则:

(1)以设计阶段为重点的全过程造价管理　工程造价管理贯穿于工程建设全过程的同时,应注重工程设计阶段的造价管理。工程造价管理的关键在于前期决策和设计阶段,而在项目投资决策后,控制工程造价的关键就在于设计。建设工程全寿命期费用包括工程造价和工程交付使用后的日常开支(含经营费用、日常维护修理费用、使用期内大修理和局部更新费用)以及该工程使用期满后的报废拆除费用等。

长期以来,我国往往将控制工程造价的主要精力放在施工阶段——审核施工图预算、结算建筑安装工程价款,对工程项目策划决策和设计阶段的造价控制重视不够。为有效地控制工程造价,应将工程造价管理的重点转到工程项目策划决策和设计阶段。

(2)主动控制与被动控制相结合　长期以来,人们一直把控制理解为目标值与实际值的比较,以及当实际值偏离目标值时,分析其产生偏差的原因,并确定下一步对策。但这种立足于调查—分析—决策基础之上的偏离—纠偏—再偏离—再纠偏的控制是一种被动控制,这样做只能发现偏离,不能预防可能发生的偏离。为尽量减少甚至避免目标值与实际值的偏离,还必须立足于事先主动采取控制措施,实施主动控制。也就是说,工程造价控制不仅要反映投资决策,反映设计、发包和施工,被动地控制工程造价,更要能动地影响投资决策,影响工程设计、发包和施工,主动地控制工程造价。

(3)技术与经济相结合　要有效地控制工程造价,应从组织、技术、经济等多方面采取措施。从组织上采取措施,包括明确项目组织结构,明确造价控制人员及其任务,明确管理职能分工;从技术上采取措施,包括重视设计多方案选择,严格审查初步设计、技术设计、施工图设计、施工组织设计,深入研究节约投资的可能性;从经济上采取措施,包括动态比较造价的计划值与实际值,严格审核各项费用支出,采取对节约投资的有力奖励措施等。

应该看到,技术与经济相结合是控制工程造价最有效的手段。应通过技术比较、经济分析和效果评价,正确处理技术先进与经济合理之间的对立统一关系,力求在技术先进条件下的经济合理、在经济合理基础上的技术先进,将控制工程造价观念渗透到各项设计和施工技术措施之中。

1.4　造价工程师管理制度

1.4.1　造价工程师素质要求和职业道德

根据《住房城乡建设部　交通运输部　水利部　人力资源社会保障部关于印发〈造价工程师职业资格制度规定〉〈造价工程师职业资格考试实施办法〉的通知》(建人〔2018〕67号),造价工程师是指通过职业资格考试取得中华人民共和国造价工程师职业资格证书,并经注册后从事建设工程造价工作的专业技术人员。

我国实行造价工程师注册执业管理制度。造价工程师分为一级造价工程师和二级造价工程师。一级造价工程师英文译为 Class 1 Cost Engineer,二级造价工程师英文译为 Class 2 Cost Engineer。从事园林工程计价的造价工程师应通过土建专业的造价工程师执业资格考试,合格后取得造价工程师执业资格证书,方能以注册造价工程师的名义进行执业。截至2019年4月10日,全国注册一级建造师人数为537 749人,涉及132 031家企业。

1.4.1.1　造价工程师素质要求

取得造价工程师执业资格的人员,由于职责关

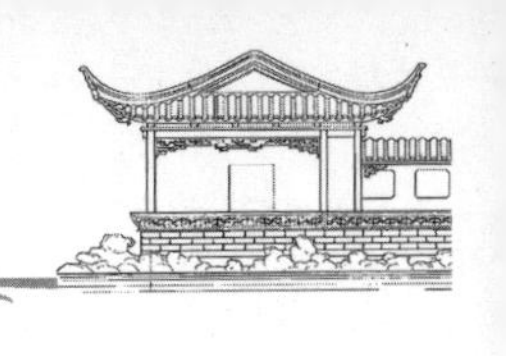

系到国家和社会公众利益，对其专业和身体素质的要求包括以下几个方面：①造价工程师是复合型专业管理人才。作为工程造价管理者，造价工程师应是具备工程、经济和管理知识与实践经验的高素质复合型专业人才。②造价工程师应具备技术技能。技术技能是指能应用知识、方法、技术及设备来达到特定任务的能力。③造价工程师应具备人文技能。人文技能是指与人共事的能力和判断力。造价工程师应具有高度的责任心和协作精神，善于与业务工作有关的各方人员沟通、协作，共同完成工程造价管理工作。④造价工程师应具备组织管理能力。造价工程师应能了解整个组织及自己在组织中的地位，并具有一定的组织管理能力，面对机遇和挑战，能够积极进取、勇于开拓。⑤造价工程师应具有健康体魄。健康的心理和较好的身体素质是造价工程师适应紧张、繁忙工作的基础。

1.4.1.2　造价工程师职业道德

造价工程师的职业道德又称职业操守，通常是指在职业活动中所遵守的行为规范的总称，是专业人士必须遵从的道德标准和行业规范。

为提高造价工程师整体素质和职业道德水准，维护和提高造价咨询行业的良好信誉，促进行业健康持续发展，中国建设工程造价管理协会制定和颁布了《造价工程师职业道德行为准则》，具体要求如下：①遵守国家法律、法规和政策，执行行业自律性规定，珍惜职业声誉，自觉维护国家和社会公共利益。②遵守“诚信、公正、敬业、进取”的原则，以高质量的服务和优秀的业绩，赢得社会和客户对造价工程师职业的尊重。③勤奋工作，独立、客观、公正、正确地出具工程造价成果文件，使客户满意。④诚实守信，尽职尽责，不得有欺诈、伪造、作假等行为。⑤尊重同行，公平竞争，搞好同行之间的关系，不得采取不正当的手段损害、侵犯同行的权益。⑥廉洁自律，不得索取、收受委托合同约定以外的礼金和其他财物，不得利用职务之便谋取其他不正当的利益。⑦造价工程师与委托方有利害关系的应当主动回避，同时，委托方也有权要求其回避。⑧对客户的技术和商务秘密有保密义务。⑨接受国家和行业自律组织对其职业道德行为的监督检查。

1.4.2　造价工程师执业资格考试、注册和执业

1.4.2.1　执业资格考试

一级造价工程师职业资格考试全国统一大纲、统一命题、统一组织。二级造价工程师职业资格考试全国统一大纲，各省（自治区、直辖市）自主命题并组织实施。

1）报考条件

凡遵守中华人民共和国宪法、法律、法规，具有良好的业务素质和道德品行，具备下列条件之一者，可以申请参加一级造价工程师职业资格考试：①具有工程造价专业大学专科（或高等职业教育）学历，从事工程造价业务工作满5年；具有土木建筑、水利、装备制造、交通运输、电子信息、财经商贸大类大学专科（或高等职业教育）学历，从事工程造价业务工作满6年。②具有通过工程教育专业评估（认证）的工程管理、工程造价专业大学本科学历或学位，从事工程造价业务工作满4年；具有工学、管理学、经济学门类大学本科学历或学位，从事工程造价业务工作满5年。③具有工学、管理学、经济学门类硕士学位或者第二学士学位，从事工程造价业务工作满3年。④具有工学、管理学、经济学门类博士学位，从事工程造价业务工作满1年。⑤具有其他专业相应学历或者学位的人员，从事工程造价业务工作年限相应增加1年。

凡遵守中华人民共和国宪法、法律、法规，具有良好的业务素质和道德品行，具备下列条件之一者，可以申请参加二级造价工程师职业资格考试：①具有工程造价专业大学专科（或高等职业教育）学历，从事工程造价业务工作满2年；具有土木建筑、水利、装备制造、交通运输、电子信息、财经商贸大类大学专科（或高等职业教育）学历，从事工程造价业务工作满3年。②具有工程管理、工程造价专业大学本科及以上学历或学位，从事工程造价业务工作满1年；具有工学、管理学、经济学门类大学本科及以上学历或学位，从事工程造价业务工作满2年。③具有其他专业相应学历或学位的人员，从事工程造价业务工作年限相应增加1年。

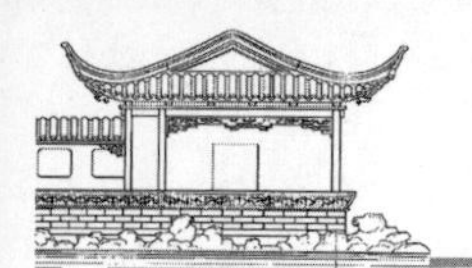

2)考试科目

一级造价工程师职业资格考试设《建设工程造价管理》《建设工程计价》《建设工程技术与计量》《建设工程造价案例分析》4个科目。其中,《建设工程造价管理》和《建设工程计价》为基础科目,《建设工程技术与计量》和《建设工程造价案例分析》为专业科目。

二级造价工程师职业资格考试设《建设工程造价管理基础知识》《建设工程计量与计价实务》2个科目。其中,《建设工程造价管理基础知识》为基础科目,《建设工程计量与计价实务》为专业科目。

3)证书取得

一级造价工程师职业资格考试合格者,由各省(自治区、直辖市)人力资源社会保障行政主管部门颁发中华人民共和国一级造价工程师职业资格证书。该证书由人力资源社会保障部统一印制,住房城乡建设部、交通运输部、水利部按专业类别分别与人力资源社会保障部用印,在全国范围内有效。

二级造价工程师职业资格考试合格者,由各省(自治区、直辖市)人力资源社会保障行政主管部门颁发中华人民共和国二级造价工程师职业资格证书。该证书由各省(自治区、直辖市)住房城乡建设、交通运输、水利行政主管部门按专业类别分别与人力资源社会保障行政主管部门用印,原则上在所在行政区域内有效。各地可根据实际情况制定跨区域认可办法。

1.4.2.2 注册

国家对造价工程师职业资格实行执业注册管理制度。取得造价工程师职业资格证书且从事工程造价相关工作的人员,经注册方可以造价工程师名义执业。

住房城乡建设部、交通运输部、水利部分别负责一级造价工程师注册及相关工作。各省(自治区、直辖市)住房城乡建设、交通运输、水利行政主管部门按专业类别分别负责二级造价工程师注册及相关工作。

经批准注册的申请人,由住房城乡建设部、交通运输部、水利部核发《中华人民共和国一级造价工程师注册证》(或电子证书);或由各省(自治区、直辖市)住房城乡建设、交通运输、水利行政主管部门核发《中华人民共和国二级造价工程师注册证》(或电子证书)。

1.4.2.3 执业

一级造价工程师的执业范围包括建设项目全过程的工程造价管理与咨询等,具体工作内容:①项目建议书、可行性研究投资估算与审核,项目评价造价分析;②建设工程设计概算、施工预算编制和审核;③建设工程招标投标文件工程量和造价的编制与审核;④建设工程合同价款、结算价款、竣工决算价款的编制与管理;⑤建设工程审计、仲裁、诉讼、保险中的造价鉴定,工程造价纠纷调解;⑥建设工程计价依据、造价指标的编制与管理;⑦与工程造价管理有关的其他事项。

二级造价工程师主要协助一级造价工程师开展相关工作,可独立开展以下具体工作:①建设工程工料分析、计划、组织与成本管理,施工图预算、设计概算编制;②建设工程量清单、最高投标限价、投标报价编制;③建设工程合同价款、结算价款和竣工决算价款的编制。

造价工程师应在本人工程造价咨询成果文件上签章,并承担相应责任。工程造价咨询成果文件应由一级造价工程师审核并加盖执业印章。对出具虚假工程造价咨询成果文件或者有重大工作过失的造价工程师,不再予以注册,造成损失的依法追究其责任。取得造价工程师注册证书的人员,应当按照国家专业技术人员继续教育的有关规定接受继续教育,更新专业知识,提高业务水平。

1.5 工程造价咨询管理制度

1.5.1 工程造价咨询企业资质管理

工程造价咨询企业是指接受委托,对建设工程造价的确定与控制提供专业咨询服务的企业。工程造价咨询企业可以为政府部门、建设单位、施工单位、设计单位提供相关专业技术服务,这种以造价咨询业务为核心的服务有时是单项或分阶段的,有时覆盖工程建设全过程。

工程造价咨询企业从事工程造价咨询活动,应当

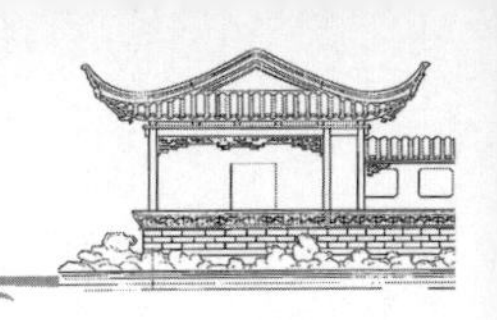

遵循独立、客观、公正、诚实信用的原则，不得损害社会公共利益和他人的合法权益。同时，任何单位和个人不得非法干预依法进行的工程造价咨询活动。

1.5.1.1　资质等级标准

工程造价咨询企业资质等级分为甲级、乙级两类。截至 2017 年年末，我国共有工程造价咨询企业 7 800 多家，其中甲级资质企业 3 737 家，乙级资质企业 4 063 家。

(1)甲级工程造价咨询企业资质标准　①已取得乙级工程造价咨询企业资质证书满 3 年；②企业出资人中注册造价工程师人数不低于出资人总人数的 60%，且其认缴出资额不低于企业注册资本总额的 60%；③技术负责人是注册造价工程师，并具有工程或工程经济类高级专业技术职称，且从事工程造价专业工作 15 年以上；④专职从事工程造价专业工作的人员(以下简称专职专业人员)不少于 20 人。其中，具有工程或者工程经济类中级以上专业技术职称的人员不少于 16 人，注册造价工程师不少于 10 人，其他人员均需要具有从事工程造价专业工作的经历；⑤企业与专职专业人员签订劳动合同，且专职专业人员符合国家规定的职业年龄(出资人除外)；⑥专职专业人员人事档案关系由国家认可的人事代理机构代为管理；⑦企业注册资本不少于人民币 100 万元；⑧企业近 3 年工程造价咨询营业收入累计不低于人民币 500 万元；⑨具有固定的办公场所，人均办公建筑面积不少于 10 m^2；⑩技术档案管理制度、质量控制制度、财务管理制度齐全；⑪企业为本单位专职专业人员办理的社会基本养老保险手续齐全；⑫在申请核定资质等级之日前 3 年内无违规行为。

(2)乙级工程造价咨询企业资质标准　①企业出资人中注册造价工程师人数不低于出资人总人数的 60%，且其认缴出资额不低于注册资本总额的 60%；②技术负责人是注册造价工程师，并具有工程或工程经济类高级专业技术职称，且从事工程造价专业工作 10 年以上；③专职专业人员不少于 12 人，其中，具有工程或者工程经济类中级以上专业技术职称的人员不少于 8 人，注册造价工程师不少于 6 人，其他人员均需要具有从事工程造价专业工作的经历；④企业与专职专业人员签订劳动合同，且专职专业人员符合国家规定的职业年龄(出资人除外)；⑤专职专业人员人事档案关系由国家认可的人事代理机构代为管理；⑥企业注册资本不少于人民币 50 万元；⑦具有固定的办公场所，人均办公建筑面积不少于 10 m^2；⑧技术档案管理制度、质量控制制度、财务管理制度齐全；⑨企业为本单位专职专业人员办理的社会基本养老保险手续齐全；⑩暂定期内工程造价咨询营业收入累计不低于人民币 50 万元；⑪在申请核定资质等级之日前无违规行为。

资质等级标准、申请和审批对照见表 1-2。

表 1-2　资质等级标准、申请、审批对照表

项目	甲级	乙级
造价工程师在工程咨询企业中出资比例	60%	60%
审批程序	省级部门审核，初审意见报国务院相关部门，20 日做出决定是否给予审批	省级部门做出决定，报国务院备案
晋升级	取得乙级资质证书满 3 年	无
技术负责人员要求	取得造价工程师并具有工程或工程经济类高级职称，造价专业工作 15 年以上	取得造价工程师并具有工程或工程经济类高级职称，造价专业工作 10 年以上
专业技术人员要求	专职人员 20 人，并取得工程或工程经济类中级职称，不少于 16 人，注册造价师不少于 10 人	专职人员 12 人，并取得工程或工程经济类中级职称，不少于 8 人，注册造价师不少于 6 人
人均办公建筑面积	10 m^2	10 m^2
企业注册资本	100 万元人民币	50 万元人民币
近三年营业累计收入	500 万元人民币	50 万元人民币

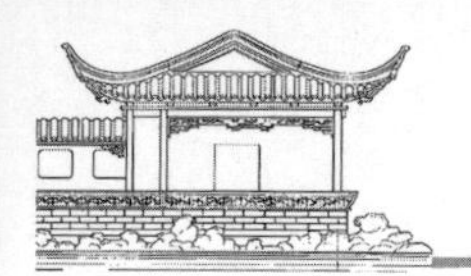

1.5.1.2 资质证书

准予资质许可的造价咨询企业，资质许可机关应当向申请人颁发工程造价咨询企业资质证书。工程造价咨询企业资质有效期为3年。资质有效期届满，需要继续从事工程造价咨询活动的，应当在资质有效期届满30日前向资质许可机关提出资质延续申请。准予延续的，资质有效期延续3年。

工程造价咨询企业的名称、住所、组织形式、法定代表人、技术负责人、注册资本等事项发生变更的，应当自变更确立之日起30日内，办理资质证书变更手续。

工程造价咨询企业合并的，合并后存续或者新设立的工程造价咨询企业可以承继合并前各方中较高的资质等级，但应当符合相应的资质等级条件。

工程造价咨询企业分立的，只能由分立后的一方承继原工程造价咨询企业资质，但应当符合原工程造价咨询企业资质等级条件。

1.5.1.3 资质的撤销和注销

1)撤销资质

有下列情形之一的，资质许可机关或者其上级机关根据利害关系人的请求或者依据职权，可以撤销工程造价咨询企业资质：①资质许可机关工作人员滥用职权、玩忽职守做出准予工程造价咨询企业资质许可的；②超越法定职权做出准予工程造价咨询企业资质许可的；③违反法定程序做出准予工程造价咨询企业资质许可的；④对不具备行政许可条件的申请人做出准予工程造价咨询企业资质许可的；⑤依法可以撤销工程造价咨询企业资质的其他情形。

同时，工程造价咨询企业以欺骗、贿赂等不正当手段取得工程造价咨询企业资质的，应当予以撤销。

此外，工程造价咨询企业取得工程造价咨询企业资质后，如不再符合相应资质条件资质，许可机关根据利害关系人的请求或者依据职权，可以责令其限期改正，逾期不改的可以撤回其资质。

2)注销资质

有下列情形之一的，资质许可机关应当依法注销工程造价咨询企业资质：①工程造价咨询企业资质有效期满，未申请延续的；②工程造价咨询企业资质被撤销、撤回的；③工程造价咨询企业依法终止的；④法律、法规规定的应当注销工程造价咨询企业资质的其他情形。

1.5.2 工程造价咨询管理

1.5.2.1 业务承接

工程造价咨询企业应当依法取得工程造价咨询企业资质，并在其资质等级许可的范围内从事工程造价咨询活动。工程造价咨询企业依法从事工程造价咨询活动，不受行政区域限制。其中，甲级工程造价咨询企业可以从事各类建设项目的工程造价咨询业务；乙级工程造价咨询企业可以从事工程造价5 000万元人民币以内的各类建设项目的工程造价咨询业务。

1)业务范围

工程造价咨询业务范围包括：①建设项目建议书及可行性研究投资估算、项目经济评价报告的编制和审核；②建设项目概预算的编制与审核，并配合设计方案比选、优化设计、限额设计等工作进行工程造价分析与控制；③建设项目合同价款的确定(包括招标工程工程量清单和标底、投标报价的编制和审核)，合同价款的签订与调整(包括工程变更、工程洽商和索赔费用的计算)与工程款支付，工程结算、竣工结算和决算报告的编制与审核等；④工程造价经济纠纷的鉴定和仲裁的咨询；⑤提供工程造价信息服务等。

同时，工程造价咨询企业可以对建设项目的组织实施进行全过程或者若干阶段的管理和服务。

2)咨询合同及其履行

工程造价咨询企业在承接各类工程造价咨询业务时，可参照《建设工程造价咨询合同(示范文本)》GF—2015—0212与委托人签订书面合同。

《建设工程造价咨询合同(示范文本)》由三部

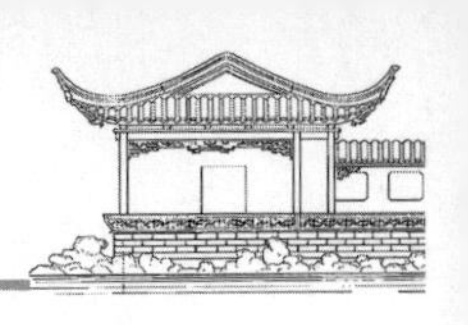

分组成，即：协议书、通用条件和专用条件。协议书主要用来明确合同当事人和约定合同当事人的基本合同权利义务。通用条件包括下列内容：①词语定义、语言、解释顺序与适用法律；②委托人的义务；③咨询人的义务；④违约责任；⑤支付；⑥合同变更、解除与终止；⑦争议解决；⑧其他。

专用条件是对通用条件原则性约定的细化商、谈判确定专用条件。

工程造价咨询企业从事工程造价咨询业务，应按照相关合同或约定出具工程造价成果文件。工程造价成果文件应当由工程造价咨询企业加盖有企业名称、资质等级及证书编号的执业印章，并由执行咨询业务的注册造价工程师签字、加盖个人执业印章。

3）企业分支机构

工程造价咨询企业设立分支机构的，应当自领取分支机构营业执照之日起30日内，以自己名义承接工程造价咨询业务、订立工程造价咨询合同、出具工程造价成果文件。

4）跨省区承接业务

工程造价咨询企业跨省（自治区、直辖市）承接工程造价咨询业务的，应当自承接业务之日起30日内到建设工程所在地省、自治区、直辖市人民政府建设主管部门备案。

1.5.2.2　行为准则

为了保障国家与公共利益，维护公平竞争的良好秩序以及各方的合法权益，具有造价咨询资质的企业在执业活动中均应遵循行业行为准则：①执行国家的宏观经济政策和产业政策，遵守国家和地方的法律、法规及有关规定，维护国家和人民的利益。②接受工程造价咨询行业自律组织业务指导，自觉遵守本行业的规定和各项制度，积极参加本行业组织的业务活动。③按照工程造价咨询企业资质证书规定的资质等级和服务范围开展业务。④具有独立执业能力和工作条件，以精湛的专业技能和良好的职业操守，竭诚为客户服务。⑤按照公平、公正和诚信的原则开展业务，认真履行合同，依法独立自主开展经营活动，努力提高经济效益。⑥靠质量、靠信誉参加市场竞争，杜绝无序和恶性竞争；不得利用与行政机关、社会团体以及其他经济组织的特殊关系搞业务垄断。⑦以人为本，鼓励员工更新知识，掌握先进的技术手段和业务知识，采取有效措施组织、督促员工接受继续教育。⑧不得在解决经济纠纷的鉴证咨询业务中分别接受双方当事人的委托。⑨不得阻挠委托人委托其他工程造价咨询单位参与咨询服务；共同提供服务的工程造价咨询单位之间应分工明确，密切协作，不得损害其他单位的利益和名誉。⑩有义务保守客户的技术和商务秘密，客户事先允许和国家另有规定的除外。

1.5.2.3　信用制度

工程造价咨询企业应当按照有关规定，向资质许可机关提供真实、准确、完整的工程造价咨询企业信用档案信息。工程造价咨询企业信用档案应当包括：工程造价咨询企业的基本情况、业绩、良好行为、不良行为等内容。违法行为、被投诉举报处理、行政处罚等情况应当作为工程造价咨询企业的不良记录记入其信用档案。任何单位和个人均有权查阅信用档案。

1.5.3　法律责任

1）资质申请或取得的违规责任

申请人隐瞒有关情况或者提供虚假材料申请工程造价咨询企业资质的，不予受理或者不予资质许可，并给予警告，申请人在1年内不得再次申请工程造价咨询企业资质。

以欺骗、贿赂等不正当手段取得工程造价咨询企业资质的，由县级以上地方人民政府建设主管部门或者有关专业部门给予警告，并处1万元以上3万元以下的罚款，申请人3年内不得再次申请工程造价咨询企业资质。

2）经营违规的责任

未取得工程造价咨询企业资质从事工程造价咨询活动，或者超越资质等级承接工程造价咨询业

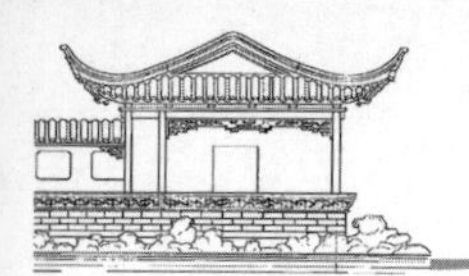

务的，出具的工程造价成果文件无效，由县级以上地方人民政府建设主管部门或者有关专业部门给予警告，责令限期改正，并处以1万元以上3万元以下的罚款。

工程造价咨询企业不及时办理资质证书变更手续的，由资质许可机关责令限期办理，逾期不办理的，可处以1万元以下的罚款。

有下列行为之一的，由县级以上地方人民政府建设主管部门或者有关专业部门给予警告，责令限期改正，逾期未改正的，可处以5 000元以上2万元以下的罚款：①新设立的分支机构不备案的；②跨省、自治区、直辖市承接业务不备案的。

3)其他违规责任

工程造价咨询企业有下列行为之一的，由县级以上地方人民政府住房城乡建设主管部门或者有关专业部门给予警告，责令限期改正，并处以1万元以上3万元以下的罚款：①涂改、倒卖、出租、出借资质证书，或者以其他形式非法转让资质证书；②超越资质等级业务范围承接工程造价咨询业务；③同时接受招标人和投标人或两个以上投标人对同一工程项目的工程造价咨询业务；④以给予回扣、恶意压低收费等方式进行不正当竞争；⑤转包承接的工程造价咨询业务；⑥法律、法规禁止的其他行为。

4)对资质许可机关及其工作人员违规的处罚

资质许可机关有下列情形之一的，由其上级行政主管部门或者监察机关责令改正，对直接负责的主管人员和其他直接责任人员依法给予处分，构成犯罪的，依法追究刑事责任：①对不符合法定条件的申请人做出准予工程造价咨询企业资质许可，或者超越职权做出准予工程造价咨询企业资质许可决定的；②对符合法定条件的申请人做出不予工程造价咨询企业资质许可，或者不在法定期限内做出准予工程造价咨询企业资质许可决定的；③利用职务上的便利，收受他人财物或者其他利益的；④不履行监督管理职责，或者发现违规行为不予查处的。

1.6 国内外工程造价管理发展

1.6.1 发达国家和地区工程造价管理

1.6.1.1 代表性国家和地区的工程造价管理

当今国际工程造价管理有几种主要模式，主要包括英国模式、美国模式、日本模式，还有一些继承了英国模式，又结合自身特点形成独特工程造价管理模式的国家和地区，如新加坡、马来西亚以及我国香港地区。

1)英国工程造价管理

英国是世界上最早出现工程造价咨询行业并成立相关行业协会的国家。英国的工程造价管理至今已有近400年的历史。在世界近代工程造价管理的发展史上，作为早期世界强国的英国，由于其工程造价管理发展较早，且其联邦成员国和地区分布较广，时至今日，其工程造价管理模式在世界范围内仍具有较强的影响力。

英国工程造价咨询公司在英国被称为工料测量师行，成立的条件必须符合政府或相关行业协会的有关规定。目前，英国的行业协会负责管理工程造价专业人士、编制工程造价计量标准，发布相关造价信息及造价指标。

在英国，政府投资工程和私人投资工程分别采用不同的工程造价管理方法，但这些工程项目通常都需要聘请专业造价咨询公司进行业务合作。其中，政府投资工程是由政府有关部门负责管理，包括计划、采购、建设咨询、实施和维护，对从工程项目立项到竣工各个环节的工程造价控制都较为严格，遵循政府统一发布的价格指数，通过市场竞争，形成工程造价。目前，英国政府投资工程约占整个国家公共投资的50%左右，在工程造价业务方面要求必须委托给相应的工程造价咨询机构进行管理。英国建设主管部门的工作重点是制定有关政策和法律，以全面规范工程造价咨询行为。

对于私人投资工程，政府通过相关的法律法规对此类工程项目的经营活动进行一定的规范和引

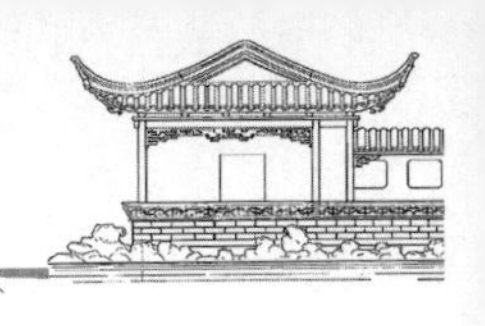

导，只要在国家法律允许的范围内，政府一般不予干预。此外，社会上还有许多政府所属代理机构及社会团体组织，如英国皇家特许测量师学会（RICS）等协助政府部门进行行业管理，主要对咨询单位进行业务指导和管理从业人员。英国工程造价咨询行业的制度、规定和规范体系都较为完善。

英国工料测量师行经营的内容较为广泛，涉及建设工程全寿命期各个阶段，主要包括：项目策划咨询、可行性研究、成本计划和控制、市场行情的趋势预测；招投标活动及施工合同管理；建筑采购、招标文件编制；投标书分析与评价，标后谈判，合同文件准备；工程施工阶段成本控制，财务报表，洽商变更；竣工工程估价、决算，合同索赔保护；成本重新估计；对承包商破产或被并购后的应对措施；应急合同财务管理，后期物业管理等。

2）美国工程造价管理

美国拥有世界上最为发达的市场经济体系。美国的建筑业也十分发达，具有投资多元化和高度现代化、智能化的建筑技术与管理的广泛应用相结合的行业特点。美国的工程造价管理是建立在高度发达的自由竞争市场经济基础之上的。

美国的建设工程也主要分为政府投资和私人投资两大类，其中，私人投资工程可占到整个建筑业投资总额的 60%～70%。美国联邦政府没有主管建筑业的政府部门，因此也没有主管工程造价咨询业的专门政府部门，工程造价咨询业完全由行业协会管理。工程造价咨询业涉及多个行业协会，如美国土木工程师协会、总承包商协会、建筑标准协会、工程咨询业协会、国际造价管理联合会等。

美国工程造价管理具有以下特点：

（1）完全市场化的工程造价管理模式　在没有全国统一的工程量计算规则和计价依据的情况下，一方面，由各级政府部门制定各自管辖的政府投资工程相应的计价标准；另一方面，承包商需根据自身积累的经验进行报价。同时，工程造价咨询公司依据自身积累的造价数据和市场信息，协助业主和承包商对工程项目提供全过程、全方位的管理与服务。

（2）具有较完备的法律及信誉保障体系　美国工程造价管理是建立在相关的法律制度基础上的。例如：在建筑行业中对合同的管理十分严格，合同对当事人各方都具有严格的法律制约，即业主、承包商、分包商、提供咨询服务的第三方之间，都必须采用合同的方式开展业务，严格履行相应的权利和义务。

同时，美国的工程造价咨询企业自身具有较为完备的合同管理体系和完善的企业信誉管理平台。各个企业视自身的业绩和荣誉为企业长期发展的重要条件。

（3）具有较成熟的社会化管理体系　美国的工程造价咨询企业要依靠政府和行业协会的共同管理与监督，实行“小政府、大社会”的行业管理模式。美国的相关政府管理机构对整个行业的发展进行宏观调控，更多的具体管理工作主要依靠行业协会，由行业协会更多地承担对专业人员和法人团体的监督和管理职能。

（4）拥有现代化管理手段　当今的工程造价管理均需采用先进的计算机技术和现代化的网络信息技术。在美国，信息技术的广泛应用，不仅大大提高了工程项目参与各方之间的沟通、文件传递等的工作效率，还可及时、准确地提供市场信息，同时也使工程造价咨询公司收集、整理和分析各种复杂、繁多的工程项目数据成为可能。

3）日本工程造价管理

在日本，工程积算制度是日本工程造价管理所采用的主要模式。工程造价咨询行业由日本政府建设主管部门和日本建筑积算协会统一进行业务管理和行业指导。其中，政府建设主管部门负责制定发布工程造价政策、相关法律法规，管理办法，对工程造价咨询业的发展进行宏观调控。

日本建筑积算协会作为全国工程咨询的主要行业协会，其主要的服务范围是：推进工程造价管理的研究；工程量计算标准的编制，建筑成本等相关信息的收集、整理与发布；专业人员的业务培训及个人执业资格准入制度的制定与具体执行等。

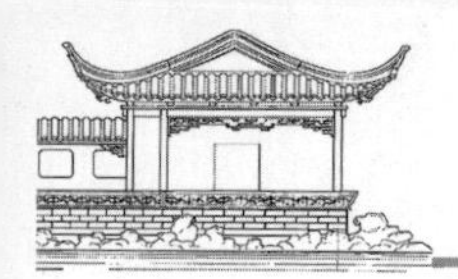

工程造价咨询公司在日本被称为工程积算所，主要由建筑积算师组成。日本的工程积算所一般对委托方提供以工程造价管理为核心的全方位、全过程的工程咨询服务，其主要业务范围包括：工程项目的可行性研究、投资估算、工程量计算、单价调查、工程造价细算、标底价编制与审核、招标代理、合同谈判、变更成本积算、工程造价后期控制与评估等。

4)我国香港地区工程造价管理

我国香港工程造价管理模式是沿袭英国的做法，但在管理主体、具体计量规则的制定，工料测量师事务所和专业人士的执业范围和深度等方面，都根据自身特点进行了适当调整，使之更适合香港地区工程造价管理的实际需要。

在香港，专业保险在工程造价管理中得到了较好的应用。一般情况下，由于工料测量师事务所受雇于业主，在收取一定比例咨询服务费的同时，要对工程造价控制负有较大责任。因此，工料测量师事务所在接受委托，特别是控制工期较长、难度较大的项目造价时，都需购买专业保险，以防工作失误时因对业主进行赔偿而破产。可以说，工程保险的引入，加强了工料测量师事务所防范风险和抵抗风险的能力，也为香港工程造价业务向国际市场开拓提供了有力保障。

从20世纪60年代开始，香港的工料测量师事务所已发展为可对工程建设全过程进行成本控制，并影响建筑设计事务所和承包商的专业服务类公司，在工程建设过程中扮演着越来越重要的角色。政府对工料测量师事务所合伙人有严格要求，要求公司的合伙人必须具有较高的专业知识和技能，并获得相关专业学会颁发的注册测量师执业资格，否则，领不到公司营业执照，无法开业经营。香港的工料测量师以自己的实力、专业知识、服务质量在社会上赢得声誉，以公正、中立的身份从事各种服务。

香港地区的专业学会是众多工料测量师事务所、专业人士之间相互联系和沟通的纽带。这种学会在保护行业利益和推行政府决策方面起着重要作用，同时，学会与政府之间也保持着密切联系。学会内部互相监督、互相协调、互通情报，强调职业道德和经营作风。学会对工程造价起着指导和间接管理的作用，甚至也充当工程造价纠纷仲裁机构，如：当发承包双方不能相互协调或对工料测量师事务所的计价有异议时，可以向学会提出仲裁申请。

1.6.1.2 发达国家和地区工程造价管理的特点

分析发达国家和地区的工程造价管理，其特点主要体现在以下几个方面：

1)政府的间接调控

发达国家一般按投资来源不同，将项目划分为政府投资项目和私人投资项目。政府对不同类别的项目实行不同力度和深度的管理，重点是控制政府投资工程。

如英国，对政府投资工程采取集中管理的办法，按政府的有关面积标准、造价指标，在核定的投资范围内进行方案设计、施工设计，实施目标控制，不得突破。如遇非正常因素，宁可在保证使用功能的前提下降低标准，也要将造价控制在额度范围内。美国对政府投资工程则采用两种方式：一是由政府设专门机构对工程进行直接管理。美国各地方政府设有相应的管理机构，如纽约市政府的综合开发部(DGS)、华盛顿政府的综合开发局(GSA)等都是代表各级政府专门负责管理建设工程的机构。二是通过公开招标委托承包商进行管理。美国法律规定，所有的政府投资工程都要进行公开招标，特定情况下(涉及国防、军事机密等)可邀请招标和议标。但对项目的审批权限、技术标准(规范)、价格、指数都有明确规定，确保项目资金不突破审批的金额。

发达国家对私人投资工程只进行政策引导和信息指导，而不干预其具体实施过程，体现政府对造价的宏观管理和间接调控。如美国政府有一套完整的项目或产品目录，明确规定私人投资者的投资领域，并采取经济杠杆，通过价格、税收、利率、信息指导、城市规划等来引导和约束私人投资方向和区域分布。政府通过定期发布信息资料，使私人投资者了解市场状况，尽可能使投资项目符合经济发

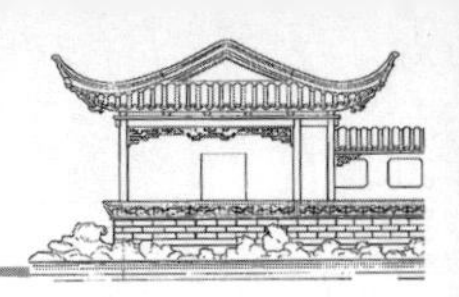

展的需要。

2)有章可循的计价依据

费用标准、工程量计算规则、经验数据等是发达国家和地区计算和控制工程造价的主要依据。如美国,联邦政府和地方政府没有统一的工程造价计价依据和标准,一般根据积累的工程造价资料,并参考各工程咨询公司有关造价的资料,对各自管辖的政府工程制定相应的计价标准,作为工程费用估算的依据。通过定期发布工程造价指南进行宏观调控与干预。有关工程造价的工程量计算规则、指标、费用标准等,一般是由各专业协会、大型工程咨询公司制订。各地的工程咨询机构,根据本地区的具体特点,制定单位建筑面积的消耗量和基价,作为所管辖项目造价估算的标准。

英国也没有类似我国的定额体系,工程量的测算方法和标准都是由专业学会或协会进行负责。因此,由英国皇家测量师学会(RICS)组织制订的《建筑工程工程量计算规则》(SMM)作为工程量计算规则,是参与工程建设各方共同遵守的计量、计价的基本规则,在英国及英联邦国家被广泛应用与借鉴。此外,英国土木工程学会(ICE)还编制有适用于大型或复杂工程项目的《土木工程工程量计算规则》(CESMM)。英国政府投资工程从确定投资和控制工程项目规模及计价的需要出发,各部门均需制定并经财政部门认可的各种建设标准和造价指数,这些标准和指数均作为各部门向国家申报投资、控制规划设计、确定工程项目规模和投资的基础,也是审批立项、确定规模和造价限额的依据。英国十分重视已完工程数据资料的积累和数据库建设。每个皇家测量师学会会员都有责任和义务将自己经办的已完工程数据资料,按照规定的格式认真填报,收入学会数据库,同时也取得利用数据库资料的权利。计算机实行全国联网,所有会员资料共享,这不仅为测算各类工程的造价指数提供了基础,同时也为分析暂时没有设计图纸及资料的工程造价数据提供了参考。在英国,对工程造价的调整及价格指数的测定、发布等有一整套比较科学、严密的办法,政府部门要发布《工程调整规定》和《价格指数说明》等文件。

3)多渠道的工程造价信息

发达国家和地区都十分重视对各方面造价信息的及时收集、筛选、整理以及加工工作。这是因为造价信息是建筑产品估价和结算的重要依据,是建筑市场价格变化的指示灯。从某种角度讲,及时、准确地捕捉建筑市场价格信息是业主和承包商保持竞争优势和取得盈利的关键因素之一。如在美国,建筑造价指数一般由一些咨询机构和新闻媒介来编制,在多种造价信息来源中,工程新闻记录(engineering news record,ENR)造价指数是比较重要的一种。编制 ENR 造价指数的目的是为了准确地预测建筑价格,确定工程造价。它是一个加权总指数,由构件钢材、波特兰水泥、木材和普通劳动力 4 种个体指数组成。ENR 共编制 2 种造价指数,一是建筑造价指数,一是房屋造价指数。这两个指数在计算方法上基本相同,区别仅体现在计算总指数中的劳动力要素不同。ENR 指数资料来源于 20 个美国城市和 2 个加拿大城市,ENR 在这些城市中派有信息员,专门负责收集价格资料和信息。ENR 总部则将这些信息员收集到的价格信息和数据汇总,并在每个星期四计算并发布最近的造价指数。

4)造价工程师的动态估价

在英国,业主对工程的估价一般要委托工料测量师行来完成。工料测量师行的估价大体上是按比较法和系数法进行,经过长期的估价实践,他们都拥有极为丰富的工程造价实例资料,甚至建立了工程造价数据库,对于标书中所列出的每一项目价格的确定都有自己的标准。在估价时,工料测量师行将不同设计阶段提供的拟建工程项目资料与以往同类工程项目对比,结合当前建筑市场行情,确定项目单价。对于未能计算的项目(或没有对比对象的项目),则以其他建筑物的造价分析得来的资料补充。承包商在投标时的估价一般要凭自己的经验来完成,往往把投标工程划分为各分部工程,根据本企业定额计算出所需人、材、机等的耗用量,而人工单价主要根据各劳务分包商的报价,材料单价主要根据各材料供应商的报

价加以比较确定,承包商根据建筑市场供求情况随行就市,自行确定管理费率,最后做出体现当时当地实际价格的工程报价。总之,工程任何一方的估价,都是以市场状况为重要依据,是完全意义的动态估价。

在美国,工程造价的估算主要由设计部门或专业估价公司来承担,造价工程师(cost engineer)在具体编制工程造价估算时,除了考虑工程项目本身的特征因素(如项目拟采用的独特工艺和新技术、项目管理方式、现有场地条件以及资源获得的难易程度等)外,一般还对项目进行较为详细的风险分析,以确定适度的预备费。但确定工程预备费的比例并不固定,随项目风险程度的大小而确定不同的比例。造价工程师通过掌握不同的预备费率来调节造价估算的总体水平。

美国工程造价估算中的人工费由基本工资和附加工资两部分组成。其中,附加工资项目包括管理费、保险金、劳动保护金、退休金、税金等。材料费和机械使用费均以现行的市场行情或市场租赁价作为造价估算的基础,并在人、材、机使用费总额的基础上按照一定的比例(一般为10%左右)再计提管理费和利润。

5)通用的合同文本

合同在工程造价管理中有着重要的地位,发达国家和地区都将严格按合同规定办事作为一项通用的准则来执行,有的国家还执行通用的合同文本。在英国,建设工程合同制度已有几百年的历史,有着丰富的内容和庞大的体系。澳大利亚、新加坡和我国香港地区的建设工程合同制度都始于英国,著名的FIDIC(国际咨询工程师联合会)合同文件,也以英国的合同文件作为母本。英国有着一套完整的建设工程标准合同体系,包括JCT(JCT公司)合同体系、ACA(咨询顾问建筑师协会)合同体系、ICE(土木工程师学会)合同体系、皇家政府合同体系。JCT合同体系是英国的主要合同体系之一,主要通用于房屋建筑工程。JCT合同体系本身又是一个系统的合同文件体系,它针对房屋建筑中不同的工程规模、性质、建造条件,提供各种不同的文本,供业主在发包、采购时选择。

美国建筑师学会(AIA)的合同条件体系更为庞大,分为A、B、C、D、F、G系列。其中,A系列是关于发包人与承包人之间的合同文件,B系列是关于发包人与提供专业服务的建筑师之间的合同文件,C系列是关于建筑师与提供专业服务的顾问之间的合同文件,D系列是建筑师行业所用的文件,F系列是财务管理表格,G系列是合同和办公管理表格。AIA系列合同条件的核心是“通用条件”。采用不同的计价方式时,只需选用不同的“协议书格式”与“通用条件”结合。AIA合同条件主要有总价、成本补偿及最高限定价格等计价方式。

6)重视实施过程中的造价控制

国外对工程造价的管理是以市场为中心的动态控制。造价工程师能对造价计划执行中所出现的问题及时分析研究,及时采取纠正措施,这种强调项目实施过程中的造价管理的做法,体现了造价控制的动态性,并且重视造价管理所具有的随环境、工作进行以及价格等变化而调整造价控制标准和控制方法的动态特征。

以美国为例,造价工程师十分重视工程项目具体实施过程中的控制和管理,对工程预算执行情况的检查和分析工作做得非常细致,对于建设工程的各分部分项工程都有详细的成本计划,美国的建筑承包商是以各分部分项工程的成本详细计划为依据来检查工程造价计划的执行情况。对于工程实施阶段实际成本与计划目标出现偏差的工程项目,首先按照一定标准筛选成本差异,然后进行重要成本差异分析,并填写成本差异分析报告表,由此反映出造成此项差异的原因、此项成本差异对项目其他成本项目的影响、拟采取的纠正措施以及实施这些措施的时间、负责人及所需条件等。对于采取措施的成本项目,每月还应跟踪检查采取措施后费用的变化情况。若采取的措施不能消除成本差异,则需重新进行此项成本差异的分析,再提出新的纠正措施,如果仍不奏效,造价控制项目经理则有必要重新审定项目的竣工结算。

美国一些大型工程公司十分重视工程变更的

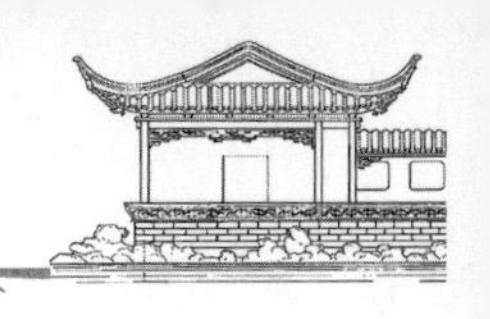

管理工作，建立了较为完善的工程变更管理制度，可随时根据各种变化情况提出变更，修改估算造价。美国工程造价的动态控制还体现在造价信息的反馈系统。各工程公司十分注意收集在造价管理各个阶段中的造价资料，并把向有关部门提出造价信息资料视为一种应尽的义务，不仅注意收集造价资料，也派出调查员。

1.6.2　我国工程造价管理发展趋势

新中国成立后，我国参照苏联的工程建设管理经验，逐步建立了一套与计划经济体制相适应的定额管理体系，并陆续颁布了多项规章制度和定额，在国民经济的复苏与发展中起到了十分重要的作用。改革开放以来，我国工程造价管理进入黄金发展期，工程计价依据和方法不断改革，工程造价管理体系不断完善，工程造价咨询行业得到快速发展。近年来，我国工程造价管理呈现出国际化、信息化和专业化发展趋势。

1.6.2.1　工程造价管理的国际化

随着我国经济日益融入全球资本市场，在我国的外资和跨国工程项目不断增多，这些工程项目大都需要通过国际招标、咨询等方式运作。同时，我国政府和企业在海外投资和经营的工程项目也在不断增加。国内市场国际化，国内外市场的全面融合，使得我国工程造价管理的国际化成为一种趋势。境外工程造价咨询机构在长期的市场竞争中已形成自己独特的核心竞争力，在资本、技术、管理、人才、服务等方面均占有一定优势。面对日益严峻的市场竞争，我国工程造价咨询企业应以市场为导向，转换经营模式，增强应变能力，在竞争中求生存，在拼搏中求发展，在未来激烈的市场竞争中取得主动。

1.6.2.2　工程造价管理的信息化

我国工程造价领域的信息化是从 20 世纪 80 年代末期伴随着定额管理，推广应用工程造价管理软件开始的。进入 20 世纪 90 年代中期，伴随着计算机和互联网技术的普及，全国性的工程造价管理信息化已成必然趋势。近年来，尽管全国各地及各专业工程造价管理机构逐步建立了工程造价信息平台，工程造价咨询企业也大多拥有专业的计算机系统和工程造价管理软件，但仍停留在工程量计算、汇总及工程造价的初步统计分析阶段。从整个工程造价行业看，还未建立统一规划、统一编码的工程造价信息资源共享平台；从工程造价咨询企业层面看，工程造价管理的数据库、知识库尚未建立和完善。目前，发达国家和地区的工程造价管理已大量运用计算机网络和信息技术，实现工程造价管理的网络化、虚拟化。特别是建筑信息建模（building information modeling，BIM）技术的推广应用，必将推动工程造价管理的发展。

1.6.2.3　工程造价管理的专业化

经过长期的市场细分和行业分化，未来工程造价咨询企业应向更加适合自身特长的专业方向发展。作为服务型的第三产业，工程造价咨询企业应避免走大而全的规模化，而应朝着集约化和专业化模式发展。企业专业化的优势在于：经验较为丰富、人员精干、服务更加专业、更有利于保证工程项目的咨询质量、防范专业风险能力较强。在企业专业化的同时，对于日益复杂、涉及专业较多的工程项目而言，势必引发和增强企业之间尤其是不同专业的企业之间的强强联手和相互配合。同时，不同企业之间的优势互补、相互合作，也将给目前的大多数实行公司制的工程造价咨询企业在经营模式方面带来转变，即企业将进一步朝着合伙制的经营模式自我完善和发展。鼓励及加速实现我国工程造价咨询企业合伙制经营，是提高企业竞争力的有效手段，也是我国未来工程造价咨询企业的主要组织模式。合伙制企业因对其组织方面具有强有力的风险约束性，能够促使其不断强化风险意识，提高咨询质量，保持较高的职业道德水平，自觉维护自身信誉。正因如此，在完善的工程保险制度下的合伙制也是目前发达国家和地区工程造价咨询企业所采用的典型经营模式。

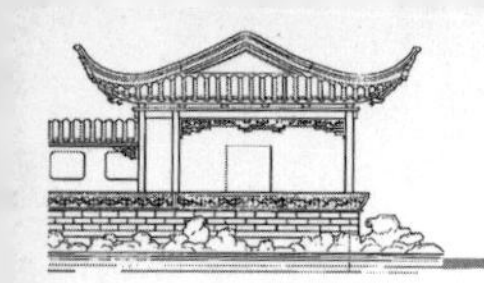

思考题

1. 如何理解工程造价、工程计价、工程概预算的含义？三个概念有何不同？
2. 工程计价是怎么分类的？各有什么作用？
3. 工程计价有哪些环节？各有什么作用？与建设程序是什么关系？
4. 建设项目如何分解？对计价有何实际意义？
5. 什么是工程量？工程量计算对计价有何实际意义？
6. 工程量计算有哪些技巧？如何应用？
7. 如何理解工程计价的5个基本步骤？
8. 什么是建设工程全面造价管理？
9. 工程造价管理的组织系统有哪些？各有什么权限和职责？
10. 工程造价管理的主要内容及原则有哪些？
11. 一、二级造价工程师在考试、注册和执业方面有哪些差别？
12. 我国工程造价咨询管理制度有哪些？
13. 发达国家和地区工程造价管理的特点有哪些？
14. 我国工程造价管理有哪些发展趋势？

第2章 园林工程概预算基础

园林工程概预算是工程建设投资和财政监督、审计的重要依据，也是施工单位优化施工，按时按质完成建设任务的重要环节。本章从园林工程概预算概述、园林工程概预算的编制及原则、园林工程概预算编制步骤、我国现行建设工程造价的构成以及园林工程概算书、预算书的表式多个方面对园林工程概预算进行阐释。

2.1 园林工程概预算概述

2.1.1 园林工程概预算的概念

园林工程概预算是指在园林工程建设过程中，根据不同设计阶段的设计文件的具体内容和有关定额、指标及取费标准，预先计算和确定建设项目的全部工程费用的技术经济文件。

2.1.2 园林工程概预算的作用

园林工程概预算的作用如下：①园林工程概预算是建设单位拨付工程款的依据；②园林工程概预算是建设单位与施工单位进行工程招投标、双方签订施工合同和办理工程竣工结算的依据；③园林工程概预算是施工企业组织生产、编制计划、统计工作量和实物量指标的依据，也是施工企业考核工程成本的依据；④园林工程概预算是设计单位对设计方案进行技术经济分析比较的依据。

2.1.3 园林工程概预算的种类

园林工程概预算按不同的设计阶段所起的作用及编制依据的不同，一般可分为设计概算、施工图预算、施工预算、竣工结算、竣工决策五种。

1)设计概算

设计概算是设计单位在初步设计阶段，根据初步设计图纸，按照有关工程概算定额（或概算指标）、各项费用定额（或取费标准）等有关资料，预先计算和确定工程费用的文件。

其作用如下：①是编制建设工程计划的依据；②是控制工程建设投资的依据；③是鉴别设计方案经济合理性、考核园林产品成本的依据；④是控制工程建设拨款的依据；⑤是进行建设投资包干的依据。

2)施工图预算

施工图预算是指在工程施工图设计完成后，在工程开工之前，由施工单位根据已批准的施工图纸，在既定的施工方案前提下，按照国家颁布的各类工程预算定额、单位估计表及各项费用的取费标准等有关资料，预先计算和确定工程造价的文件。

其作用如下：①是确定园林工程造价的依据；②是办理工程竣工结算及工程招投标的依据；③是建设单位与施工单位签订施工合同的主要依据；④是建设单位拨付工程款的依据；⑤是施工企业考核工程成本的依据；⑥是设计单位对设计方案进行

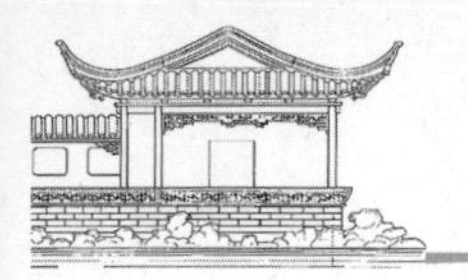

技术经济分析比较的依据；⑦是施工企业组织生产、编制计划、统计工程量和实物量指标的依据。

3）施工预算

施工预算是施工单位内部编制的一种预算，在施工阶段施工图预算的控制下，施工企业根据施工图预算计算的工程量、施工定额、单位工程施工组织设计等资料，通过工料分析，预先计算和确定工程所需的人、材、机消耗量及其相应费用的文件。

其作用如下：①是施工企业编制施工作业计划的依据；②是施工企业签发施工任务单、限额领料的依据；③是开展定额经济包干、实行按劳分配的依据；④是人、材、机调度管理的依据；⑤是施工企业改善经营管理、降低生产成本和推行内部经营承包责任制的重要手段；⑥是施工企业控制成本的依据。

4）竣工结算

竣工结算是指施工企业按照合同规定的内容全部完成所承包的工程，经验收质量合格并符合合同要求之后，向发包单位进行的最终价款结算的文件。

竣工结算的主要作用：①是确定工程最终造价，是了结业主和承包商的合同关系和经济责任的依据；②是施工企业经济核算和考核工程成本的依据；③是建设单位编报项目竣工决算的依据。

5）竣工决算

竣工决算是指整个建设工程全部完工并验收移交后，由建设单位组织有关部门，以竣工结算等资料为依据编制，从项目立项到竣工验收、交付使用全过程中，反映全部建设费用、竣工项目建设成果以及财务收支状况的文件。它包括建筑工程费用、设备及工器具购置费用和工程建设其他费用、预备费、建设期贷款利息等。

竣工决算的主要作用如下：①以核定新增固定资产价值，办理交付使用；②考核建设成本，分析投资效果的；③总结经验，积累资料，提高投资效果。

设计概算、施工图预算和竣工决算简称“三算”。设计概算是在初步设计阶段由设计单位编制的。单位工程开工前，由施工单位编制施工图预算。建设项目或单位工程竣工后，由建设单位（施工单位内部也编制）编制竣工决算。它们之间的关系是：设计概算不得超过计划任务书的投资额，施工图预算不得超过设计概算，竣工决算不得超过施工图预算。“三算”都有独立的功能，在工程建设的不同阶段发挥各自的作用。

2.2 园林工程概预算的编制及原则

2.2.1 园林工程概预算编制的依据

为了提高概预算的准确性，保证概预算的质量，需根据一些技术资料和有关规定编制概预算。

1）施工图纸及其设计说明书

施工图纸是指经过设计单位和施工单位会审的施工图，包括园林建筑施工图、结构施工图、地形改造以及植物种植设计施工图、选用的通用图集和标准图集等，其设计说明书、施工手册、设计变更文件等，表明了工程的具体内容、技术结构特征、建筑构造尺寸、植物种植状况等，是编制施工图预算的重要依据。

2）施工组织设计

园林工程施工组织设计是以园林工程（整个工程或若干个单项工程）为对象编写的用来指导工程施工的技术性文件。施工组织设计内容主要有施工方案、施工方法与技术措施、施工进度、材料、机具、劳动力等资源配置、临时设施等。在编制工程预算时，某些分部工程应该套用哪些工程细目（子项）的定额，以及相应的工程量是多少，要以施工方案为依据。

3）工程概预算定额

园林工程预算定额是由国家主管机关或被授权单位组织编制并颁发的一种法令性指标，它规定了行业平均先进的必要劳动量，工程内容、质量和安全要求，是一项重要的经济法规，具有极大的权威性，是编制工程概预算所应遵循的基本执行标准。

4）国家及地区颁发的有关文件及取费标准

国家或地区各有关主管部门，制订颁发的有关编制工程概预算的各种文件和取费标准，如某些材料调价、新增某种取费项目的文件、工程管理

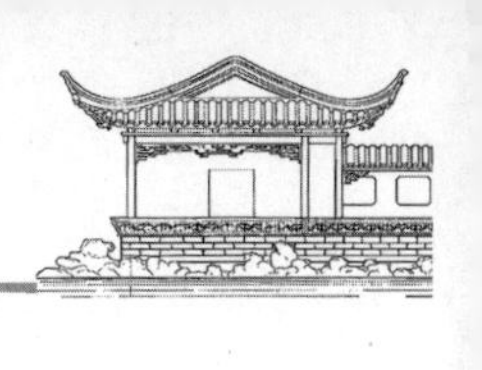

费和其他费用发取费标准等，都是编制工程预算时必须遵照执行的依据，是计算工程造价计费的执行文件。

5)建设单位和施工单位签订的合同或协议

合同或协议中双方约定的标准也可成为编制工程预算的依据。

6)工具书及其他有关手册

以上依据都是编制概预算所不能缺少的基本内容，但其中使用时间最长、使用次数最多的是工程预算定额和施工设计图纸，它们也是编制工程概预算中应用难度最大的两项内容。

2.2.2　园林工程概预算编制原则

1)严格执行国家的建设方针和经济政策

园林工程概预算要严格按照党和国家的方针、政策，坚决执行勤俭节约的方针，严格执行规定的设计和建设标准。

2)完整、准确地反映设计内容

编制园林工程概预算时，要认真了解设计意图，根据设计文件、图纸准确计算工程量，不能高估重算，也不能少算漏算，实事求是地计算工程造价。

3)坚持结合拟建工程的实际，反映工程所在地当时价格水平

编制园林工程概预算时，要求实事求是地对工程所在地的建设条件、可能影响造价的各种因素进行认真的调查研究。在此基础上，正确使用定额、费率和价格等各项编制依据，按照现行工程造价的构成，根据有关部门发布的价格信息及价格调整指数，考虑建设期的价格变化因素，使概预算尽可能地反映设计内容、施工条件和实际价格。

2.3　园林工程量的编制步骤

编制园林工程施工图预算，就是根据拟建园林工程已批准的施工图纸和既定的施工方法，按照国家或省市颁发的工程量计算规则，分部分项地把拟建工程各工程项目的工程量计算出来，在此基础上，逐项地套用相应的现行预算定额，从而确定其单位价值。累计其全部直接费用，再根据规定的各项费用的取费标准，计算出工程所需的间接费用，最后，综合计算出该单位工程的造价和技术经济指标。另外，再根据分项工程量分析材料和人工用量，最后汇总出各种材料和用工总量。

1)分析施工图及有关资料

检查施工图纸是否齐备，内容是否清楚；通看施工图及其文字说明，了解设计意图，掌握工程全貌，分析施工图纸，熟悉分部分项工程，理解工程全部内容。针对预算编制对象，搜集相关资料，并熟悉、掌握这些资料内容。阅读预算定额的总说明，分析说明及定额表，理解定额的适用范围、工程内容、工程量计算规则及分项情况等。了解施工组织设计和施工现场情况，了解施工方法和其中影响工程造价的有关内容，并分析哪些不是定额中规定的方案或方法。

2)划分工程项目

一个工程建设项目是一个工程综合体，为了便于对工程项目费用的计算，把工程项目按其组成划分为工程建设项目、单项工程、单位工程、分部工程和分项工程。根据施工图纸和预算定额规定，将全部施工内容分解成分部分项工程，以便计算。

3)计算分部分项工程量

按照预算定额规定的分项工程量计算规则，根据施工图纸和施工方案计算各分项工程量时，要遵循一定的计算顺序依次进行计算，避免漏算或重复计算；要求工程项目名称与定额子目的名称相一致，计量单位要一致，以便于定额的套用；一般采用列表计算，表中应指明该工程项目对应的施工图图号及部位，计算表达式要清楚、正确，便于计算结果的复核。

4)汇总工程量

各分项工程量计算完毕，并经复核无误后，按预算定额规定的分部、分项工程定额编号顺序逐项汇总，调整列项，填入工程量汇总表内，以便套用预算定额基价。

5)编制工程量清单

根据计算和汇总的分部分项工程量，按照工程量清单规范要求，编制工程量清单，工程量清单主

要包括清单编码、分部分项工程项目名称、项目特征、单位和工程量等。

2.4 我国现行建设工程造价的构成

建设项目投资是指在工程项目建设阶段所需要的全部费用的总和,从投资角度看它包括固定资产投资和流动资产投资。而固定资产投资与建设项目的工程造价在量上相等,是建设投资和建设利息之和。

工程造价是按照确定的建设内容、建设规模、建设标准、功能要求和使用要求等将工程项目全部建设并验收合格交付使用所需的全部费用。工程造价基本构成包括用于购买工程项目所含各种设备的费用,用于园林建设施工所需支出的费用,用于委托工程勘察设计应支付的费用,用于购置土地所需的费用,建设单位自身进行项目筹建和项目管理所花费的费用,建设期间贷款利息等。总之,建设项目总投资的具体构成内容如图 2-1 所示。

1)工程费用

工程费用是指直接构成固定资产实体的各种费用。工程费用由设备及工器具购置费和园林建设工程费组成。

设备及工器具购置费用的构成及计算:

设备购置费:是指为建设项目购置或自制的达到固定资产标准的各种国产或进口设备、工具、器具的购置费用。

设备购置费=设备原价+设备运杂费+工器具购置费
=设备购置费×规定费率

园林建设工程费用构成,按造价形成划分的园林工程费用项目组成如图 2-2 所示;按照费用构成要素划分的园林工程费用项目组成如图 2-3 所示。

2)工程建设其他费用

工程建设其他费用是指从工程筹建起到工程竣工验收交付使用止的整个建设期间,除建设工程费用和设备及工器具购置费用以外的,为保证工程建设顺利完成和交付使用后能够正常发挥效用而发生的各项费用。工程建设其他费用由固定资产其他费用、无形资产费用和其他资产费用三部分构成。

土地使用费:土地征用及迁移补偿、土地使用权出让金。

与项目建设其他有关的费用:建设单位管理费、可行性研究费、研究试验费、勘察设计费、环境影响评价费、劳动安全卫生评价费、场地准备与临时设施费、工程监理费、引进技术和引进设备其他费用、工程承包费、工程保险费、特殊设备安全监督检验费、市政公用设施费等。

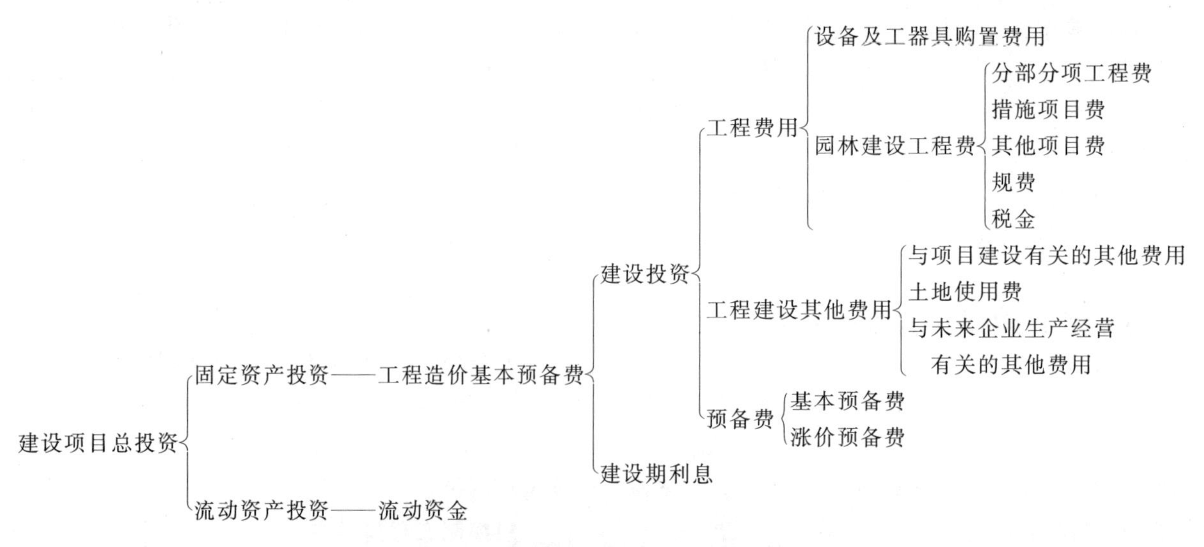

图 2-1　我国现行建设项目总投资构成

与未来企业生产经营有关的其他费用：联合试运转费、生产准备费、办公和生活家具购置费。

3)预备费

预备费是为了保证工程项目的顺利实施，避免在难以预料的情况下造成投资不足而预先安排的一笔费用。预备费包括基本预备费和涨价预备费。

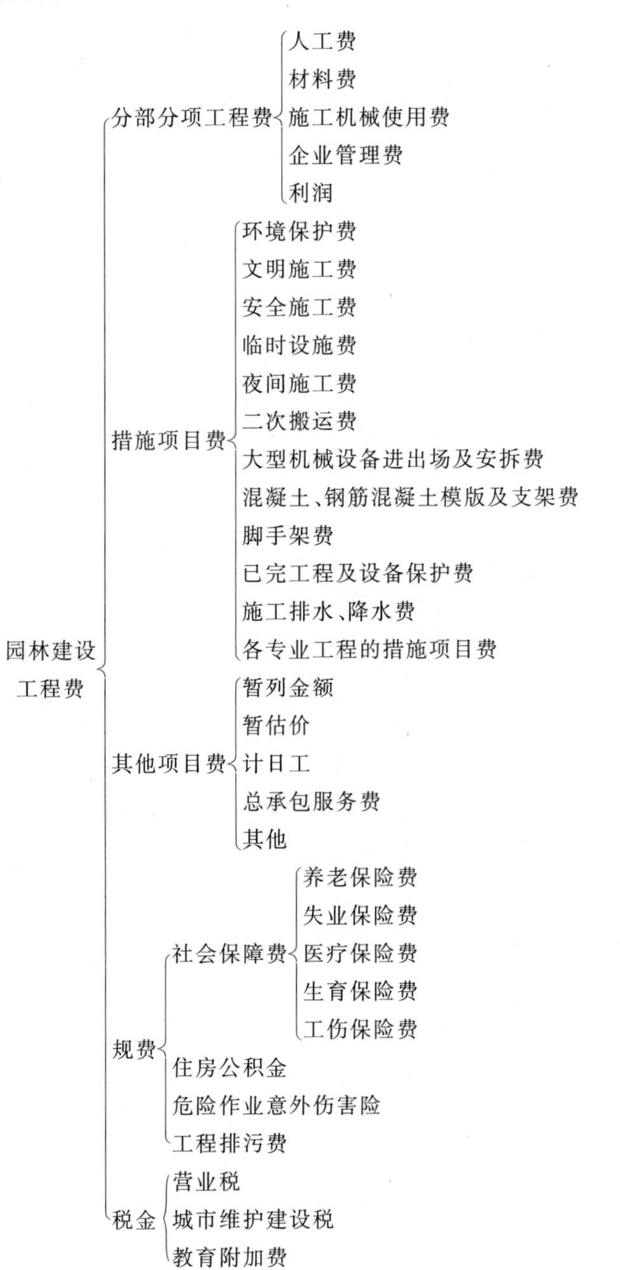

图 2-2　按造价形成划分的园林工程费用项目组成

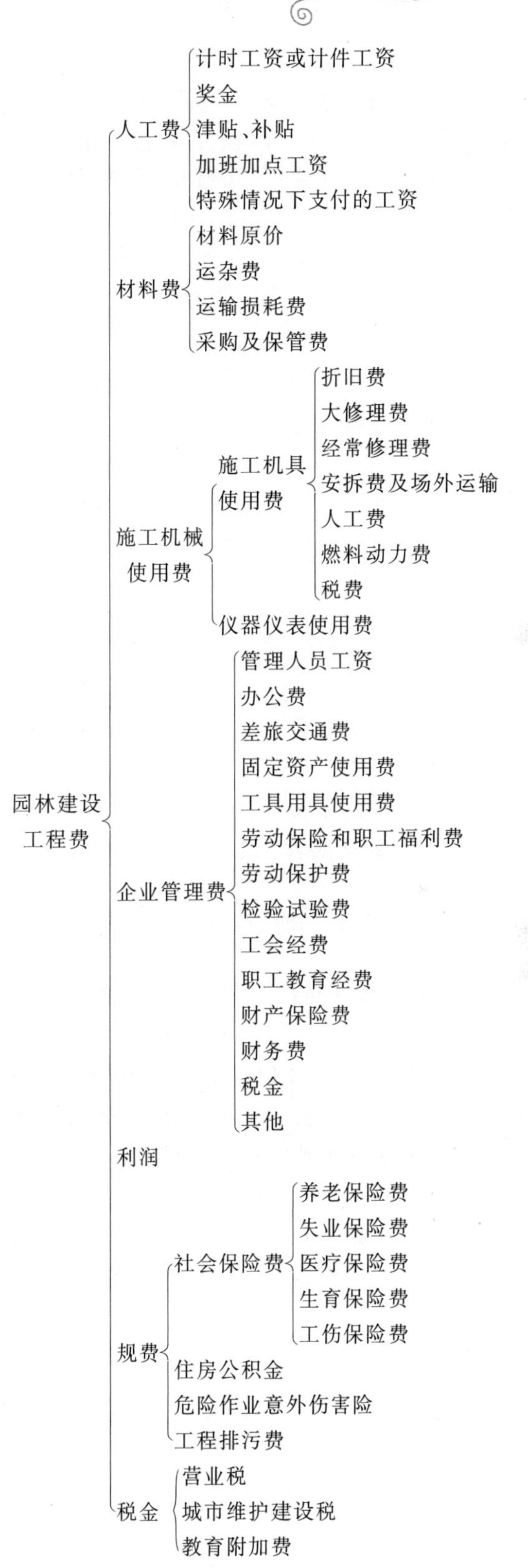

图 2-3　按费用构成要素划分的园林工程费用项目组成

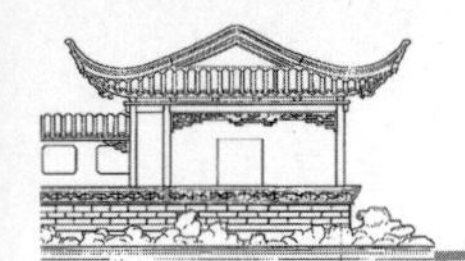

①基本预备费：是指在初步设计及概算内难以预料的工程费用。费用内容包括：批准的初步设计范围内，技术设计、施工图设计及施工过程中所增加的工程费用；设计变更、工程变更、材料代用、局部地基处理增加的费用：一般自然灾害造成的损失和预防自然灾害所采取的措施费用，实行工程保险的工程项目，该费用适当降低；竣工验收时为鉴定工程质量对隐蔽工程进行必要的挖掘和修复费用；超规超限设备运输增加的费用。

基本预备费＝(设备及工器具购置费＋
建筑安装工程费用＋
工程建设其他费用)×
基本预备费率

②涨价预备费：涨价预备费是指建设项目在建设期间内由于价格等变化引起工程造价变化的预测预留费用。

涨价预备费的测算方法，一般根据国家规定的投资综合价格指数，按估算年份价格水平的投资额为基数，采用复利方法计算，并考虑各年投资分期均匀投入。计算公式为：

$$PF=\sum_{t=1}^{n} I_t[(1+f)^m(1+f)^{0.5}(1+f)^{t-1}-1]$$

式中：n 为建设期年份数；I_t 为建设期中第 t 年的投资计划额，包括设备及工器具购置费、建筑安装工程费、工程建设其他费用及基本设备费，即第 t 年的静态投资；f 为年均投资价格上涨率；m 为建设前期年限(从编制估算到开工建设年限)。

【例 2.1】某工程投资 1 000 万元，建设前期年限为 2 年，建设期为 3 年，建设期中 1、2、3 年分别投资 500 万元，300 万元和 200 万元，年均价格上涨率为 5%，计算涨价预备费。

【解】：

建设期第一年涨价预备费：$PF_1=500\times[(1+5\%)^{(2+1-0.5)}-1]=64.81$ 万元。

建设期第二年涨价预备费：$PF_2=300\times[(1+5\%)^{(2+2-0.5)}-1]=55.83$ 万元。

建设期第三年涨价预备费：$PF_3=200\times[(1+5\%)^{(2+3-0.5)}-1]=49.10$ 万元。

则涨价预备费 $PF=64.81+55.83+49.10=169.74$ 万元。

4)建设期利息

建设期利息指工程项目在建设期间内发生并计入固定资产的利息，主要是建设期发生的支付银行贷款、出口信贷、债券等的借款利息和融资费用。建设期利息应按借款要求和条件计算。国内银行借款按现行贷款计算，国外贷款利息按协议书或贷款意向书确定的利率按复利计算。为了简化计算，在编制投资估算时通常假定借款均在每年的年中支用，借款第一年按半年计息，其余年份按全年计息。

当总贷款在年初一次性贷出且利率固定时，建设期利息按下式计算：

$$I=P(1+i)^n-P$$

式中：i 为年利率；n 为建设期年限；P 为贷款额度。

【例 2.2】某新建项目，建设期为 2 年，年初一次性贷款 500 万元，年利率为 12%，计算建设期贷款利息。

【解】：

建设期贷款利息：$I=500\times(1+12\%)^2-500=127.2$ 万元

当总贷款是分年均额发放时，建设期利息的计算可按当年借款在年中支用考虑，即当年贷款按半年计息，上年贷款按全年计息。

计算公式：各年应计利息＝(年初借款本息累计＋本年借款额/2)×年利率

$$q_j=\left(P_{j-1}+\frac{1}{2}A_j\right)\cdot i$$

式中：P_{j-1} 为建设期第$(j-1)$年末贷款累计金额与利息累计金额之和；A_j 为建设期第 j 年贷款金额。

【例 2.3】某新建项目，建设期为 3 年，分年均衡进行贷款，第一年贷款 200 万元，第二年贷款 500 万元，第三年贷款 300 万元，年利率为 12%，计算建设期贷款利息。

【解】：

第一年贷款利息 $q_1=0.5A_1\times i=0.5\times200\times12\%=12$(万元)。

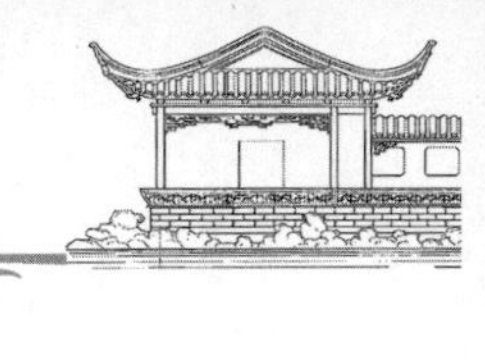

第二年贷款利息 $q_2=(P_1+0.5A_2)\times i=(200+12+0.5\times500)\times12\%=55.44$(万元)。

第三年贷款利息 $q_3=(P_2+0.5A_3)\times i=(212+500+55.44+0.5\times300)\times12\%=110.0928$(万元)。

建设期贷款利息：12＋55.44＋110.092 8＝177.532 8(万元)。

5)流动资金

流动资金指企业用于购买、储存劳动对象(或商品)以及占用在生产过程和流通过程的那部分周转资金。从流动资金的构成要素看，它包括用于购买原材料等劳动对象(或商品)、支付工资和其他生产费用(或流通费用)的资金。

2.5　园林工程施工组织设计的作用、分类及原则

2.5.1　园林工程施工组织设计的作用

园林工程施工组织设计是以园林工程(整个工程或若干单项工程)为对象编写的，用来指导工程施工的技术性文件。它体现了实现基本建设计划和设计的要求，提供了各阶段的施工准备工作内容，协调施工过程中各施工单位、各施工工种、各项资源之间的相互关系。施工组织设计在施工全过程乃至工程预结算中占有重要地位，施工组织设计不仅仅是组织施工、指导生产的作用，也是经济管理工作中非常重要的组成部分。施工组织设计不仅是指导生产经营活动的重要文件，也是编制施工图预算的重要依据。

施工组织设计一般包括四项基本内容：施工方案；施工进度计划；施工现场平面布置；有关劳力、施工机具、建筑安装材料，施工用水、电、动力及运输、仓储设施等暂设工程的需要量及其供应与解决办法。施工单位在工程开工前要组织工程技术、材料设备、经济计划、工程造价等人员认真熟读图纸、深入现场进行实地勘察，研究施工方案中的各项技术经济组织措施，而这些技术经济组织措施是工程造价人员编制施工预算的重要依据。

2.5.2　园林工程施工组织设计的分类

按时间分，园林工程施工组织设计一般可分为中标后施工组织设计和投标前施工组织设计两大类。

1)投标阶段施工组织设计

在投标前，由企业有关职能部门负责牵头编制，在投标阶段以招标文件为依据，为满足投标书和签订施工合同的需要编制，其目的是为了中标。主要内容包括：施工方案、施工方法的选择，施工进度计划，施工平面布置，保证质量、进度、环保等项计划必须采取的措施，其他有关投标和签约的措施。

2)施工阶段施工组织设计

在中标后施工前，由项目经理负责牵头编制，在实施阶段以施工合同和中标施工组织设计为依据，为满足施工准备和施工需要编制。根据施工组织设计编制的广度、深度和作用的不同，可分为施工组织总设计、单位工程施工设计、分部工程施工组织设计3种。

(1)工程施工组织总设计　施工组织总设计是以整个工程项目为编制对象，它是对整个建设工程项目施工的战略部署，是指导全局性施工的技术和技术纲要。目的是对整个工程的全面规划和有关具体内容的布置。其中重点是解决施工期限、施工顺序、施工方法、临时设施、材料设备以及施工现场总体布局等关键问题。一般是在初步设计或扩大设计批准之后，由总承包单位的总工程师负责，会同建设、设计和分包单位的总工程师共同编制。

(2)单位工程施工组织设计　单位工程施工组织设计是根据经会审后的施工图，以单位工程为编制对象，由施工单位组织编制的直接指导单位工程施工全过程各项活动的技术文件。它是施工组织总设计的具体化，具体地安排人力、物力和实施工程。它是在施工图设计完成后，以施工图为依据，由工程项目的项目经理或主管工程师负责编制的。要求不得与施工组织总设计中的指导思想和具体内容相抵触，编制深度达到工程施工阶段，应附有

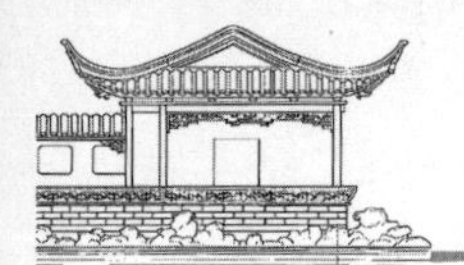

施工进度计划和现场施工平面图，做到简练、明确、实用，要具有可操作性。

(3)分项工程作业设计　一般是对单位工程中某些特别重要部位或施工难度大、技术要求高，需采取特殊措施的工序，或采用新工艺、新技术的施工部分，或冬雨季施工等为对象编制，具有较强针对性的技术文件。如园林喷水池的防水工程，瀑布出水口工程，护坡工程中的倒渗层，假山工程中的拉底、收顶等。多由最基层的施工单位编制，要求具体、科学、实用并具可操作性。

2.5.3 园林工程施工组织设计的原则

(1)遵循国家法规、政策。

(2)保证重点，统筹施工。

(3)注重合理、连续、均衡施工。

(4)降低施工成本，贯彻节约方针。

(5)保证质量和施工安全。

2.6 园林工程概预算书表式

园林工程概算书主要包括封面、目录、编制说明、总概算表、工程建设其他费用表、综合概算表、园林工程概算表、园林工程设计概算综合单价分析表、设备及安装工程概算表、设备及安装工程设计概算综合单价分析表、主要设备材料数量及价格表、进口设备材料货架及从属费用计算表等组成。

园林工程预算书主要包括封面、编制说明、单位工程汇总表、措施项目汇总表、分部分项清单计价表、通用措施和单价措施项目清单计价表、其他项目清单计价汇总表、暂列金额明细表、材料暂估单价及调整表、专业工程暂估价、计日工表、总承包服务费计价表、规费税金项目计价表、人材机价差表组成。

园林工程概算书格式参见附件1，园林工程预算书格式见附件2。

思考题

1. 什么是园林工程概预算，其作用有哪些？
2. 园林工程概预算的编制依据有哪些？
3. 我国现行园林建设工程的造价由哪些内容构成？园林建设工程费又由哪些部分组成？
4. 园林工程施工组织设计对工程预算有什么影响？

定额是在正常的施工生产条件下，完成单位合格产品所必需的人、材、机及其资金消耗的数量标准。不同的产品有不同的质量要求，因此，不能把定额看成是单纯的数量关系，而应看成是质和量的统一体。考察个别的生产过程中的因素不能形成定额，只有从考察总体生产过程中的各生产因素，归结出社会平均必需的数量标准，才能形成定额。同时，定额反映一定时期的社会生产力水平。

在建筑生产中，为了完成建筑产品，必需消耗一定数量的劳动力、材料和机械台班以及相应的资金，在一定的生产条件下，用科学方法制定出的生产质量合格的单位建筑产品所需要的劳动力、材料和机械台班等的数量标准，就称为建筑工程定额。

定额是实现工程项目，确定人力、物力和财力等资源需要量，有计划地组织生产，提高生产率，降低工程造价，完成和超额完成计划的重要的技术经济工具，是工程管理和企业管理的基础。

在工程项目的计划、设计和施工中，定额具有以下几方面的作用：

(1)定额是编制计划的基础　工程建设活动需要编制各种计划来组织与指导生产，而计划编制中又需要各种定额来作为计算人力、物力、财力等资源需要量的依据。定额是编制计划的重要基础。

(2)定额是确定工程造价的依据和评价设计方案经济合理性的尺度　工程造价是根据设计规定的工程规模、工程数量及相应需要的劳动力、材料、机械设备消耗量及其他必需消耗的资金确定。其中，劳动力、材料、机械设备的消耗量又是根据定额计算出来的，定额是确定工程造价的依据。同时，建设项目投资的大小又反映了各种不同设计方案技术经济水平的高低。

(3)定额是组织和管理施工的工具　建筑企业要计算和平衡资源需要量，组织材料供应、调配劳动力、签发任务单、组织劳动竞赛、调动工人的积极因素、考核工程消耗和劳动生产率、贯彻按劳分配工资制度、计算工人报酬等，都要利用定额。

(4)定额是总结先进生产方法的手段　定额是在平均先进的条件下，通过对生产流程的观察、分析、综合等过程制定，它可以严格地反映出生产技术和劳动组织的先进合理程度。

3.1　园林工程定额的概念和分类

园林工程定额是工程定额的一种，在园林工程建设中起着重要的作用，它是衡量生产效益的工具尺度，同时也是投资包干、招投标的基础，掌握和了解园林工程定额的概念和分类，对准确进行园林工程概算和预算有着十分重要的作用和意义。在社会主义市场经济条件下，园林工程定额的性质表现在以下几个方面：

1)科学性

定额的科学性，表现在定额是在大量测算、分析研究实际生产中的数据基础上，实事求是地运用科学的方法，按照客观规律要求结合群众的经验制

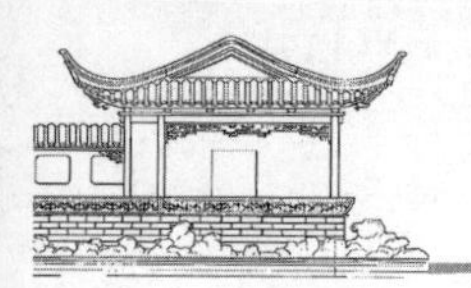

定的。定额的各项内容，采用经实践证明是行之有效的先进技术和先进操作方法，吸取当代科学管理的成就，能反映社会生产力水平。

2)法令性

定额的法令性，表现在定额是由国家建设主管部门、地方主管部门或由它们授权的机关统一制定的，一经发布便具有行政法规性质。在定额适用范围内，任何单位都必须严格执行，不得随意变更。定额的法令性保证对企业和工作项目有统一核算尺度，以便于考核、监督，体现公平。

3)稳定性与可变性

定额是根据一定时期生产力发展水平，经科学测算得出的标准，因而在一定时期内表现出稳定状态，即稳定性。定额稳定期一般在5～10年。但稳定性也是相对的，随着科技水平的提高，人自身条件和自然环境条件的不断变化，生产力也处在一个由量变到质变的过程，当时机成熟时，定额也要改变以适应生产力发展，即有可变性。另外，随市场经济不断深入，定额水平随商品价格会发生波动，因此企业在执行定额标准过程中可能会有所调整，也体现出可变性。由于我国地域广大，各地在执行建设部发布的统一定额的同时，也会因地制宜做一些调整。

4)群众性

定额的群众性，表现在定额制定和执行都具有群众基础，各类标准都凝结着群众的劳动和智慧。定额反映了群众的愿望和要求，而且需要群众配合，才能顺利执行，才能成为群众的奋斗目标。

3.1.1 园林工程定额的概念

3.1.1.1 园林工程定额概念

定额就是生产产品和生产消耗之间数量的标准。在工程施工过程中，受技术水平、组织管理水平及施工客观条件的影响，为了完成某一单项合格产品，所消耗的人工、材料、机具设备、能源、时间和资金等的水平可能是各不相同的。为了统一考核其消耗水平，就需要有一个统一的消耗标准。工程定额，是指在正常生产条件下，完成单位施工作业合格产品所必需消耗的人工、材料、机具设备、能源、时间及资金等的标准数量。这里的正常施工条件，就是指生产过程按生产工艺和施工验收规范操作，施工条件完善，劳动组织合理，机械运转正常，材料储备合理。

工程定额是在正常施工条件下，在合理的劳动组织、合理地使用材料和机械的条件下，完成建设工程单位合格产品所必须消耗的各种资源的数量标准。施工定额的“单位”是指定额子目中所规定的定额计量单位，因定额性质的不同而不同；“产品”是指“工程建设产品”，称为工程定额的标定对象。工程定额反映了在一定的社会生产力水平条件下，完成某项合格产品与各种生产消耗之间特定的数量关系，同时也反映了其施工技术和管理水平。不仅给出了建设工程投入与产出的数量关系，同时还给出了具体的工作内容、质量标准和安全要求。工程定额主要研究在一定生产力水平条件下，建筑产品生产和生产消耗之间的数量关系，寻找出完成一定建设产品的生产消耗的规律性，同时也分析施工技术和施工组织因素对生产消耗的影响。

园林工程预算定额指在正常的施工条件下，完成一定计量单位的合格产品所必需的劳动力、机械台班、材料和资金消耗的数量标准。

3.1.1.2 园林工程定额作用

1)从工程建设角度看

工程建设是横贯于国民经济各部门，并为其形成固定资产的综合性经济活动过程，过去也称为基本建设。工程定额在工程建设中的作用如下：

(1)工程定额是企业在工程建设中实行科学管理的必要手段　工程定额中对资金和资源的消耗量标准以及施工定额提供的人、材、机消耗标准，可以作为编制施工进度计划、施工作业计划，下达施工任务，合理组织调配资源，进行成本核算的依据。施工定额同时也是考核评比、开展劳动竞赛及实行计件工资和超额奖励的尺度，还是施工企业进行投标报价的重要依据。

(2)工程定额是节约社会劳动的重要手段　将工程定额作为促使工人节约社会劳动、提高劳动效率、加快工作进度的手段，可以增加市场竞争能力，降低社会成本，提高企业利润；作为工程计价依据

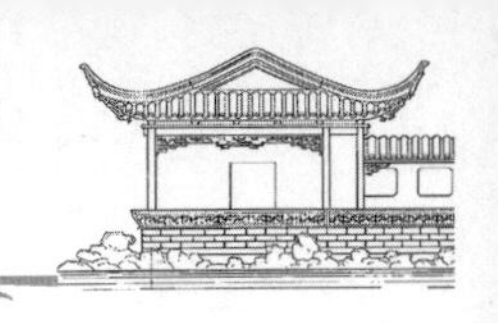

的各类定额，能够促使企业加强管理，把社会劳动的消耗控制在合理的限度内。

2)从建筑市场交易角度看

在市场交易的角度来看，建筑市场是指建筑活动中各种交易关系的总和。工程定额在建筑市场交易中的作用如下：

(1)工程定额有利于市场行为的规范化，促使市场公平竞争　工程定额是投资决策和价格决策的依据。投资者可以利用工程定额权衡财务状况、方案优劣、支付能力等；施工企业可以利用工程定额在投标报价时提出科学的、充分的数据和信息，从而可以正确地进行价格决策，增加在市场竞争中的主动性。

(2)工程定额有利于完善市场的信息系统　工程定额中的数据来源于大量的施工实践，也就是说，工程定额中的数据是市场信息的反馈。信息越可靠、完备性越好、灵敏度越高，工程定额中的数据就越准确，通过工程定额所反映的工程造价就越真实。

(3)工程定额是建设工程计价的依据　在编制设计概算、施工图预算、清单计价与报价及竣工结算时，确定人工、材料和施工机械台班的消耗量，进行单价计算与组价，一般都以工程定额作为计算依据。

3.1.2 园林工程定额的分类

园林工程定额的分类，见表3-1。

3.1.2.1 按生产要素分类

工程定额按生产要素分类可分为劳动定额、材料消耗定额、机械台班定额3类。这3类定额又称为三大基础定额，是制定其他定额的基础。

(1)劳动定额　劳动定额是指在正常施工条件下，生产单位合格产品所必需消耗的劳动时间，或者是在单位时间内生产合格产品的数量标准。

(2)材料消耗定额　材料消耗定额是指在合理使用材料的条件下，生产单位合格产品所必需消耗的一定品种、规格的原材料、半成品、成品或结构件的数量标准。

(3)机械台班使用定额　机械台班使用定额是指在正常施工条件下，利用某种施工机械生产单位合格产品所必需消耗的机械工作时间，或者在单位时间内机械完成合格产品的数量标准。

3.1.2.2 按定额的编制程序和用途分类

按定额的编制程序和用途分类可分为工序定额、施工定额、预算定额、概算定额、概算指标、估算指标等。

(1)工序定额　工序定额是以最基本的施工过程为标定对象，表示其产品数量与时间消耗关系的定额。由于工序定额比较细，所以一般不直接用于施工中，主要在制定施工定额时作为原始资料。如钢筋制作的施工定额就是由运输钢筋、钢筋调直、钢筋下料、切断钢筋、弯曲钢筋、绑扎成形等工序定额综合而成的定额。

(2)施工定额　施工定额主要用于编制施工预算，是施工企业管理的基础，施工定额由劳动定额、材料消耗定额和机械台班使用定额三部分组成。

(3)预算定额　预算定额主要用于编制施工图预算，是确定一定计量单位的分项工程或结构构件的人、材、机耗用量及其资金消耗的数量标准。

(4)概算定额　概算定额又称扩大结构定额。主要用于编制设计概算，是确定一定计量单位的扩大分项工程或结构构件的人、材、机耗用量及其资金消耗的数量标准。

(5)概算指标　概算指标主要用于投资估算或编制设计概算，是以每个建筑物或构筑物为对象，规定人、材、机耗用量及其资金消耗的数量标准。

(6)估算指标　编制建设项目建议书、可行性研究报告等前期工作阶段投资估算的依据，也可以作为编制固定资产长远规划投资额的参考。投资估算指标为完成项目建设的投资估算提供依据和手段，它在固定资产的形成过程中起着投资预测、投资控制、投资效益分析的作用，是合理确定项目投资的基础。

3.1.2.3 按定额制定单位和执行范围分类

按定额制定单位和执行范围可分为全国统一定额、行业定额、地区定额、企业定额、临时定额等五类。

(1)全国统一定额　全国统一定额是由国家主管部门或授权单位，综合全国基本建设的施工技术、施工组织管理和生产劳动的一般情况编制并在全国范围内执行的定额。

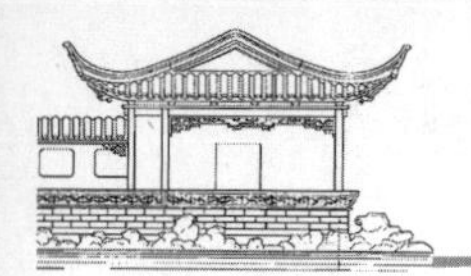

表 3-1　园林工程定额的分类

序号	分类依据	定额种类		备注
一	生产要素	劳动定额	时间定额	基本定额
			产量定额	
		材料消耗定额		
		机械台班定额	时间定额	
			产量定额	
二	编制程序和用途	工序定额		由劳动定额、材料定额、机械台班定额组成
		施工定额		
		预算定额		
		概算定额		
		概算指标		
		估算指标		
三	定额制定单位和执行范围	全国统一定额		
		行业定额		
		地区定额		
		企业定额		
		临时定额		
四	投资费用性质	建设工程定额		由措施项目费定额、企业管理费、规费、利润、税金组成
		设备安装工程定额		
		建筑安装工程费用定额		
		工器具定额		
		工程建设其他费用定额		
五	专业分类	全国统一定额		
		行业统一定额		
		地区统一定额		
		企业定额		

例如 1995 年开始施行的《全国统一建筑工程基础定额》，1998 年开始施行的《全国统一仿古建筑及园林工程预算定额》。

(2)行业定额　行业定额充分考虑了由于各专业生产部的生产技术措施而引起的施工生产和组织管理上的不同，并参照统一定额水平编制的，通常只在本部门和专业性质相同的范围内执行。如矿井建设工程定额，铁路建设工程定额。

(3)地区定额　地区定额是在考虑地区特点和全国统一定额水平的条件下编制，并只在规定的地区范围内执行的定额。如各省(直辖市、自治区)等编制的定额。

(4)企业定额　企业定额是指由建筑施工企业具体考虑本企业生产技术和组织管理等具体情况，

并参照统一定额或主管部定额、地方定额的水平编制的，只在本企业内部使用的定额。适用于某些建筑施工水平比较高的企业，随着企业建筑施工技术和组织管理水平的发展，外部定额不能满足其需要时而编制的。

(5)临时定额　根据工程的特殊项目结合以往工程的施工经验，针对该项工程制定的只适用于该项工程的定额称为临时定额。临时定额具有唯一性和特殊性，不适用于所有工程。

3.1.2.4　按照投资的费用性质分类

按照投资的费用性质可以把工程建设定额分为建筑工程定额、设备安装工程定额、建筑安装工程费用定额、工器具定额以及工程建设其他费用定额等。

(1)建筑工程定额　建筑工程定额是建筑工程的施工定额、预算定额、概算定额和概算指标的统称。建筑工程，一般理解为房屋和构筑物工程。具体包括一般土建工程、电气工程(动力、照明、弱电)、卫生技术(水、暖、通风)工程、工业管道工程、特殊构筑物工程等。广义上建筑工程除房屋和构筑物外还包含其他各类工程，如道路、铁路、桥梁、隧道、运河、堤坝、港口、电站、机场等工程。建筑工程定额在整个工程建设定额中是一种非常重要的定额，在定额管理中有突出的地位。

(2)设备安装工程定额　设备安装工程是对需要安装的设备进行定位、组合、校正、调试等工作的工程。在工业项目中，机械设备安装和电气设备安装工程占有重要地位。因为生产设备大多要安装后才能运转，不需要安装的设备很少。在非生产性的建设项目中，由于社会生活和城市设施的日益现代化，设备安装工程也在不断增加。设备安装工程定额是安装工程施工定额、预算定额、概算定额和概算指标的统称，所以设备安装工程定额也是工程建设定额中的重要部分。

(3)建筑安装工程费用定额　建筑安装工程费用定额一般包括以下两部分内容：①措施费用定额。是指预算定额分项内容以外，为完成工程项目施工，发生于该工程施工前和施工过程中非工程实体项目的费用且与建筑安装施工生产直接有关的各项费用开支的标准。措施费用定额由于其费用发生的特点不同，只能独立于预算定额之外。它也是编制施工图预算和概算的依据。②间接费定额。是指与建筑安装施工生产的个别产品无关，而是企业生产全部产品所必需，为维持企业的经营管理活动所必须发生的各项费用开支的标准。由于间接费中许多费用的发生与施工任务的大小没有直接关系，因此通过间接费定额这一工具，有效控制间接费的发生是十分必要的。

(4)工器具定额　工器具定额是为新建或扩建项目投产运转首次配置的工具、器具的数量标准。工具和器具是指按照有关规定不够固定资产标准而为保证正常生产必须购置的工具、器具和生产用具，如翻沙用模型、工具箱、计量器、容器、仪器等。

(5)工程建设其他费用定额　工程建设其他费用定额是独立于建筑安装工程费、设备和工器具购置费之外的其他费用开支的额度标准。工程建设其他费用的发生和整个项目的建设密切相关。它一般要占项目总投资的 10%左右。工程建设其他费用定额是按各项独立费用分别制定的，以便合理控制这些费用的开支。

3.1.2.5　按专业分类

由于工程建设涉及众多的专业，不同的专业所含的内容也不同，因此，就确定人工、材料和机械台班消耗数量标准的工程定额来说，也需按照不同的专业分别进行编制和执行。

1)建筑工程定额

①建筑工程定额(亦称土建定额)；②装饰工程定额(亦称装饰定额)；③房屋修缮工程定额。

2)安装工程定额

①机械设备安装工程定额；②电气设备安装工程定额；③送电线路安装工程定额；④电信设备安装工程定额；⑤电信线路工程定额；⑥工艺管道工程定额；⑦长距离输送管道工程定额；⑧给排水、采

暖、煤气工程定额；⑨同分、空调工程定额；⑩自动化控制装备及仪表工程定额。

3.2 园林工程概算定额与预算定额

概(预)算定额又称“施工图概(预)算定额”，是以正常的施工条件及目前多数施工企业的施工技术、装备程度，合理的施工工期、施工工艺、劳动组织为基础，完成一定计量单位的工程项目所消耗的人、材、机和发生费用等的数量标准，是确定工程成本的重要基础。其中的人工定额和机械台班定额，也是制定施工进度的主要参考依据。

3.2.1 园林工程概算定额

3.2.1.1 概算定额的概念

概算定额是在预算定额的基础上，确定合格的单位扩大分项工程或单位扩大结构构件所消耗的人、材、机的数量标准限额，所以概算定额又称为“扩大结构定额”或“综合预算定额”。

概算定额是设计单位在初步设计阶段或扩大初步设计阶段确定工程造价，编制设计概算的依据。

概算定额是预算定额的合并与扩大，它将预算定额中联系的若干个分项工程项目综合为一个概算定额项目，如砖基础概算项目就是以砖基础为主，综合了平整场地、挖地槽、铺设垫层、砌砖基础、铺设防潮层、回填土及运土等预算定额中的分项工程项目。又如砖墙定额，就是以砖墙为主，综合了砌砖、钢筋混凝土过梁制作、运输、安装、勒脚、内外墙抹灰、内墙涂白等预算定额的分项工程项目。

3.2.1.2 概算定额的作用

(1)是初步设计阶段编制概算、扩大初步设计阶段编制修正概算的主要依据；

(2)是对设计项目进行技术经济分析比较的基础资料之一；

(3)是建设工程主要材料计划编制的依据；

(4)是编制概算指标的依据；

(5)是控制施工图预算的依据；

(6)是工程结束后，进行竣工决算的依据，主要是分析概预算执行情况考核投资效益。

3.2.1.3 概算定额手册的内容

概算定额手册的内容基本上是由文字说明、定额项目表和附录三部分组成。

1)文字说明部分

文字说明部分有总说明和分章说明。在总说明中，主要有阐述概算定额的编制依据、原则、目的作用、包括内容、使用范围、应注意的事项等。分章说明就要阐述本章包括的工作内容、工程量计算规则、注意事项等。

2)定额项目表

(1)定额项目的划分　概算定额项目一般按以下两种方法划分：①按工程结构划分。一般是按土石方、基础、墙、梁板柱、门窗、楼地面、屋面、装饰、构筑物等工程结构划分。②按工程部位(分部)划分。一般是按基础、墙体、梁柱、楼地面、屋盖、其他工程部位等划分如基础工程中包括了砖、石、混凝土基础等项目。

(2)定额项目表　定额项目表是概算定额手册的主要内容。由若干分节定额组成。各节定额由工程内容、定额表及附注说明组成。定额表中列有定额编号、计量单位、概算价格、人工、材料机械台班消耗量指标，综合了解预算定额的若干项目与数量。

3.2.2 园林工程预算定额

3.2.2.1 园林工程预算定额的概念

预算定额是在正常的施工条件下，完成一定剂量单位合格分项工程和结构构件所需消耗的人、材、机数量及相应费用标准，预算定额是工程建设中的一项重要的技术经济文件，是编制施工图预算的主要依据，是确定和控制工程造价的基础。

3.2.2.2 园林工程预算定额的作用

预算定额是确定一定计量单位的分项工程或结构构件的人工、材料和施工机械台班合理消耗的

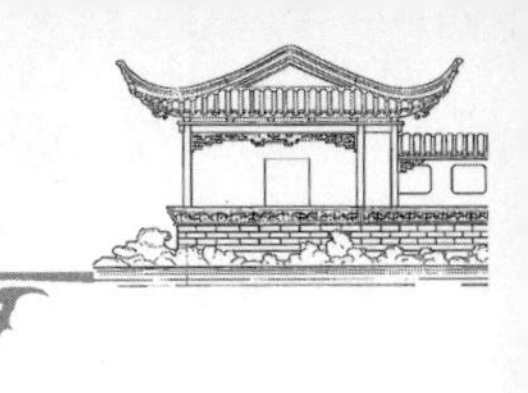

数量标准。预算定额是由国家主管机关或被授权单位组织编制并颁发的一种法令性文件，是工程建设中的一项重要的技术经济法规。定额中主要施工定额指标，应是先进管理水平和生产力水平的平均消耗数量标准。它规定了施工企业和建设单位在完成施工（生产）任务时，所允许消耗的人、材、机的数量额度。从而规定了国家和建设单位在工程建设中能够向施工企业提供物质和资金的限度。采用"定额计价"方法造价的施工企业就在这个限度内，合理组织施工生产，按质、按量地完成施工任务。它确定了国家、建设单位和施工企业之间的技术经济关系，在我国建设施工工程中占有十分重要的地位和作用。其作用如下：

(1)定额是编制计划的基础　工程建设活动需要编制各种计划来组织与指导生产，而计划编制中又需要各种定额来作为计算人力、物力、财力等资源需要量的依据。

(2)定额是确定工程造价的依据和评价设计经济合理性的尺度　工程造价师根据由设计规定的工程规模、工程数量及相应需要的劳动力、材料、机械设备消耗量及其他必须消耗的资金确定的。

(3)定额是组织和管理施工的工具　建筑企业要计算和平衡资源需要量，组织材料供应、调配劳动力、签发任务单、组织劳动竞赛、调动人的积极因素、考核工程消耗和劳动生产率贯彻按劳分配工资制度、计算人工报酬等，都要利用定额，因此，从组织施工和管理生产的角度来说，定额又是建筑企业组织和管理施工的重要工具。

(4)定额是总结先进生产方法的手段　定额是在平均先进的条件下，通过对生产流程的观察、分析、综合等过程制定，它可以最严格地反映出生产技术和劳动组织的先进合理程度。

由此可见，工程定额是实现建设工程项目，确定人力、物力和财力等资源需要量，有计划地组织生产，提高劳动生产率，降低工程造价，完成计划的重要的技术经济工具，是工程管理和企业管理的重要基础。

3.3 园林工程预算定额的编制

3.3.1 预算定额的编制原则

预算定额编制应贯彻"平均水平""简明适用"和"统一性"原则。

1)按社会平均水平确定预算定额的原则

预算定额是确定和控制建筑安装工程造价的主要依据。因此，它必须遵照价值规律的客观要求，即按生产过程中所消耗的社会必要劳动时间确定定额水平。所以概预算定额的平均水平，是在正常的施工条件下，合理的施工组织和工艺条件、平均劳动熟练程度和劳动强度下，完成单位分项工程基本构造要素所需要的劳动时间。

2)简明适用的原则

简明适用一是指在编制预算定额时，对于那些主要的、常用的、价值量大的项目，分项工程划分宜细；次要的、不常用的、价值量相对较小的项目则可以粗一些。二是指预算定额要项目齐全。要注意补充那些因采用新技术、新结构、新材料而出现的新的定额项目。如果项目不全，缺项多，就会使计价工作缺少充足可靠的依据。三是要求合理确定预算定额的计算单位，简化工程量的计算，尽可能地避免同一种材料用不同的计量单位和一量多用，尽量减少定额附注和换算系数。

3)统一性的原则

坚持统一性和差别性相结合的原则。所谓统一性，就是从培育全国统一市场规范计价行为出发。所谓差别性，就是在统一性的基础上，各部门和省（自治区、直辖市）主管部门可以在自己的管辖范围内，根据本部门和地区的具体情况，制定部门和地区性定额、补充性制度和管理办法，以适应我国幅员辽阔、地区间部门发展不平衡和差异大的实际情况。

3.3.2 预算定额的编制依据

(1)现行的设计规划、施工及验收规范，质量评定标准及安全技术操作流程等技术法则；

(2)现行的全国统一劳动定额，材料消耗定额，

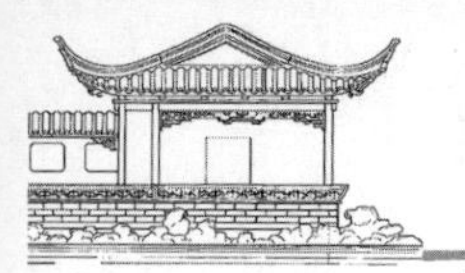

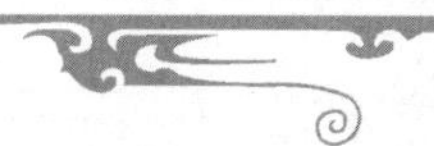

施工机械台班定额；

(3)通用的标准图集和定型设计图纸；

(4)新技术、新结构、新材料和先进施工经验的资料；

(5)科学试验，技术测定和统计资料；

(6)现行地区人工工资标准和材料预算价格。

3.3.3 预算定额的编制步骤

预算定额的编制，大致可以分为准备工作、收集资料、编制定额、报批和修改定额5个阶段。各阶段工作相互有交叉，有些工作还有多次重复。其中，预算定额编制阶段的主要工作如下：

(1)确定编制细则　主要包括：通知编制表格及编制方法；统一计算口径、计量单位和小数点位数的要求；统一性规定，名称统一，用字统一，专业用语统一，符号代码统一，文字要有规范，文字要简练明确。

预算定额与施工定额计量单位往往不同。施工定额的计量单位一般按照工序或施工过程确定，而预算定额的计量单位主要是根据分部分项工程和结构构件的形体特征及其变化确定。由于工作内容综合，预算定额的计量单位亦具有综合的性质。工程量计算规则的规定应确切反映定额项目所包含的工作内容。预算定额的计算单位关系到预算工作的繁简和准确性。因此，要正确地确定各分部分项工程的计量单位。一般依据建筑结构构件形状的特点确定。

(2)确定定额的项目划分和工程量计算规则　计算工程数量是为了通过计算出典型设计图纸所包括的施工过程的工程量，以便在编制预算定额时有可能利用施工定额的人、材和机消耗指标，确定预算定额所含工序的消耗量。

(3)确定人、材、机耗用的计算、复核和测算。

3.3.4 预算定额消耗量的编制方法

确定预算定额人、材、机消耗指标时，必须先按施工定额的分项逐项计算出消耗指标，然后，再按预算定额的项目加以综合。但是，这种综合不是简单的合并和相加，而需要在综合过程中增加两种定额之间的适当的水平差。预算定额的水平，首先取决于这些消耗量的合理确定。

人工、材料和机械台班消耗量指标，应根据定额编制原则和要求，应采用理论与实际相结合、图纸计算与施工现场测算相结合、编制人员相结合等方法进行计算和确定，使定额既符合政策要求，又与客观情况一致，便于贯彻执行。

3.3.4.1 预算定额中人工消耗量的确定

人工消耗量可以有两种确定方法：一是以劳动定额为基础确定；二是以现场观察测定资料为基础计算，主要用于遇到劳动定额缺项时，采用现场工作日写实等测时方法测定和计算定额的人工耗用量。

预算定额中人工消耗量是指在正常施工条件下，生产单位合格产品所必须消耗的人工工日数量，是由分项工程所综合的各个工序。劳动定额包括基本用工、其他用工两部分。

1)基本用工

基本用工指完成单位合格产品所必须消耗的各种技术工种用工。按技术工种相应劳动定额工时定额计算，以不同工种列出定额工日。基本用工以技术工种相应劳动定额的工时定额计算。

基本用工包括：

(1)完成定额计量单位的主要用工　按总额取定的工程量和相应劳动定额进行计算，计算公式如下：

$$\text{基本用工} = \sum(\text{综合取定的工程量} \times \text{劳动定额})$$

例如工程实际中的砖基础，有1砖厚，1砖半厚，2砖厚等之分，用工各不相同，在预算定额中由于不区分厚度，需要按照统计的比例，加权平均得出综合的人工消耗。

(2)按劳动定额规定应增(减)计算的用工量　例如在砖墙项目中，分项工程的工作内容包括附墙烟囱孔、垃圾道、壁橱等零星组合部分的内容，其人工消耗量相应增加。由于预算定额是在施工定额子目的基础上综合扩大的，包括的工作内容较多，施工的工效视具体部位而不一样，所以需要另外增加人工消耗，而这种人工消耗也可以列入基本用工内。

2)其他用工

其他用工是指辅助基本用工完成生产任务所

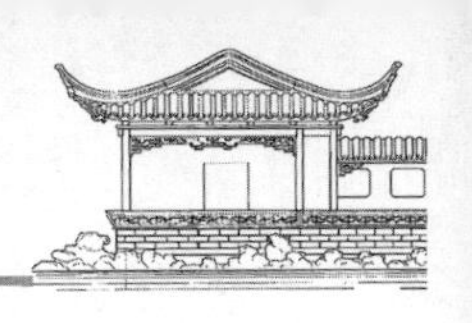

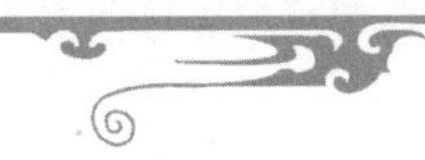

需消耗的人工，是劳动定额内没有包括而在工程消耗定额内又必须考虑的工时消耗，包括超运距用工、辅助用工和人工幅度差用工。

(1)超运距用工　超运距是指劳动定额中已包括的材料、半成品场内水平搬运距离与预算定额所考虑的现场材料、半成品堆放地点到操作地点的水平运输距离之差。计算公式如下：

超运距＝预算定额取定运距－劳动定额已包括的运距

超运距用工＝$\sum$(超运距运输材料×时间定额)

需要指出，实际工程现场运距超过预算定额取定运距时，可另行计算现场二次搬运费。

(2)辅助用工　指技术工种劳动定额内不包括而在预算定额内又必须考虑的用工。例如机械土方工程配合用工、材料加工(筛沙、洗沙、淋化石膏)，电焊点火用工等。计算公式如下：

辅助用工＝$\sum$(材料加工数量×相应的加工劳动定额)

(3)人工幅度差　是指劳动定额中没有包括而在消耗量定额中又必须考虑的工时消耗。在正常施工条件下，不可避免的且无法计量的各种零星工序的工时消耗。具体内容包括：工序交叉、搭接停歇的时间消耗；机械临时维修、移动不可避免的时间损失；工程质量检验影响生产的时间消耗；施工用水电管线移动影响生产的时间消耗；工程完工、工作面转移造成的时间损失；施工中不可避免的少量用工等。

人工幅度差计算公式如下：

人工幅度差＝(基本用工＋辅助用工＋超运距用工)×人工幅度差系数

人工幅度差系数一般为 10%～15%。在预算定额中，人工幅度差的用工量列入其他用工量中。

【例 3.1】在预算定额人工消耗量计算时，已知完成单位合格产品的基本用工为 24 工日，超运距用工为 8 工日，辅助用工 2 工日，人工幅度差系数为 12%，则预算定额的人工消耗量为多少？

【解】计算工程为：(24＋8＋2)×(12%＋1)＝38.08。

3.3.4.2 预算定额中材料量的确定

1)材料消耗量计算方法

(1)凡有标准规格的材料　按规范要求计算定额计量单位的耗用量，如砖、防水卷材、块料面层等。

(2)凡涉及图纸标注尺寸及下料要求　按设计图纸尺寸计算材料净用量，如门窗制作用材料、方料、板料等。

(3)换算法　各种胶结、涂料等材料的配合比用料，可以根据要求条件换算，得出材料用料。

(4)测定法　包括实验室试验法和现场观察法。指各种强度等级的混凝土及砌筑沙浆配合比的耗用原材料数量的计算，须按照规范要求试配，经过试压合格以后并经过必要的调整后得出的水泥、沙子、石子、水的用量。对新材料、新结构又不能用其他方法计算定额消耗用量时，须用现场测定方法来确定，根据不同条件，可以采用写实记录法和观察法，得出定额的消耗量。

2)材料的种类

材料的种类按照不同的标准有多种分类方法，这里按照用途将其分为以下 4 种。

(1)主要材料　直接构成工程实体的材料，包括成品及半成品材料，如水泥、钢筋、面砖等。

(2)辅助材料　构成工程实体除主要材料以外的其他材料，如钉子、铅丝等。

(3)周转性材料　不构成工程实体且多次周转使用的摊销性材料，如脚手架、模板。

(4)其他材料　用量较少，难以计量的零星用料，如棉纱、编号用的油漆等。

3)材料消耗量指标的计算

消耗量定额中的材料消耗量指标由材料净用量和材料损耗量组成。材料净用量是指实际消耗在工程实体上材料用量；材料损耗量是指材料在施工现场所发生的运输损耗、施工操作损耗以及有关施工现场材料堆放损耗的总和。其关系如下：

材料损耗率＝损耗量/净用量×100%

材料损耗量＝材料净用量×损耗率(%)

材料消耗量＝材料净用量＋损耗量

或

材料消耗量＝材料净用量×[1＋损耗率(%)]

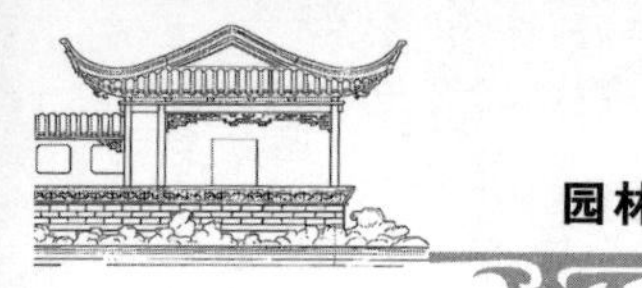

对于周转性材料消耗量指标的确定，由于周转性材料在使用中不是一次消耗完，而是随着使用次数的增加逐步消耗的，所以其消耗量指标在定额中用摊销量表示。如模板的耗用量是根据取定图样计算出所需模板材料使用量之后，再按照多次周转使用而逐步分摊到每次使用的消耗之中，即模板摊销量。

【例 3.2】广场贴广场地砖 200 mm×200 mm，水泥沙浆 1∶3 打底，素水泥浆做结合层，地砖(周长 800 mm 以内)的材料损耗率为 2%，试确定每平方米地砖的消耗量指标(设定净用量为 1 m^2)。

【解】

材料消耗量指标＝材料净用量＋材料损耗量
＝材料净用量×(1＋材料损耗率)
＝1×(1+2%)
＝1.02(m^2)

经计算，每平方米地砖的消耗量指标为 1.02 m^2。

【例 3.3】某彩色地面砖规格为 200 mm×200 mm×5 mm，灰缝为 1 mm，结合层为 20 厚 1∶2 水泥沙浆，试计算 100 m^2 地面中地面砖和沙浆的消耗量(面砖和沙浆损耗率均为 1.5%)。

【解】

面砖的净用量：100/[(0.2＋0.001)×(0.2＋0.001)]＝2 475(块)

面砖的消耗量：2 475×(1＋1.5%)＝2 512(块)

灰缝沙浆的净用量：(100－2 475×0.2×0.2)×0.005＝0.005(m^3)

结合层沙浆的净用量：100×0.02＝2(m^3)

沙浆的消耗量：(0.005＋2)×(1＋1.5%)＝2.035(m^3)

3.3.4.3 预算定额中机械台班消耗量的计算

预算定额中的机械台班消耗量是指在正常施工条件下，生产单位合格产品(分部分项工程或结构构件)必须消耗的某种型号施工机械的台班数量标准。是以台班为计算标准，每个台班为 8 个工作小时。

定额的机械化水平以多数施工企业已采用和推广的先进方法为标准。

(1)根据施工定额确定机械台班消耗量　这种方法是指用施工定额中机械台班产量加机械幅度差计算预算定额的机械台班消耗量。

机械台班幅度差是指在施工定额中所规定的范围内没有包括，而在实际施工中又不可避免产生的影响机械或使机械停歇的时间。其内容包括：①施工机械转移工作面及配套机械相互影响损失的时间；②在正常施工条件下，机械在施工中不可避免的工序间歇；③检查工程质量影响机械操作的时间；④临时水、电线路在施工中移动位置所发生的机械停歇时间；⑤工程结尾时，工作量不饱满所损失的时间。

大型机械幅度差系数为：土方机械 25%，打桩机械 33%，吊装机械 30%。沙浆、混凝土搅拌机由于按小组配用，以小组产量计算机械台班产量，不另增加机械幅度差。其他分部工程中如钢筋加工、木材、水磨石等各项专用机械的幅度差为 10%。

综上所述，预算定额的机械台班消耗量按下式计算：

$$\text{预算定额机械耗用台班}=\text{施工定额机械耗用台班}\times(1+\text{机械幅度差系数})$$

【例 3.4】已知某挖土机挖土，一次正常循环工作时间是 40 s，每次循环平均挖土量 0.3 m^3，机械正常利用系数为 0.8，机械幅度差为 25%。求该机械挖土方 1 000 m^3 的预算定额机械耗用台班量。

【解】：机械纯工作 1 h 循环次数＝3 600/40＝90(次/台时)

机械纯工作 1 h 正常生产率＝90×0.3＝27(m^3/台班)

施工机械台班产量定额＝27×8×0.8＝172.8(m^3/台班)

施工机械台班时间定额＝1/172.8＝0.005 79(台班/m^3)

预算定额机械耗用台班＝0.005 79×(1＋25%)＝0.007 23(台班/m^3)

挖土方 1 000 m^3 的预算定额机械耗用台班量＝1 000×0.007 23＝7.23(台班)

(2)以现场测定资料为基础确定机械台班消耗量　如遇到施工定额缺项者，则需要依据单位时间完成的产量测定。

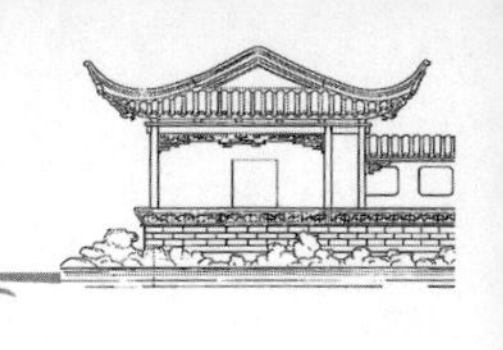

3.4　预算定额的具体应用

3.4.1　直接套用定额项目

当施工图纸的分部分项工程内容与所选的相应定额项目内容相一致时，应直接套用定额项目。在查阅、选套定额项目和确定单位预算价值时，绝大多数工程项目属于这种情况，其选套定额项目的步骤和方法如下：①根据设计的分部分项工程内容，从定额目录中查找出该分部分项工程所在定额中的页数及其部位。②判断设计的分部分项工程内容与定额规定的工程内容是否一致，当完全一致(或虽然不相一致，但定额规定不允许换算调整)时，即可直接套用定额基价。③将定额编号和定额基价(其中包括人、材、机费)填入预算表内，预算表的形式。④确定分部分项工程或结构构件预算价值，一般可按下面公式进行计算：

分项工程(或结构构件)预算价值＝分项工程(或结构构件)工程量×相应定额基价

【例 3.5】某城市道路需要种植 30 株法桐，试计算该分项工程的直接费用及材料消耗量，法桐规格为土球直径 30 cm，胸径 10～12 cm。苗木价格为 100 元/株。

【解】根据表 3-2

分项工程费用＝(11.5＋0.2 ＋100)×30＝3 351(元)

各材料费用为：苗木(法桐)30×100＝3 000(元)

水 0.035×30×5.6＝5.88(元)

表 3-2　云南省园林绿化消耗定额 DBJ53/T—60—2013　　计量单位：株

等额编号				05010061	05010062	05010063
项目名称				种植乔木(带土球)		
				土球直径(cm)		
				20	30	40
计价(元)				6.53	11.70	19.44
其中	人工费			6.39	11.5	19.16
	材料费			0.14	0.20	0.28
	机械费			—	—	—
名称		单位	单价(元)	数量		
材料	乔木(带土球)	株	—	(1.000)	(1.000)	(1.000)
	水	m^3	5.60	0.025	0.035	0.050

3.4.2　套用换算后定额项目

当施工图纸设计的分部分项工程内容，与所选套的相应定额项目内容不完全一致，如定额规定允许换算，则应在定额规定范围内进行换算，套用换算的定额基价。当采用换算后定额基价时，应在原定额编号右下角注明“换”字，以示区别。

1)换算套用的原因

当施工图纸的设计要求与定额项目的内容不相一致时，为了能计算出设计要求项目的直接费用及工料消耗量，必须对定额项目与设计要求之间的差异进行调整。这种使定额项目的内容适应设计要求的差异调整是产生定额换算的原因。

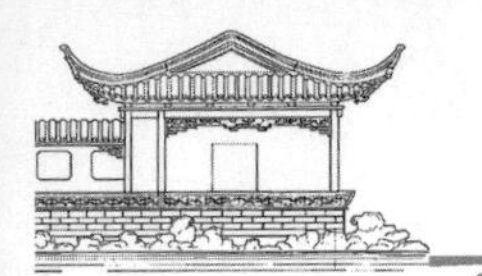

2)定额换算的依据

预算定额具有经济法规性，定额水平(即各种销量指标)不得随意改变，为了保持预算定额的水平不改变，在文字说明部分规定了若干条定额换算的条件，因此，在定额换算时必须执行这些规定，才能避免人为改变定额水平的不合理现象。从定额水平保持不变的角度来解释，定额换算实际上是预算定额的进一步扩展与延伸。

3)预算定额换算的内容

定额换算涉及人工费和材料费的换算，特别是园林苗木等材料费及材料消耗量的换算占定额换算相当大的比重。人工费的换算主要是由用工量的增减而引起的，材料费的换算则是由材料耗用量的改变及材料代换而引起的。

4)预算定额换算的几种类型

(1) 沙浆的换算。

(2)块料用量换算。

(3)系数换算。

(4)其他换算。

3.4.3 预算定额的换算方法

3.4.3.1 沙浆换算

根据全国基础定额有如下规定。

定额注明的沙浆种类、配合比、饰面材料及型号规格与设计不同时，可按设计规定调整，但人工、机械消耗量不变；

抹灰沙浆厚度，如设计与定额不同时，除定额有注明厚度的项目可以换算外，其他一律不做调整。

(1)沙浆换算原因　当设计要求的抹灰沙浆配合比或抹灰厚度与定额的配合比或抹灰厚度不同时，就要进行抹灰沙浆换算。

(2)沙浆换算形式　①当抹灰厚度不变，只有配合比变化时，人工、机械台班用量不变，只调整沙浆中原材料的用量。②当抹灰厚度发生变化且定额允许换算时，沙浆用量发生变化，人、材、机均要调整。

(3)换算公式

①人工、机械台班、其他材料不变：

换入沙浆用量＝换出沙浆用量

换入沙浆原材料＝换入沙浆配合比用量×换出的定额沙浆用量

②人、材、机用量均要调整：

K＝换入沙浆总厚度/定额沙浆总厚度

换算后人工用量＝K×定额人工数

换算后机械台班用量＝K×定额台班数

换算后沙浆用量＝(换入沙浆厚度/定额沙浆总厚度)×定额沙浆用量

换入沙浆原材料用量＝换入沙浆配合比用量×换出的定额沙浆用量

3.4.3.2 块料用量换算

当设计图样规定的块料规格品种与定额给定的块料规格品种不同时，要进行块料用量的换算。

每平方米面砖消耗量＝[1/(块料长＋灰缝宽)]×(块料宽＋灰缝宽)×(1＋损耗率)

【例 3.6】某工程设计要求，外墙面水泥沙浆贴 100 mm×100 mm 无釉面砖，灰缝 5 mm，面砖损耗率 3.5%，试计算每平方米外墙贴面砖的消耗量。(面砖定额见表 3-3)

【解】查定额知，可根据定额 2-124(表 3-3)换算

每平方米的 100 mm×100 mm 面砖总消耗量

=[1/(0.1+0.005)×1/(0.1+0.005)×(1+3.5%)]

=[1/0.011 025×1.035]

=93.87(块/m²)

折合面积=(93.87×0.1×0.1)

=0.938 7 (m²/m²)

其他材料不变，均同原定额，即同定额 2-124。

3.4.3.3　系数换算

系数换算是按定额说明中规定的系数乘以相应定额的基价(或定额中工材之一部分)后，得到一个新单价的换算。

【例 3.7】某工程平基土方，施工组织设计规定为机械开挖，在机械不能施工死角有湿土 121 m² 需要人工开挖，试计算完成该项工程的直接费用。

表 3-3　面砖部分定额*　　计量单位：m²

等额编号				2-124	2-125	2-126
项目名称				95 mm×95 mm 面砖(水泥沙浆粘贴)		
				面砖灰缝宽度		
				5 mm	10 mm 以内	20 mm 以内
名 称		单位	代码	数量		
人工	综合人工	工日	000001	0.616 5	0.615 1	0.612 4
材料	墙面砖 95 mm×95 mm	m²	AH0679	0.926 0	0.872 9	0.764 6
	石料切割锯片	片	AN5900	0.007 5	0.007 5	0.007 5
	棉纱头	kg	AQ1180	0.010 0	0.010 0	0.010 0
	水	m³	AV0280	0.007 3	0.007 3	0.007 3
	水泥沙浆 1∶1	m³	AX0680	0.001 5	0.002 2	0.004 1
	水泥沙浆 1∶2	m³	AX0682	0.005 1	0.005 1	0.005 1
	水泥沙浆 1∶3	m³	AX0684	0.016 8	0.016 8	0.016 8
机械	灰浆搅拌机 200 L	台班	TM0200	0.003 8	0.004 0	0.002 4
	石料切割机	台班	TM0640	0.011 6	0.011 6	0.011 6

* 工作内容：1. 清理修补基层表面、打底抹灰、沙浆找平；2. 选料、抹结合层沙浆、贴面砖、擦缝、清洁表面。

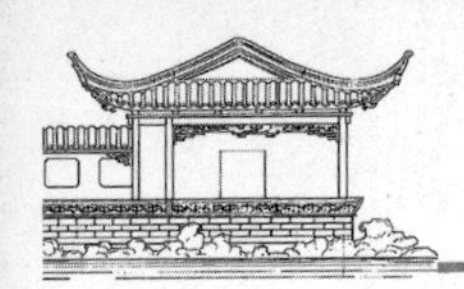

【解】根据土石方定额部分说明得知，人工挖湿土时，人工乘以系数 1.18；机械挖湿土时，人工、机械乘以系数 1.15。

(1)确定换算定额编号及单价

01010001 人工挖土方 深度 1.5 m 以内 1 689.119(元/100 m^3)

(2)换算单价 01010001 换 1 689.11×1.18=1 993.15(元)

(3)分项工程费用 1 993.15 × 121/100 = 2 411.7(元)

思考题

1.工程定额一般有哪几种划分方法？

2.试述预算定额中人、材、机消耗量的确定。

3.简述机械台班费的组成。

4.简述材料消耗量指标的内容。

工程量清单是载明建设工程分部分项工程项目、措施项目、其他项目的名称和相应数量以及规费、税金项目等内容的明细清单。

本章从园林工程相关国家标准技术规范、园林工程工程量清单计价的方式、工程量清单的组成与编制、工程量清单计价的编制阐述了园林工程工程量清单的理论。进一步提高对园林工程概预算工程量清单的认识。

4.1 《建设工程工程量清单计价规范》规范总则和规范术语

为规范建设工程造价计价行为，统一建设工程计价文件的编制原则和计价方法，由中华人民共和国住房和城乡建设部编写并颁布的《建设工程工程量清单计价规范》(GB 50500—2013)，自 2013 年 7 月 1 日起实施。它是根据《中华人民共和国建筑法》《中华人民共和国合同法》《中华人民共和国招投标法》等法律以及最高人民法院《关于审理建设工程施工合同纠纷案件适用法律问题的解释》(法释 200414 号)，按照我国工程造价管理改革的总体目标，本着国家宏观调控、市场竞争形成价格的原则制定的。

4.1.1 总则

(1)本规范适用于建设工程发承包及实施阶段的计价活动。

(2)建设工程发承包及实施阶段的工程造价应由分部分项工程费、措施项目费、其他项目费、规费和税金组成。

(3)招标工程量清单、招标控制价、投标报价、工程计量、合同价款调整、合同价款结算与支付以及工程造价鉴定等工程造价文件的编制与核对，应由具有专业资格的工程造价人员承担。

(4)承担工程造价文件的编制与核对的工程造价人员及其所在单位，应对工程造价文件的质量负责。

(5)建设工程发承包及实施阶段的计价活动应遵循客观、公正、公平的原则。

(6)建设工程发承包及实施阶段的计价活动，除应符合本规范外，尚应符合国家现行有关标准的规定。

(7)本规范附录 A、附录 B、附录 C、附录 D、附录 E、附录 F 应作为编制工程量清单的依据。其中附录 E 为园林绿化工程工程量清单项目及计算规则，适用于园林绿化工程。

4.1.2 术语

《建设工程工程量清单计价规范》(GB 50500—2013)中第 2 条术语中涉及 52 个工程量清单计价专业术语，以下介绍与园林绿化工程有关的术语。

(1)工程量清单　载明建设工程分部分项工程项目、措施项目、其他项目的名称和相应数量以及规费、税金项目等内容的明细清单。

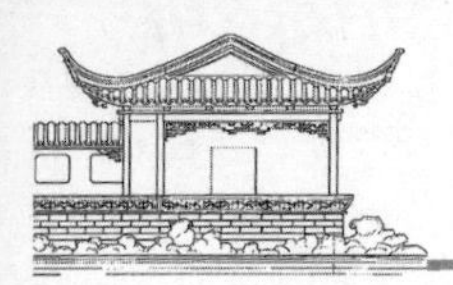
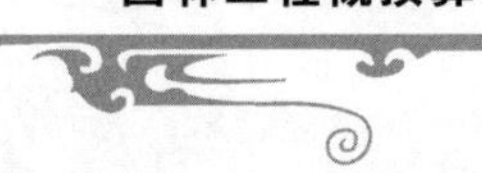

(2)项目编码　分部分项工程和措施项目清单名称的阿拉伯数字标识。

(3)项目特征　构成分部分项工程项目、措施项目自身价值的本质特征。

(4)分部分项工程　分部工程是单项或单位工程的组成部分，是按结构部位、路段长度及施工特点或施工任务将单项或单位工程划分为若干分部的工程；分项工程是分部工程的组成部分，是按不同施工方法、材料、工序及路段长度等将分部工程划分为若干个分项或项目的工程。

(5)措施项目　为完成工程项目施工，发生于该工程施工准备和施工过程中的技术、生活、安全、环境保护等方面的项目。

(6)综合单价　完成一个规定清单项目所需的人工费、材料和工程设备费、施工机具使用费和企业管理费、利润以及一定范围内的风险费用。

(7)工程造价　指数反映一定时期的工程造价相对于某一固定时期的工程造价变化程度的比值或比率。包括按单位或单项工程划分的造价指数，按工程造价构成要素划分的人、材、机等价格指数。

(8)工程变更　合同工程实施过程中，由发包人提出或由承包人提出经发包人批准的合同工程任何一项工作的增、减、取消或施工工艺、顺序、时间的改变，设计图纸的修改，施工条件的改变，招标工程量清单的错、漏从而引起合同条件的改变或工程量的增减变化。

(9)暂列金额　招标人在工程量清单中暂定并包括在合同价款中的一笔款项。用于工程合同签订时尚未确定或者不可预见的所需材料、工程设备、服务的采购，施工中可能发生的工程变更、合同约定调整因素出现时的合同价款调整以及发生的索赔、现场签证确认等的费用。

(10)暂估价　招标人在工程量清单中提供的用于支付必然发生但暂时不能确定价格的材料、工程设备的单价以及专业工程的金额。

(11)计日工　在施工过程中，承包人完成发包人提出的工程合同范围以外的零星项目或工作，按合同中约定的单价计价的一种方式。

(12)工程成本　承包人为实施合同工程并达到质量标准，在确保安全施工的前提下，必须消耗或使用的人工、材料、工程设备、施工机械台班及其管理等方面发生的费用和按规定缴纳的规费和税金。

(13)单价合同　发承包双方约定以工程量清单及其综合单价进行合同价款计算、调整和确认的建设工程施工合同。

(14)总价合同　发承包双方约定以施工图及其预算和有关条件进行合同价款计算、调整和确认的建设工程施工合同。

(15)成本加酬金合同　承包双方约定以施工工程成本再加合同约定酬金进行合同价款计算、调整和确认的建设工程施工合同。

(16)索赔　在工程合同履行过程中，合同当事人一方因非己方的原因遭受损失，按合同约定或法律法规规定承担责任，从而向对方提出补偿的要求。

(17)企业定额　施工企业根据本企业的施工技术、机械装备和管理水平而编制的人、材、机等消耗标准。

(18)工程造价信息　工程造价管理机构根据调查和测算发布的建设工程人工、材料、工程设备、施工机械台班的价格信息，以及各类工程的造价指数、指标。

4.2　工程量清单计价概述

4.2.1　计价方式

(1)全部使用国有资金投资的建设工程发承包，必须采用工程量清单计价；非国有资金投资的建设工程，宜采用工程量清单计价；不采用工程量清单计价的建设工程，应执行《建设工程工程量清单计价规范》(GB 50500—2013)除工程量清单等专门性规定外的其他规定。

(2)工程量清单应采用综合单价计价。

(3)措施项目中的安全文明施工费必须按国家或省级、行业建设主管部门的规定计算，不得作为竞争性费用。

(4)规费和税金必须按国家或省级、行业建设主管部门的规定计算,不得作为竞争性费用。

4.2.2　发包人提供材料和工程设备

(1)发包人提供的材料和工程设备(以下简称甲供材料),应在招标文件中按照《建设工程工程量清单计价规范》(GB 50500—2013)附录L.1的规定填写《发包人提供材料和工程设备一览表》(表4-1),写明甲供材料的名称、规格、数量、单价、交货方式、交货地点等。

表4-1　发包人提供材料和工程设备一览表

工程名称:　　　　标段:　　　　第　页　共　页

序号	材料(工程设备)名称、规格、型号	单位	数量	单价(元)	交货方式	交货地点	备注

注:此表由招标人填写,供投标人在投标报价、确定总承包服务费时参考。

承包人投标时,甲供材料单价应计入相应项目的综合单价中,签约后,发包人应按合同约定扣除甲供材料款,不予支付。

承包人应根据合同工程进度计划的安排,向发包人提交甲供材料交货的日期计划。发包人应按计划提供。

(2)发包人提供的甲供材料如规格、数量或质量不符合合同要求,或由于发包人原因发生交货日期延误、交货地点及交货方式变更等情况的,发包人应承担由此增加的费用和(或)工期延误,并应向承包人支付合理利润。

4.2.3　承包人提供材料和工程设备

(1)除合同约定的发包人提供的甲供材料外,合同工程所需的材料和工程设备应由承包人提供,承包人提供的材料和工程设备均应由承包人负责采购、运输和保管。

(2)承包人应按合同约定将采购材料和工程设备的供货人及品种、规格、数量和供货时间等提交发包人确认,并负责提供材料和工程设备的质量证明文件,满足合同约定的质量标准。

(3)对承包人提供的材料和工程设备经检测不符合合同约定的质量标准,发包人应立即要求承包人更换,由此增加的费用和(或)工期延误应由承包人承担。对发包人要求检测承包人已具有合格证明的材料、工程设备,但经检测证明该项材料、工程设备符合合同约定的质量标准,发包人应承担由此增加的费用和(或)工期延误,并向承包人支付合理利润。

4.2.4　计价风险

(1)建设工程发承包,必须在招标文件、合同中明确计价中的风险内容及其范围,不得采用无限风险、所有风险或类似语句规定计价中的风险内容及范围。

(2)由于下列因素出现,影响合同价款调整的,应由发包人承担:① 国家法律、法规、规章和政策发生变化。② 省级或行业建设主管部门发布的人工费调整,但承包人对人工费或人工单价的报价高于发布的除外。③ 由政府定价或政府指导价管理的原材料等价格进行了调整。因承包人原因导致工期延误的,应按《建设工程工程量清单计价规范》(GB 50500—2013)中第9.2.2条、第9.8.3条的规定执行。

(3)由于市场物价波动影响合同价款的,应由发承包双方合理分摊,按《建设工程工程量清单计价规范》(GB 50500—2013)中附录L.2或L.3填写《承包人提供主要材料和工程设备一览表》(表4-2)作为合同附件;当合同中没有约定,发承包双方发生争议时,应按本规范《建设工程工程量清单计价规范》(GB 50500—2013)9.8.1—9.8.3条的规定调整合同价款。

表4-2 承包人提供主要材料和工程设备一览表(适用于造价信息差额调整法)

工程名称: 标段: 第 页 共 页

序号	材料(工程设备)名称、规格、型号	单位	数量	风险系数(%)	基准单价(元)	投标单价(元)	发承包人确认单价(元)	备注

注:1.此表由招标人填写除"投标单价"栏的内容,投标人在投标时自主确定投标单价。
2.基准单价应优先采用工程造价管理机构发布的单价,未发布的,通过市场调查确定其基准单价。

(4)由于承包人使用机械设备、施工技术以及组织管理水平等自身原因造成施工费用增加的,应由承包人全部承担。

4.3 工程量清单的组成与编制

4.3.1 工程量清单的组成

工程量清单应由分部分项工程量清单、措施项目清单、其他项目清单、规费项目清单、税金项目清单组成。

4.3.2 工程量清单编制的一般规定

(1)工程量清单应由具有编制能力的招标人或受其委托,具有相应资质的工程造价咨询人编制。

(2)采用工程量清单方式招标,工程量清单必须作为招标文件的组成部分发至投标人,其准确性和完整性由招标人负责。

(3)工程量清单是工程量清单计价的基础,应作为标准招标控制价、投标报价、计算工程量、支付工程款、调整合同价款、办理竣工结算以及工程索赔等依据。

(4)编制工程量清单的依据:①《建设工程工程量清单计价规范》(GB 50500—2013);②国家或省级、行业建设主管部门颁发的计价依据和办法;③建设工程设计文件;④与建设工程项目有关的标准、规范、技术资料;⑤招标文件及其补充通知、答疑纪要;施工现场情况、工程特点及常规施工方案;⑥其他相关资料。

4.3.3 工程量清单编制

工程量清单是由封面、总说明、汇总表、分部分项工程量清单、措施项目清单、其他项目清单、规费项目清单、税金项目清单(附件3)。

1)封面

工程量清单封面应按照《建设工程工程量清单计价规范》(GB 50500—2013)中规定的内容填写、签字、盖章。

2)总说明

总说明中应按照《建设工程工程量清单计价规范》(GB 50500—2013)的规定填写以下内容。①工程概况。②工程招标和分包范围。③工程量清单编制依据。④工程质量、材料、施工方法等的特殊要求。⑤工程施工顺序。⑥招标人自行采购材料、设备的名称和规格型号、数量。⑦采用的工程量清单计算规则、计量单位。⑧预留金、自行采购材料的金额数量。⑨其他需要说明的问题。

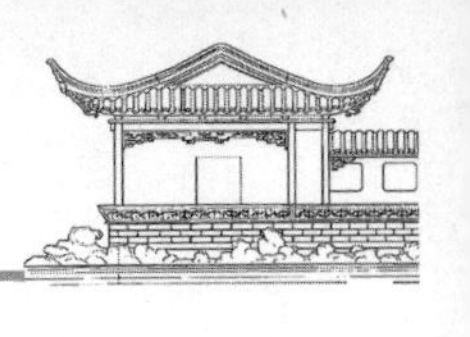

3)分部分项工程量清单

分部分项工程量清单应包括:项目编码、项目名称、项目特征、计量单位和工程量。分部分项工程量清单应根据附录规定的项目编码、项目名称、项目特征、计量单位和工程量计算规则进行编制。

(1)项目编码　分部分项工程量清单项目编码以 5 级编码设置,用 12 位阿拉伯数字表示。一、二、三、四级编码为全国统一;第五级编码应根据拟建工程的工程量清单项目名称设置,同一招标工程的项目编码不得有重码。各级项目编码(以园林工程中绿化工程绿地整理伐树为例)结构代表含义图 4-1 所示。

园林工程清单项目编码见《园林绿化工程工程量计算规范》(GB 500858—2013)。

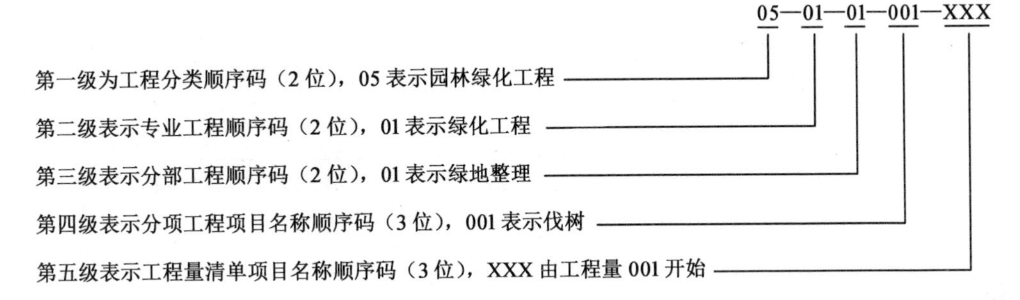

图 4-1　各级项目编码结构代表含义

(2)项目名称　分部分项工程量清单的项目名称应按附录的项目名称结合拟建工程的实际确定。

计价规范中的分项工程工程量清单的项目名称中出现未包括的项目,编制人应作补充,并报省级或行业工程造价管理机构备案,省级或行业工程造价管理机构应汇总报往住房和城乡建设部标准定额研究所。

补充项目的编码由附录的顺序码与 B 和三位阿拉伯数字组成,并应从×B001 起顺序编制(如园林工程即从 05B001 起顺序编制),同一招标工程的项目不得重码。工程量清单中需附有补充项目的名称、项目特征、计量单位、工程量计算规则、工程内容。

(3)项目特征　项目特征是对项目的准确描述,是确定一个清单项目综合单价的重要依据,是区分清单项目的依据,是履行合同义务的基础。由清单编制人视项目具体情况确定,以准确描述清单项目为准。不能因为工程内容有描述,就简化或取消项目特征的描述。

项目特征的描述,可以结合清单规范的附录里的内容和实际情况详细描述,也可以采用标准图集等再结合文字补充进行描述,以满足组成综合单价为前提。

(4)计量单位　计量单位应采用基本单位应按附录中规定的计量单位确定。当计量单位有两个或两个以上时,结合拟建工程项目的实际情况,选择其中一个确定。

工程计量时每一项目汇总的有效位数应遵守下列规定:以“t”为单位,应保留小数点后三位数字,第四位小数四舍五入;以“m、m^2、m^3”为单位,应保留小数点后两位数字,第三位小数四舍五入;以“株、丛、个、件、根、套、组”等为单位,应取整数。

(5)工程量的计算　工程量应按照《建设工程工程量清单计价规范》(GB 50500—2013)附录 E 工程量计算规则计算得到。除另有说明外,所有清单项目的工程量应以实体工程量为准,并以完成后的净值计算;投标人投标报价时,应在单价中考虑施工中的各种损耗和需要增加的工程量。

分部分项工程量清单格式如表 4-3 所示。

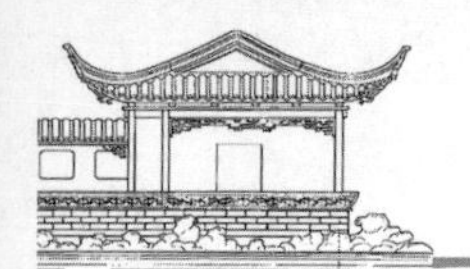

表 4-3　分部分项工程量清单

工程名称：　　　　　　　　　　　　　　　　　　　　　　　　　　第　页　共　页

序号	项目编码	项目名称	项目特征	计量单位	工程量计算规则	工程内容	工程量

注：此表内容应根据《建设工程工程量清单计价规范》(GB 50500—2013)中附录 A-F 规定的项目编码、项目名称、项目特征、计量单位、工程量计算规则、工程内容进行编制。

4)措施项目清单

(1)措施项目清单的编制应考虑多种因素　除工程本身因素外，还涉及水文、气象、环境、安全等因素，本规范所列的措施项目分别在附录中规定，应根据拟建工程的具体情况选择列项。

(2)措施项目清单应根据拟建工程的实际情况列项　通用措施项目可按安全文明施工、夜间施工、二次搬运、冬雨季施工、大型季节设备进出场及安拆、施工排水、施工降水、地上地下设施及建筑物临时保护设施、已完工程及设备保护选择列项(表 4-4)。专业工程的措施项目可按附录中规定的项目选择列项。若出现本规范未列的项目，可根据工程实际情况补充。

(3)措施项目中可以计算工程量的项目清单宜采用分部分项工程量清单的方式编制　列出项目编码、项目名称、项目特征、计量单位和工程量计算规则，不能计算工程量的项目清单，以“项”为计量单位。措施项目清单格式如表 4-5。

表 4-4　通用措施项目一览表

序号	项目名称
1	安全文明施工(含环境保护、文明施工、安全施工、临时设施)
2	夜间施工
3	二次搬运
4	冬雨季施工
5	大型机械设备进出场及安拆
6	施工排水
7	施工降水
8	地上、地下设施，建筑物的临时保护设施
9	已完工程及设备保护

表 4-5　措施项目清单

工程名称：　　　　　　　　　　　　　　　　　　　　　　第　　页　　共　　页

序号	项目名称

5)其他项目清单计价表

其他项目清单是指分部分项清单项目和措施项目以外，该工程项目施工中可能发生的其他项目。规范仅提供四项内容作为列项的参考，未列部分，编制人应根据工程实际情况补充。其他项目清单由招标人部分和投标人部分组成。①其他项目清单应按照下列内容列项：暂列金额、暂估价(包括材料暂估单价、工程设备暂估单价、专业工程暂估价)、计日工、总承包服务费。②暂列金额应根据工程特点按有关计价规定估算。③暂估价中的材料、工程设备暂估单价应根据工程造价信息或参照市场价格估算，列出明细表；专业工程暂估价应分不同专业，按有关计价规定估算，列出明细表。④计日工应列出项目名称、计量单位和暂估数量。⑤总承包服务费应列出服务项目及其内容等。⑥如果招标文件对承包人的工作范围还有其他要求，也应将其列项(补充项目)。例如：设备的场外运输，设备的接、保、检，为业主代培技术工人等。在竣工结算中，将索赔、现场签证等列入其他项目清单中。

其他项目清单格式如表 4-6 所示。

6)规费清单

(1)规费是政府和有关权力部门规定必须缴纳的费用。规费项目清单应按照下列内容列项：社会保险费、住房公积金、工程排污费。

(2)社会保险费：包括养老保险费、失业保险费、医疗保险费、工伤保险费、生育保险费。

(3)出现《建设工程工程量清单计价规范》(GB 50500—2013)第 4.5.1 条未列的项目，应根据省级政府或省级有关部门的规定列项。

规费清单格式如表 4-7 所示。

7)税金清单

(1)税金项目清单应包括下列内容：营业税、城市维护建设税、教育费附加、地方教育附加。

(2)出现《建设工程工程量清单计价规范》(GB 50500—2013)第 4.6.1 条未列的项目，应根据税务部门的规定列项。

税金清单格式如表 4-8 所示。

表 4-6　其他项目清单

工程名称：　　　　　　　　　　　　　　　　　　　　　　第　　页　　共　　页

序号	项目名称

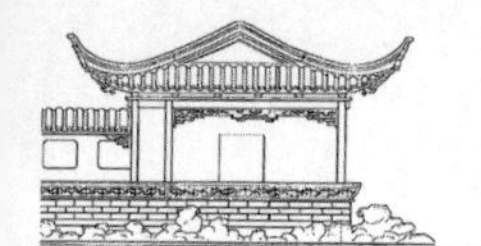

表 4-7　规费清单

工程名称：　　　　　　　　　　　　　　　　　　　　　　　　　　第　页　共　页

序号	项目名称

表 4-8　税金清单

工程名称：　　　　　　　　　　　　　　　　　　　　　　　　　　第　页　共　页

序号	项目名称

4.4　工程量清单计价的编制

4.4.1　工程量清单计价的具体计算内容

(1)按照政府消耗量定额标准或企业定额及预算价格确定人、材、机费，并以此为基础确定管理费、利润、风险费，由此可计算出分部分项工程的综合单价。

$$分部分项工程费=\sum 清单工程量\times 综合单价$$

(2)根据现场因素及工程量清单规定计算措施项目费，措施项目费以分部分项工程费为基数按费率计算或以定额法计算的方法确定。

$$措施项目费=\sum 分部分项工程费\times 相应的费率$$

或：

$$措施项目费=\sum 清单工程量\times 综合单价$$

(3)其他项目费按工程量清单给定的有关费用(暂列金额、专业工程暂估价)和计日工的数量为依据，根据相关规定或实际情况进行确定。

(4)规费按政府有关规定执行。

(5)税金按国家或地方税法的规定执行。

(6)汇总分部分项工程费、措施项目费、其他项目费、规费、税金等得到工程总价。

(7)根据分析、判断、调整得到标底或报价。

4.4.2　分部分项工程费的确定

分部分项工程量清单计价在其计价表中进行，计价表中的序号、项目编码、项目名称、计量单位和工程数量按分部分项工程量清单中的相应内容填写。

分部分项工程费用的确定取决于两个方面，一是取决于清单工程量(业主已确定)，另一方面取决于清单项目单价(综合单价)。分部分项工程量清单综合单价，应根据《计价规则》规定的综合单价组成，按设计文件或“分部分项工程量清单项目”中的“项目特征”和“工程内容”确定。

1)综合单价计价

综合单价应按一定的组价程序和内容进行组合确定。人工土方工程组价要用“以人工费为基础”进行组价，机械土方工程、桩基础工程、一般土建工程和装饰工程组价要用“以直接费为基础”进行组价。

$$清单项目的综合单价 = \sum 各组合工程内容的综合单价$$

2)综合单价的计算

(1)计算定额项目的工程量　根据所选定额的工程量计算规则计算工程数量,当与工程量清单计算规则相一致时,可直接以清单中的工程量作为定额子目相应工程内容的工程数量。当清单和定额两个计算规则不同或清单未提供工程量时,应按定额工程量计算规则重新计算。

(2)确定相应项目人、材、机消耗量　编制标底采用《消耗量定额》,编制报价采用《企业定额》或《消耗量定额》。

$$人工消耗量 = 定额子目中人工消耗量 \times 定额项目工程量$$

$$材料消耗量 = 定额子目中材料消耗量 \times 定额项目工程量$$

$$机械消耗量 = 定额子目中机械消耗量 \times 定额项目工程量$$

(3)确定人工、材、机的单价　编制标底采用政府部门规定的价格(如人工单价、材料价格)和市场价格,编制报价采用市场价格。

(4)确定相应项目的人工费、材料费和机械费

$$人工费 = 人工消耗量 \times 人工单价$$

$$材料费 = \sum 材料消耗量 \times 材料单价$$

$$机械费 = \sum 机械台班量 \times 台班单价$$

(5)计算分项直接工程费

$$分项直接工程费 = 人工费 + 材料费 + 机械费$$

步骤(5)也可以这样确定:

$$定额人工费 = 定额人工消耗量 \times 人工单价$$

$$定额材料费 = \sum 定额材料消耗量 \times 材料单价$$

$$定额机械费 = \sum 定额机械台班量 \times 台班单价$$

$$分项直接工程费 = (定额人工费 + 材料费 + 机械费) \times 定额项目工程量$$

(6)确定管理费、利润及风险费　管理费、利润及风险费的确定,根据计价依据的不同,计算方法各异。

(7)计算综合费用

$$综合费用 = 分项直接工程费 + 一定范围的风险费 + 管理费 + 利润$$

(8)确定清单项目综合单价

$$清单项目综合单价 = 清单项目人工费 + 材料费 + 机械费 + 一定范围的风险费 + 管理费 + 利润$$

或: $$清单项目综合单价 = 定额项目综合费用 / 清单项目工程量$$

$$定额项目综合费用 = 人工费 + 材料费 + 机械费 + 一定范围的风险费 + 管理费 + 利润$$

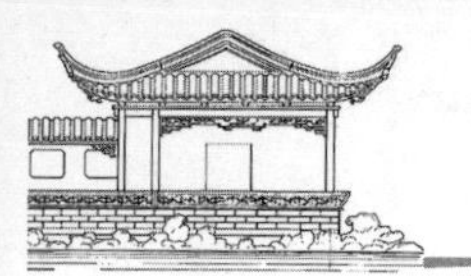

除采用上述方法确定清单项目综合单价以外，还可以采用清单单位含量法和单位估价表法。

清单单位含量法的基本方法是在计算定额工程量后(计算人工费、材料费、机械费之前)，计算清单项目所分摊的定额项目的工程量，即清单含量：

清单含量＝某工程内容的定额工程量/清单工程量

单位估价表法：即直接采用《价目表》中的基价，计算管理费和利润或风险费，得到定额综合单价，再换算成清单综合单价(即定额综合单价乘以清单含量即可)。

应用《价目表》时，如果人工单价、材料单价和价目表中的单价不一致时，应调整价目表中的人工费、材料费或基价，调整后的费用(即市场价)为：

人工费＝价目表中人工费＋人工费的差额

材料费＝价目表中材料费＋材料费的差额

调整后基价＝(人工费＋材料费＋机械费)

或　调整后基价＝(价目表中基价＋人工费差额＋材料费差额)

人工费差额＝(人工的市场单价－价目表中规定的人工单价)×消耗量定额中的人工消耗量

材料费差额＝(材料的市场价格－价目表附录中材料的单价)×消耗量定额中的材料消耗量

3)管理费的确定

管理费分为公司管理费和现场管理费，公司管理费即公司总部的管理费，是施工企业用来维持公司营业和总部为全部合同提供服务的一项费用。现场管理费是施工现场项目经理部组织和管理施工所支出的费用。在工程投标报价中，不分公司管理费和现场管理费，但由于这两项费用的用途和估算方法不尽相同，因此，先分别估算，然后再合并为管理费。

在工程量清单计价模式下，管理费的计价一般以基数乘以费率的形式摊入分部分项单价和措施项目费中。

(1)以直接工程费为计算基础

管理费＝直接工程费×管理费费率

(2)以人工费为计算基础

管理费＝人工费×管理费费率

(3)管理费的费率　各地的管理费费率不同，具体要查阅本省的定额。

4)利润的确定

利润的计算一般以基数乘以费率的形式摊入分部分项单价和措施项目费中。

(1)以直接工程费和管理费之和为计算基础(适用于除人工土方工程以外的建筑工程和装饰工程)

利润＝(直接工程费＋管理费)×利润费率

(2)以人工费为计算基础(适用于人工土方工程)

利润＝人工费×利润费率

(3)利润的费率　各地的利润费率不同，具体要查阅本省的定额。

5)风险费的确定

《计价规则》中关于风险费的规定：

(1)采用工程量清单计价的工程，其工程计价风险费实行发包人、承包人合理分担，发包人承担工程量清单计量不准、不全及设计变更引起的工程量变化风险，承包人承担合同约定的风险内容、幅度内自主报价的风险。

(2)发包人、承包人约定工程计价风险应遵循以下原则：①发包人、承包人均不得要求对方承担所有风险、无限风险，也不得变相约定由对方承担所有风险或无限风险。②主要建筑材料、设备因市场波动导致的风险，应约定主要材料、设备的种类及其风险内容、幅度。约定内的风险由承包人自主报价、自我承担，约定外的风险由发包人承担。③法律、法规及省级或省级以上行政主管部门规定的强制性价格调整导致的风险，由发包人承担。④承包人自主控制的管理费、利润等风险由承包人承担。

从实际的情况来看，风险的考虑还是以材料和人工的风险为主，主要取决于业主在招标文件中的约定范围和幅度。

4.4.3　措施项目费的确定

1)安全文明施工措施费(含环境保护、文明施工、安全施工、临时设施)

安全文明施工措施费＝[分部分项工程费用＋措施项目费用(不含安全文明施工措施费)＋其他项目费用]×费率

2)夜间施工和冬雨季施工费

①人工土方的夜间施工和冬雨季施工费＝分部分项人工费×费率

②机械土方的夜间施工和冬雨季施工费＝分部分项工程费×费率

③桩基础的夜间施工和冬雨季施工费＝分部分项工程费×费率

④一般土建的夜间施工和冬雨季施工费＝分部分项工程费×费率

⑤装饰工程的夜间施工和冬雨季施工费＝分部分项工程费×费率

夜间施工和冬雨季施工费＝①＋②＋③＋④＋⑤

3)二次倒运、检验试验及定位复测费等的计算同上条计算。

4.4.4　规费和税金的确定

1)规费

采用综合单价法编制标底和报价时，规费不包含在清单项目的综合单价内，而是以单位工程为单位，按公式计算：

规费＝(分部分项工程费＋措施项目费＋其他项目费)×规费费率

规费的费率由各地主管部门根据各项规费缴纳标准综合确定。

2)税金

采用综合单价法编制标底和报价时，税金不包含在清单项目的综合单价内，而是以单位工程为单位，按下列公式计算，即：

税金＝(分部分项工程费＋措施项目费＋其他项目费＋规费)×税率

税率按纳税地点在市区、县镇及其他地区分别以3.41%、3.35%、3.22%计取。纳税地点是指承建项目的所在地。

思考题

1. 名词解释

   工程量清单　综合单价　暂估价　工程造价信息

2. 写出下面园林绿化工程所涉及的分部分项工程量清单的项目编码。

   某小区绿化工程的施工顺序如下：清除地被植物→种植土换填→整理绿化用地→种植乔木→种植灌木→种植绿篱→种植色带→铺种草皮。

3. 分部分项工程量清单包括哪些内容？

4. 综合单价的计算步骤是什么？

第5章 园林工程计量

工程计量的含义：工程量计算是工程计价活动的重要环节，是指建设工程项目以工程设计图纸、施工组织设计或施工方案及有关技术经济文件为依据，按照相关工程国家标准的计算规则、计量单位等规定，进行工程数量的计算活动，在工程建设中简称工程计量。

工程计量具有多阶段性和多次性。工程计量不仅包括招标阶段工程量清单编制中工程量的计算，也包括投标报价以及合同履约阶段的变更、索赔、支付和结算中工程量的计算和确认。工程计量工作在不同计价过程中有不同的具体内容，如在招标阶段，主要依据施工图纸和工程量计算规则确定分部分项工程项目和措施项目的工程数量；在施工阶段，主要根据合同约定、施工图纸及工程量计算规则对已完成工程量进行计算和确认。

工程量的含义：工程量是工程计量的结果，是指按一定规则并以物理计量单位或自然计量单位所表示的建设工程各分部分项工程、措施项目或结构构件的数量。物理计量单位是指以公制度量表示的长度、面积、体积和质量等计量单位。如预制钢筋混凝土方桩以“米”为计量单位，墙面抹灰以“米^2”为计量单位，混凝土以“米^3”为计量单位等。自然计量单位指建筑成品表现在自然状态下的简单点数所表示的个、条、樘、块等计量单位。如门窗工程可以“樘”为计量单位，桩基工程可以“根”为计量单位等。

准确计算工程量是工程计价活动中最基本的工作，一般来说工程量有以下作用：

(1)工程量是确定建筑安装工程造价的重要依据。只有准确计算工程量，才能正确计算工程相关费用，合理确定工程造价。

(2)工程量是承包方生产经营管理的重要依据。工程量是编制项目管理规划，安排工程施工进度，编制材料供应计划，进行工料分析，编制人、材、机需要量，进行工程统计和经济核算的重要依据。也是编制工程形象进度统计报表，向工程建设发包方结算工程价款的重要依据。

(3)工程量是发包方管理工程建设的重要依据。工程量是编制建设计划、筹集资金、工程招标文件、工程量清单、建筑工程预算、安排工程价款的拨付和结算、进行投资控制的重要依据。

5.1 园林工程量计算的原则及步骤

5.1.1 园林工程量计算的原则

园林绿化工程工程量的计算，一般要遵循以下原则：

(1)计算口径要一致，避免重复和遗漏　计算工程量时，根据施工图列出分项工程的口径(指分

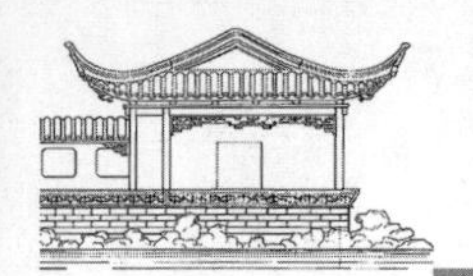

项工程包括的工作内容和范围),必须与预算定额中相应分项工程的口径(结合层)相一致。相反,分项工程中设计有的工作内容,而相应预算定额中没有包括时,应另列项目计算。

(2)工程量计算规则要一致,避免错算　工程量计算规则必须与预算定额中规定的工程量计算规则(或工程量计算方法)相一致,保证计算结果准确。

(3)计量单位要一致　各分项工程量的计算单位必须与定额中相应项目的计量单位相一致。例如,预算定额中栽植绿篱分项工程的计量单位是10延长米,而不是株数,则工程量单位也是10延长米。

(4)按顺序进行计算　计算工程量时要按着一定的顺序(自定)逐一进行计算,避免重算和漏算。

(5)计算精度要统一　为了计算方便,工程量的计算结果统一要求为:除钢材(以吨为单位)、木材(以“m^3”为单位)取三位小数外,其余项目一般取两位小数,以下四舍五入。

5.1.2　园林工程量计算的方法

为避免漏算或重算,提高计算的准确程度,工程量的计算应按照一定的顺序进行。具体计算顺序应根据具体工程和个人习惯来确定,一般有以下几种顺序:

1)按单位工程计算顺序计算

一个单位工程,其工程量计算顺序一般有以下几种:

(1)按图纸顺序计算　根据图纸排列的先后顺序,由土建施工图到结构施工图,每个专业图纸由前向后,按“先平面→再立面→再剖面,先基本图→再详图”的顺序计算。

(2)按消耗量定额的分部分项顺序计算　按消耗量定额的章、节、子目次序,由前向后,逐项对照,定额项与图纸设计内容能对上号时再计算。

(3)按工程量计算规范顺序计算　按工程量计算规范附录先后顺序,由前向后,逐项对照计算。

(4)按施工顺序计算　按施工顺序计算工程量,可以按先施工的先算,后施工的后算的方法进行。如:由平整场地、基础挖土开始算起,直到装饰工程等全部施工内容结束。

2)单个分部分项工程计算顺序

(1)按照顺时针方向计算法　即先从平面图的左上角开始,从左至右,再由上而下,最后转回到左上角,按顺时针方向转圈依次进行计算。

(2)按“先横后竖、先上后下、先左后右”计算法　即在平面图上从左上角开始,按“先横后竖、从上而下、自左到右”的顺序计算工程量。例如园林附属设施建筑的条形基础土方、砖石基础、砖墙砌筑、门窗过梁、墙面抹灰等分部分项工程,均可按这种顺序计算工程量。

(3)按图纸分项编号顺序计算法　即按照图纸上所标注结构构件、配件的编号顺序进行计算。例如计算混凝土构件、门窗、屋架等分部分项工程,均可以按照此顺序计算。

(4)按照图纸上定位轴线编号计算　对于造型或结构复杂的工程,为了计算和审核方便,可以根据施工图纸轴线编号来确定工程量计算顺序。例如,某附属建筑一层墙体、抹灰分项,可按A轴上,①～③轴,③～④轴这样顺序进行工程量计算。

按一定顺序计算工程量的目的是为了防止漏项少算或重复多算的现象,只要能实现这一目的,采用哪种顺序方法计算都可以。

3)用统筹法计算工程量

统筹法计算工程量是根据各分项工程之间的固有规律和相互之间的依赖关系,运用统筹原理和

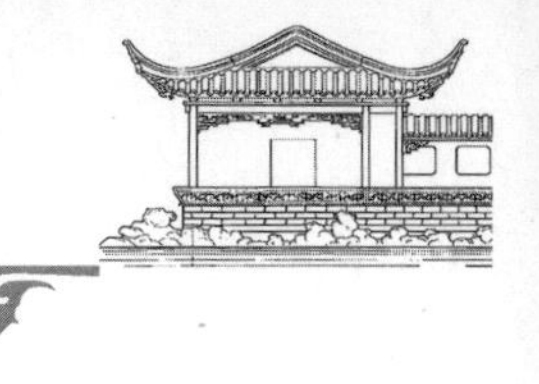

统筹图来合理安排工程量的计算程序，并按其顺序计算工程量，以达到节约时间、简化计算、提高工效。用统筹法计算工程量的基本要点是：统筹程序，合理安排；利用基数，连续计算；一次计算，多次使用；结合实际，灵活机动。

统筹法计算工程量的基本要点：

(1)统筹程序，合理安排　工程量计算程序的安排是否合理，关系着计量工作的效率高低，进度快慢。按施工顺序进行工程量计算，往往不能充分利用数据间的内在联系而形成重复计算，浪费时间和精力，有时还易出现计算差错。

(2)利用基数，连续计算　就是以“线”或“面”为基数，利用连乘或加减，算出与其有关的分部分项工程量，这里的“线”和“面”指的是长度和面积，常用的基数为“三线一面”，“三线”是指建筑物的外墙中心线、外墙外边线和内墙净长线。“一面”是指建筑物的底层建筑面积。

(3)一次计算，多次使用　在工程量计算过程中，往往有一些不能用“线”“面”基数进行连续计算的项目，如门窗、屋架、钢筋混凝土预制标准构件等。首先，将常用数据一次算出，汇编成土建工程量计算手册(即“册”)，其次也要把那些规律较明显的如槽、沟断面等一次算出，也编入册。当需计算有关的工程量时，只要查手册就可快速算出所需要的工程量。这样可以减少按图逐项地进行烦琐而重复的计算，亦能保证计算的及时与准确性。

(4)结合实际，灵活机动　用“线”“面”“册”计算工程量，是一般常用的工程量基本计算方法，实践证明，在一般工程上完全可以利用。但在特殊工程上，由于基础断面、墙厚、沙浆强度等级和各楼层的面积不同，就不能完全用“线”或“面”数作为基数，而必须结合实际灵活的计算。

5.1.3 园林工程量计算的步骤

1)列出分项工程项目名称

根据施工图纸，并结合施工方案的有关内容，按照一定的计算顺序，逐一列出单位工程施工图预算的分项工程项目名称。所列的分项工程项目名称必须要与预算定额中的相应项目名称一致。

2)列出工程量计算式

分项工程项目名称列出后，根据施工图纸所示的部位、尺寸和数量，按照工程量计算规则，分别列出工程量计算公式。

3)调整剂量单位

通常计算的工程量都是以米、平方米、立方米等为单位，但预算定额中往往以10 m、10 m^2、10 m^3、100 m^3 等为计量单位，因此还须将计算的工程量单位按预算定额中相应项目规定的计量单位进行调整，使计量单位一致，便于以后的计算。

4)套用预算定额进行计算

各项工程量计算完毕经校核后，就可以编制单位工程施工图预算书。

5.2 园林工程量计算的方法

5.2.1 手工计算工程量

5.2.1.1 绿化工程工程量手工算量方法

(1)绿地整理工程量见表5-1。

(2) 园林植树工程工程量见表5-2。

(3)花卉与草坪种植工程工程量见表5-3。

(4)大树移植与绿地养护工程工程量见表5-4。

(5)绿地喷灌工程量见表5-5。

5.2.1.2 园路、园桥工程工程量手工算量方法

(1)园路、园桥工程量见表5-6。

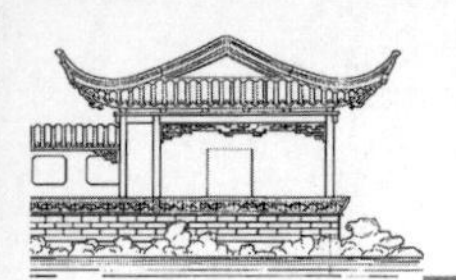

表 5-1　绿地整理工程量手工算量方法

项目	方法	备注
①勘查现场	工程量＝图示数量（株）	勘查现场工程量以植株计算，灌木类以每丛折合1株，绿篱每1延长米折合1株，乔木不分品种规格一律按株计算。 绿化工程施工前需对现场调查，对架高物、地下管网、各种障碍物以及水源、地质、交通等状况做全面了解，并做好施工安排或施工组织设计。
②砍伐乔木、挖树根（蔸）	工程量＝图示数量（株）	
③砍挖灌木丛及根	工程量＝图示数量（株）或 工程量＝砍挖面积（m^2）	
④砍挖绿篱及根	工程量＝图示长度（m）	
⑤砍挖竹及根	工程量＝图示数量（株/丛）	
⑥砍挖芦苇及根，清除草皮、地被植物	工程量＝砍挖（清除）面积（m^2）	
⑦屋面清理	工程量＝屋面清理面积（m^2）	
⑧种植土回（换）填	工程量＝回填土面积×回填土厚度（m^3）　或 工程量＝图示数量（株）	
⑨拆除障碍物	工程量＝实际拆除体积（m^3）	
⑩整理绿化用地	清单计算工程量： 工程量＝整理实际面积（m^2）定额计算工程量　或 工程量＝栽植绿地面积（m^2）	
⑪绿地起坡造型	工程量＝起坡面积×起坡厚度（m^3）	
⑫屋顶花园基底处理	工程量＝基底处理面积（m^2）	

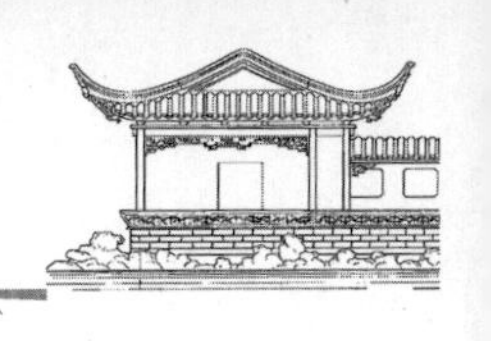

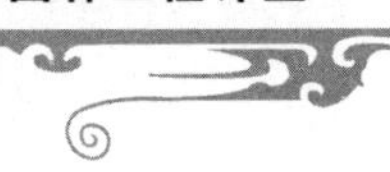

表 5-2　园林植树工程工程量手工算量方法

项目	方法	备注
①刨树坑	工程量＝图示数量(个)　或 工程量＝图示长度(m)　或 工程量＝树坑体积(m^3)	
②施肥	工程量＝图示数量(株)　或 工程量＝实际施肥面积(m^2)	
③修剪	工程量＝图示数量(株)　或 工程量＝图示长度(m)	
④防治病虫害	工程量＝图示数量(株)　或 工程量＝防治面积(m^2)	
⑤栽植乔木	工程量＝图示数量(株)	
⑥栽植灌木	工程量＝图示数量(株)　或 工程量＝绿化水平投影面积(m^2)	
⑦栽植竹类	工程量＝图示数量(株/丛)	
⑧栽植棕榈类	工程量＝图示数量(株)	
⑨栽植绿篱	工程量＝图示长度(m)　或 工程量＝绿化水平投影面积(m^2)	
⑩栽植攀缘植物	工程量＝图示数量(株)　或 工程量＝图示长度(m)	
⑪栽植色带	工程量＝绿化水平投影面积(m^2)	
⑫栽植水生植物	工程量＝图示数量(10 株/丛/缸)　或 工程量＝绿化水平投影面积(m^2)	
⑬垂直墙体绿化种植	工程量＝绿化水平投影面积(m^2)　或 工程量＝图示长度(m)	
⑭箱/钵栽植	工程量＝图示数量(个)	
⑮厚土过筛	工程量＝过筛体积(m^3)	

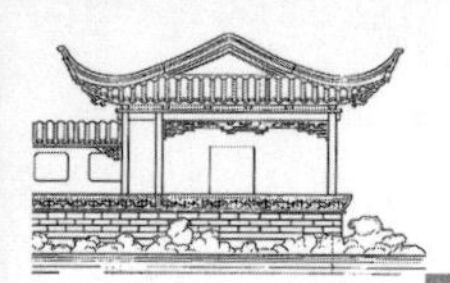

表 5-3　花卉与草坪种植工程工程量手工算量方法

项目	方法	备注
①栽植花卉	工程量＝图示数量(株/丛/缸)　或 工程量＝栽植水平投影面积(m^2/10 m^2)	
②花卉立体布置	工程量＝图示数量(单体/处)　或 工程量＝布置面积(m^2)	
③铺种草皮、喷播植草(灌木)籽、植草砖内植草	工程量＝绿化投影面积(m^2/10 m^2)	

表 5-4　大树移植与绿地养护工程工程量方法

项目	方法	备注
①大树移植	工程量＝图示数量(株)	
②挂网	工程量＝挂网投影面积(m^2)	
③树木支撑	工程量＝图示数量(株)	
④新树浇水	工程量＝图示数量(株)　或 工程量＝图示长度(m)	
⑤铺设盲管	工程量＝图示长度(m)	
⑥绿化养护	工程量＝图示数量(株/丛)　或 工程量＝图示长度(m)　或 工程量＝图示养护面积(m^2)	

表 5-5　绿地喷灌工程量手工算量方法

项目	方法	备注
①喷灌管线安装	工程量＝图示长度(m)	
②喷灌配件安装	工程量＝图示数量(个)	

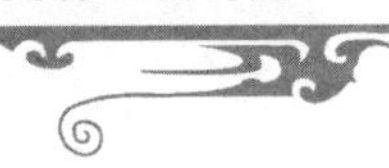

表 5-6 园路、园桥工程量手工算量方法

项目	方法	备注
①园路	清单计算工程量： 工程量＝园路长度×园路宽度－路牙面积(m^2) 定额计算工程量： 园路路床工程量＝路床长度×园路宽度(m^2) 园路垫层工程量＝图示长度×(图示宽度＋0.1)×厚度(m^2) 园路面层工程量＝图示长度×图示宽度(m^2)	
②踏(蹬)道	工程量＝图示长度×图示宽度－路牙面积(m^2)	
③路牙铺设	工程量＝图示长度×2(m)	
④树池围牙、盖板(箅子)	工程量＝图示长度(m) 或 工程量＝图示数量(套)	
⑤嵌草砖(格)铺装	工程量＝图示面积(m^2)	
⑥桥基础、石桥墩、石桥台	工程量＝图示体积(m^2)	
⑦桥台、护坡	工程量＝图示体积(m^3)	
⑧拱券石	工程量＝图示体积(m^3)	
⑨石券脸	工程量＝图示面积(m^2)	
⑩金刚墙砌筑	工程量＝图示体积(m^3)	
⑪石桥面铺筑、檐板	工程量＝图示面积(m^2)	
⑫石汀步(步石、飞石)	工程量＝图示体积(m^3)	
⑬木制步桥	工程量＝图示面积(m^2)	
⑭栈道	工程量＝图示面积(m^2)	

【例 5.1】某园林工程中有一条景观步道，步道总长 500 m，宽 1.8 m，步道面层密铺 300 mm×300 mm×20 mm 荔枝面锈石黄花岗石，两侧铺筑 100 mm×100 mm×500 mm 花岗石路沿石，垫层为 100 mm 厚碎石垫层。请计算步道工程量。

解：清单工程量：

花岗石地面铺装工程量＝园路长度×园路宽度－路牙面积

＝500×1.8－500×2×0.1＝800(m^2)

花岗石路沿石工程量＝园路长度×2

＝500×2＝1 000(m)

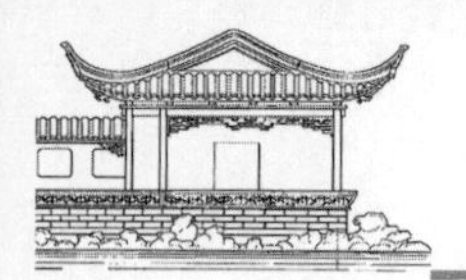

定额工程量：

园路路床工程量＝路床长度×园路宽度

＝500×(1.8＋0.2)＝1 000(m^2)

园路垫层工程量＝图示长度×(图示宽度＋0.2)×厚度

＝500×(1.8＋0.2)×0.1＝100(m^3)

园路面层工程量＝图示长度×图示宽度

＝500×1.8＝900(m^2)

园路路沿石工程量＝园路长度×2

＝500×2＝1 000(m)

(2)驳岸、护岸工程量见表5-7。

表5-7　驳岸、护岸工程量手工算量方法

项目	方法	备注
①石(卵石)砌驳岸	工程量＝图示长度×图示宽度×图示高度(m^3) 或　$m=\rho V$ 式中：m 为石(卵石)的质量，t；ρ 为石(卵石)的密度，kg/m^3；V 为石(卵石)的体积，m^3。	
②原木桩驳岸	工程量＝图示桩长＋桩尖长度(m) 或　工程量＝图示数量(根)	
③满(散)铺沙卵护岸(自然护岸)	工程量＝护岸展开面积(m^2) 或　$m=\rho V$ 式中：m 为石(卵石)的质量，t；ρ 为石(卵石)的密度，kg/m^3；V 为石(卵石)的体积，m^3。	
④点(散)布大卵石	工程量＝图示数量(块/个) 或　$m=\rho V$ 式中：m 为石(卵石)的质量，t；ρ 为石(卵石)的密度，kg/m^3；V 为石(卵石)的体积，m^3。	

【例5.2】某园林工程中有一条溪流蜿蜒而过，红线范围内溪流两侧卵石砌驳岸，溪流长为1.2 km，驳岸宽度为0.7 m，高度为1.2 m，计算卵石砌驳岸工程量。

解：工程量＝驳岸岸线长度×驳岸宽度×高度

＝1 200×2×0.7×1.2

＝2 016 (m^3)

5.2.1.3　园林景观工程工程量手算方法

(1)堆塑假山工程见表 5-8。

表 5-8　堆塑假山工程手工算量方法

项目	方法	备注
①堆筑土山丘	$V=1/3\times L\times B\times H$ 式中:V 为图示山丘体积,m^3;L 为图示山丘水平投影外接长度,m;B 为图示山丘水平投影外接宽度,m;H 为图示山丘高度,m。	
②堆砌石假山	清单计算工程量:　$m=\rho V$ 式中:m 为堆砌石假山的质量,t;ρ 为堆砌假山用石的密度,kg/m^3;V 为图示假山体积,m^3。 定额计算工程量:　$W=AH\rho K_n$ 式中:W 为石料质量,t;A 为假山平面轮廓的水平投影面积,m^2;H 为假山着地点至最高定点的垂直距离,m;ρ 为石料密度,黄(杂)石为 2.6 t/m^3,湖石为 2.2 t/m^3;K_n 为折算系数,高度在 2 m 以内 $K_n=0.65$,高度在 4 m 以内 $K_n=0.54$。	
③塑假山	清单计算工程量:工程量=图示展开面积(m^2) 定额计算工程量:工程量=外围表面积(10 m^2)	
④石笋	清单计算工程量:　工程量=图示数量(支) 定额计算工程量:　$m=\rho V$ 式中:m 为堆砌石笋的质量,t;ρ 为石笋的密度,kg/m^3;V 为图示石笋体积,m^3。	
⑤点风景石	工程量=图示数量(支) 或　$W_{单}=L_{均}B_{均}H_{均}\rho$ 式中:$W_{单}$ 为山石单体重量,t;$L_{均}$ 为长度方向的平均值,m;$B_{均}$ 为宽度方向的平均值,m;$H_{均}$ 为高度方向的平均值,m;ρ 为石料密度,t/m^3。	
⑥池、盆景置石	工程量=图示数量(座/个)	
⑦山(卵)石护角	工程量=图示体积(m^3)	
⑧山坡(卵)石台阶	工程量=水平投影面积(m^2)	

【例 5.3】某校园游园中有一堆砌的黄石假山工程,假山高度为 3.5 m,假山平面轮廓水平投影面积为 12.6 m^2,请计算石假山的定额工程量。

解:$W=AH\rho K_n=12.6\times3.5\times2.6\times0.54$
$=61.916$(t)

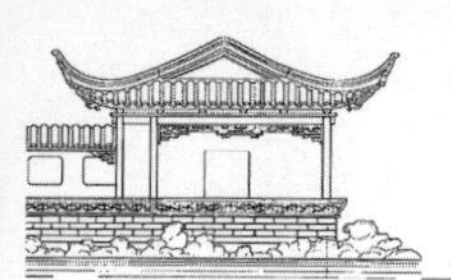

(2)原木、竹构件工程量见表5-9。

表5-9 原木、竹构件工程量手工算量方法

项目	方法	备注
①原木(带树皮)柱、梁、檩、椽	工程量=图示长度(m)	
②原木(带树皮)墙	工程量=图示墙长度×墙厚度(m^2)	
③树枝吊挂楣子	工程量=图示框外围长度×框外围宽度(m^2)	
④竹柱、梁、檩、椽	工程量=图示长度(m)	
⑤竹编墙	工程量=图示墙长度×墙厚度(m^2)	
⑥竹吊挂楣子	工程量=图示框外围长度×框外围宽度(m^2)	

(3)亭廊屋面工程量见表5-10。

表5-10 亭廊屋面工程量手工算量方法

项目	方法	备注
①草屋面、油毡瓦屋面	工程量=斜面长度×斜面宽度(m^2)	
②竹屋面	工程量=实铺面积(m^2)	
③树皮屋面	工程量=屋面外围长度×外围宽度(m^2)	
④预制混凝土穹顶	工程量=图示体积+混凝土脊和穹顶的肋、基梁体积(m^3)	
⑤钢板、玻璃、木屋面	工程量=实铺面积(m^2)	

(4)花架工程量见表5-11。

表5-11 花架工程量手工算量方法

项目	方法	备注
①现浇与预制混凝土花架柱、梁	工程量=图示体积(m^3)	
②金属花架柱、梁	$m=\rho V$ 式中:m为花架柱、梁的质量,t;ρ为花架柱、梁金属的密度,kg/m^3;V为花架柱、梁用料体积,m^3。	
③竹花架柱、梁	工程量=图示长度(m) 或　工程量=图示数量(根)	

(5)园林桌椅工程量见表5-12。

表5-12 园林桌椅工程量手工算量方法

项目	方法	备注
①飞来椅	清单计算工程量:　工程量=图示长度(m) 定额计算工程量:　工程量=图示面积(m^2)	
②桌凳、椅子	清单计算工程量:　工程量=图示数量(个) 定额计算工程量:　工程量=图示体积(m^3)	

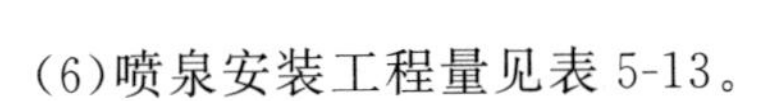

(6)喷泉安装工程量见表 5-13。

表 5-13　喷泉安装工程量手工算量方法

项目	方法	备注
①喷泉管道	工程量＝管线中心线长度＋检查(阀门)井、阀门、管件及附件长度(m)	
②喷泉电缆	工程量＝单根电缆长度(m)	
③水下艺术装饰灯具	工程量＝图示数量(套)	
④电气控制柜、喷泉设备	工程量＝图示数量(台)	

(7)杂项工程见表 5-14。

表 5-14　杂项工程手工算量方法

项目	方法	备注
①石灯、石球、塑仿石音响	工程量＝图示数量(个)	
②塑树皮梁、柱与塑竹梁、柱	工程量＝梁柱外表面积(m^2)　或 工程量＝构件长度(m)	
③铁艺、塑料栏杆	工程量＝图示长度(m)	
④钢筋混凝土艺术围栏	工程量＝图示面积(m^2)　或 工程量＝图示长度(m)	
⑤标志牌	清单计算工程量:工程量＝图示数量(个) 定额计算工程量:工程量＝图示面积(m^2)	
⑥花盆(坛、箱)、垃圾箱、其他景观小摆设	工程量＝图示数量(个)	
⑦景墙	工程量＝图示长度×宽度×厚度(m^3)　或 工程量＝图示数量(段)	
⑧景窗、花饰	工程量＝图示面积(m^2)　或 工程量＝图示长度(10 m)	
⑨博古架	工程量＝图示面积(m^2)　或 工程量＝图示长度(m)　或 工程量＝图示数量(个)	
⑩摆花	工程量＝水平投影面积(m^2)　或 工程量＝图示数量(个)	
⑪花池	工程量＝图示长度×宽度×高度(m^3)　或 工程量＝池壁中心线长度(m)　或 工程量＝图示数量(个)	
⑫砖石砌小摆设	工程量＝图示体积(m^3)　或 工程量＝图示数量(个)	
⑬柔性水池	工程量＝水平投影面积(m^2)	
⑭水磨木纹板	工程量＝木纹板面积(m^2/10 m^2)	

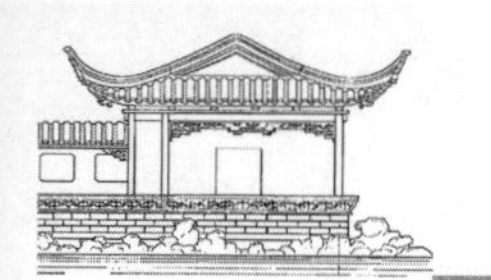

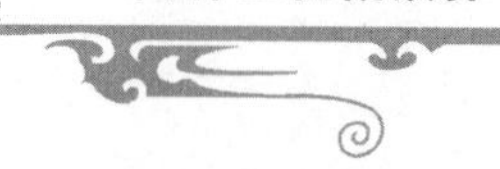

5.2.2 计算机辅助计算工程量

工程量计算是编制工程计价的基础工作，具有工作量大、烦琐、费时、细致等特点，占工程计价工作量的 50%～70%，计算的精确度和速度也直接影响着工程计价文件的质量。20 世纪 90 年代初，随着计算机技术的发展，出现了利用软件表格法算量的计量工具，代替了手工算量，之后逐渐发展到目前广泛使用的自动计算工程量软件。自动算量软件按照支持的图形维数的不同分为两类：二维软件和三维算量软件。除算量软件外，在工程量计算中近年来又发展到 BIM（Building Information Modeling）和云计量等更为先进的信息技术。

BIM 是以建筑工程项目的各项相关信息数据为基础建立的数字化建筑模型。具有可视化、协调性、模拟性、优化性和可出图性五大特点，给工程建设信息化带来重大变革。首先，BIM 技术采用以数据为中心的协作方式，实现数据共享，大大提高了建筑行业工效；其次，能够提升建筑品质，实现绿色、模拟的设计和建造。BIM 技术对工程造价信息化建设将带来巨大影响，它不仅能够使工程造价管理与设计工作关系更加密切，交互的数据信息更加丰富，相互作用更加明显，而且可以实现施工过程中的可视化、可控化工程造价的动态管理，集三维设计、动态可视施工、动态造价管理五维的 5D 技术。BIM 技术将改变工程量计算方法，将工程量计算规则、消耗量指标与 BIM 技术相结合，实现由设计信息到工程造价信息的自动转换，使得工程量计算更加快捷、准确和高效。该工程量的计算不仅可以适用于工程计价和工程造价管理的计量要求，也可以适用于对建设工程碳计量以及能效评价等方面的要求。

云计量：现代建设工程更加注重分工的专业化、精细化和协作，一是由于建筑单体的体量大、复杂度高，三维信息量非常巨大，在自动计算工程量时会消耗巨大的计算机资源，计算效率差；二是智能建筑、节能设施各类专业工程越来越复杂，其技术更新越来越快，可以通过协作高速完成复杂工程的精细计量，如：通过云技术可以将钢筋计量、装饰工程计量、电气工程计量、智能工程计量、幕墙工程计量等分别放入“云端”，进行多方配合、协作来完成。将工程计量放入“云端”进行计算，协作完成，不仅可保证计量质量，提高计算速度，也能减少对本地资源的需求，显著提高计算的效率，降低成本。

应用计算机造价软件编制概预算是减轻造价员工作负担的重要手段。其主要共性与特性有以下方面：

（1）精确度高　采用计算机进行概预算的编制，较之传统的手工编制方法，其精确度较高，例如在工程量列式计算、定额套价计算、数据精度的取舍等方面，手工操作精确度都低于计算机取值。而利用计算机及预算程序，只要将工程初始数据输入计算机，确认无误，就可保证计算结果的准确性。

（2）编制速度快，工作效率高　应用计算机进行概预算的编制速度快、准确、工作效率高。在竞争激烈的市场经济环境下，提高工作效率更显重要，应用计算机软件也势在必行。

（3）易修改调整　应用预算软件后，对工程量计算规则的调整、修改、定额套用、换算和工程变更等都很方便。

（4）预算成果完整，数据齐全　应用计算机编制概预算，除完成预算文件本身的编制外，还可以提供各分部、分项工程及各分层、分段工程的工料分析，以及单位建筑面积工料消耗指标、各项费用的组成比例等丰富的技术经济资料，为备料、施工计划、经济核算提供大量有用的数据。

（5）人机对话，使用简便，有利于培训新的造价人员　只要对电脑基础知识有所了解的预算人员，如能够合适地选用定额和根据要求输入工程初始数据，就能独立完成预算的编制工作。

一般情况下，计算工程量的顺序都是从钢筋开始的，钢筋算完后把画好的图形导入图形软件里面，然后再继续算其他构件的工程量。其软件算量设计流程如下：

①建模、设置构件属性。用画图方法画出各构件图形，设计相同的建筑物。

②提取图元代码。图元代码是几何图形，也

就是构件几何尺寸代码。如墙体的长、宽、高，门窗的长、宽、高等，这些是图形算量中计算代码的基础。

③计算构件代码。用图元代码按工程量计算规则计算出构件工程量。

④提取形成构件代码过程公式中的变量。假设某地区规则中底地面积应扣独立柱所占面积，但是根据具体情况需要得到不扣独立柱的面积，所以软件给出中间变量未扣柱面积，直接选用即可。正因为代码开放，才能最大限度地满足用户想算什么量就有什么量的需求，也符合算量的核心目的。

⑤用构件代码及中间变量列表达式形成所需的工程量。代码不是工程量，工程量是按代码列式组合计算出来的。代码开放后，就可以利用计算机提供的各种代码变量进行组合或者直接得到想要计算的工程量。

5.3　园林工程清单工程量计算的规则与内容

根据《园林绿化工程计量规范》(GB 50858—2013)、经审定通过的施工设计图纸及其说明、经审定通过的施工组织设计或施工方案、经审定通过的其他有关技术经济文件。工程实施过程中的计量应按照现行国家标准《建设工程工程量清单计价规范》的相关规定执行。

若有两个或两个以上计量单位的，应结合拟建工程项目的实际情况，确定其中一个为计量单位。同一工程项目的计量单位应一致。

园林绿化工程(另有规定者除外)涉及普通公共建筑物等工程的项目以及垂直运输机械、大型机械设备进出场及安拆等项目，按现行国家标准《房屋建筑与装饰工程工程量计算规范》(GB 50854—2013)的相应项目执行；涉及仿古建筑工程的项目，按现行国家标准《仿古建筑工程工程量计算规范》(GB 50855—2013)的相应项目执行；涉及电气、给排水等安装工程的项目，按照现行国家标准《通用安装工程工程量计算规范》(GB 50856—2013)的相应项目执行；涉及市政道路、路灯等市政工程的项目，按现行国家标准《市政工程工程量计算规范》(GB 50857—2013)的相应项目执行。

5.3.1　园林工程清单工程量计算的规则

5.3.1.1　绿化工程

1)绿地整理

砍伐乔木、挖树根(蔸)按数量以“株”计算。

砍挖灌木丛及根有两种计量方式，一种是以株计量，按数量计算；另一种以平方米计量，按面积计算。

砍挖竹及根，以株/丛计量，按数量计算。

砍挖芦苇(或其他水生植物)及根、清除草皮、清除地被植物，以平方米计量，按面积计算。

屋面清理按设计图示尺寸以面积计算。

种植土回(换)填，一种以立方米计量，按设计图示回填面积乘以回填厚度以体积计算；另一种以株计量，按设计图示数量计算。

整理绿化用地按设计图示尺寸以面积计算。

绿地整理项目包含厚度≤300 mm 回填土，厚度>300 mm 回填土，应按现行国家标准《房屋建筑与装饰工程工程量计算规范》(GB 50854—2013)相应项目编码列项。

绿地起坡造型按设计图示尺寸以体积计算。

屋顶花园基底处理按设计图示尺寸以面积计算。

2)栽植花木

栽植乔木，以株计量，按设计图示数量计算。

栽植灌木，以株计量，按设计图示数量计算；以平方米计量，按设计图示尺寸以绿化水平投影面积计算。

栽植竹类、栽植棕榈类以株/丛计量，按设计图示数量计算。

栽植绿篱，以米计量，按设计图示长度以延长米计算；以平方米计量，按设计图示尺寸以绿化水平投影面积计算。

栽植攀缘植物以株计量，按设计图示数量计算；以米计量，按设计图示种植长度以延长米计算。

栽植色带以平方米计量，按设计图示尺寸以绿化水平投影面积计算。

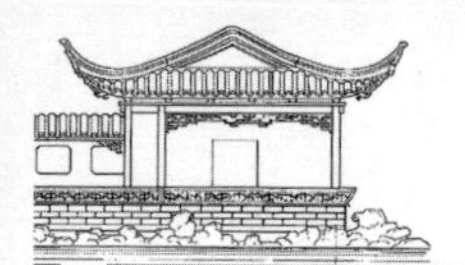

栽植花卉、栽植水生植物，以株(丛、缸)计量，按设计图示数量计算；以平方米计量，按设计图示尺寸以水平投影面积计算。

垂直墙体绿化种植以平方米计量，按设计图示尺寸以绿化水平投影面积计算；以米计量，按设计图示种植长度以延长米计算。

花卉立体布置以单体(处)计量，按设计图示数量计算；以平方米计量，按设计图示尺寸以面积计算。

铺种草皮、喷播植草(灌木)籽、植草砖内植草，以平方米计量，按设计图示尺寸以绿化投影面积计算。

挂网以平方米计量，按设计图示尺寸以挂网投影面积计算。

箱/钵栽植按个计量，按设计图示箱/钵数量计算。

备注：苗木计算应符合下列规定：胸径应为地表面向上 1.2 m 高处树干直径。冠径又称冠幅，应为苗木冠丛垂直投影面的最大直径和最小直径之间的平均值。蓬径应为灌木、灌丛垂直投影面的直径。地径应为地表面向上 0.1 m 高处树干直径。干径应为地表面向上 0.3 m 高处树干直径。株高应为地表至乔(灌)木顶端的高度。篱高应为地表面至绿篱顶端的高度。

3)绿地喷灌

喷灌管线安装以长度计量，按设计图示管道中心线长度以延长米计算，不扣除检查(阀门)井、阀门、管件及附件所占的长度。

喷灌配件安装以个计量，按设计图示数量计算。

5.3.1.2 园路、园桥工程

1)园路、园桥工程

园路按设计图示尺寸以面积计算，不包括路牙。踏(蹬)道按设计图示尺寸以面积计算，不包括路牙。

路牙铺设按设计图示尺寸以长度计算。

树池围牙、盖板(篦子)以米计量，按设计图示尺寸以长度计算；以套计量，按设计图示计算。

嵌草砖(格)铺装按设计图示尺寸以面积计算。

桥基础按设计图示尺寸以体积计算。

石桥墩、石桥台、拱券石按设计图示尺寸以体积计算。

石券脸按设计图示尺寸以面积计算。

金刚墙砌筑按设计图示尺寸以体积计算。

石桥面铺筑、石桥面檐板按设计图示尺寸以面积计算。

石汀步(步石、飞石)按设计图示尺寸以体积计算。

木制步桥按桥面板设计图示尺寸以面积计算。

栈道按栈道面板设计图示尺寸以面积计算。

2)驳岸、护岸

石(卵石)砌驳岸以立方米计量，按设计图示尺寸以体积计算；以吨计量，按质量计算。

原木桩驳岸以米计量，按设计图示桩长(包括桩尖)计算；以根计量，按设计图示数量计算。

满(散)铺沙卵石护岸(自然护岸)以平方米计量，按设计图示尺寸以护岸展开面积计算。以吨计量，按卵石使用质量计算。

点(散)布大卵石以块(个)计量，按设计图示数量计算；以吨计量，按卵石使用质量计算。

框格花木护岸设计图示尺寸展开宽度乘以长度以面积计算。

5.3.1.3 园林景观工程

1)堆塑假山

堆筑土山丘按设计图示山丘水平投影外接矩形面积乘以高度的 1/3 以体积计算。

堆砌石假山按设计图示尺寸以质量计算。

塑假山按设计图示尺寸以展开面积计算。

石笋、点风景石以块(支、个)计量，按设计图示数量计算；以吨计量，按设计图示石料质量计算。

池、盆景置石以块(支、个)计量，按设计图示数量计算；以吨计量，按设计图示石料质量计算。

山(卵)石护角按设计图示尺寸以体积计算。

山坡(卵)石台阶按设计图示尺寸以水平投影面积计算。

2)原木、竹构件

原木(带树皮)柱、梁、檩、椽按设计图示尺寸以长度计算(包括榫长)。

原木(带树皮)墙按设计图示尺寸以面积计算

(不包括柱、梁)。

树枝吊挂楣子按设计图示尺寸以框外围面积计算。

竹柱、梁、檩、椽按设计图示尺寸以长度计算。

竹编墙按设计图示尺寸以面积计算(不包括柱、梁)。

竹吊挂楣子按设计图示尺寸以框外围面积计算。

3)亭廊屋面

草屋面按设计图示尺寸以斜面计算。

竹屋面按设计图示尺寸以实铺面积计算(不包括柱、梁)。

树皮屋面按设计图示尺寸以屋面结构外围面积计算。

油毡瓦屋面按设计图示尺寸以斜面计算。

预制混凝土穹顶按设计图示尺寸以体积计算。混凝土脊和穹顶的肋、基梁并入屋面体积。

彩色压型钢板(夹芯板)攒尖亭屋面板、彩色压型钢板(夹芯板)穹顶、玻璃屋面、木(防腐木)屋面按设计图示尺寸实铺面积计算。

4)花架

现浇混凝土花架柱、梁、预制混凝土花架柱、梁按设计图示尺寸以体积计算。

金属花架柱、梁按设计图示尺寸以质量计算。

木花架柱、梁按设计图示截面乘长度(包括榫长)以体积计算。

竹花架柱、梁以长度计量,按设计图示花架构件尺寸以延长米计算;以根计量,按设计图示花架柱、梁数量计算。

5)园林桌椅

预制钢筋混凝土桌椅、水磨石桌椅、竹制桌椅按设计图示尺寸以坐凳面中心线长度计算。

现浇混凝土桌凳、预制混凝土桌凳、石桌石凳、水磨石桌凳、塑树根桌凳、塑树节椅、塑料、铁艺、金属椅按设计图示以数量计算。

6)喷泉安装

喷泉管道按设计图示管道中心线长度以延长米计算,不扣除检查(阀门)井、阀门、管件及附件所占的长度。

喷泉电缆按设计图示单根电缆长度以延长米计算。

水下艺术装饰灯具、电气控制柜、喷泉设备按设计图示以数量计算。

7)杂项

石灯、石球、塑仿石音箱按设计图示数量计算。

塑树皮梁、柱,塑竹梁、柱以平方米计量,按设计图示尺寸以梁柱外表面积计算。以米计量,按设计图示尺寸以构件长度计算。

铁艺栏杆、塑料栏杆按设计图示尺寸以长度计算。

钢筋混凝土艺术围栏以平方米计量,按设计图示尺寸以面积计算。以米计量,按设计图示尺寸以延长米计算。

标志牌按设计图示数量计算。

景墙以立方米计量,按设计图示尺寸以体积计算;以段计量,按设计图示尺寸以数量计算。

景窗、花饰按设计图示尺寸以面积计算。

博古架以平方米计量,按设计图示尺寸以面积计算。以米计量,按设计图示尺寸以延长米计算。以个计量,按设计图示数量计算。

花盆(坛、箱)按设计图示尺寸以数量计算。

摆花以平方米计量,按设计图示尺寸以水平投影面积计算。以个计量,按设计图示数量计算。

花池以立方米计量,按设计图示尺寸以体积计算。以米计量,按设计图示尺寸以池壁中心线出延长米计算。以个计量,按设计图示数量计算。

垃圾箱按设计图示尺寸以数量计算。

砖石砌小摆设以立方米计量,按设计图示尺寸以体积计算;以个计量,按设计图示尺寸以数量计算。

其他景观小摆件按设计图示尺寸以数量计算。

柔性水池按设计图示尺寸以水平投影面积计算。

5.3.1.4 措施项目

1)脚手架工程

砌筑脚手架:按墙的长度乘墙的高度以面积计算(硬山建筑山墙高算至山尖)。独立砖石柱高度在3.6 m以内时,以柱结构周长乘以柱高计算,高

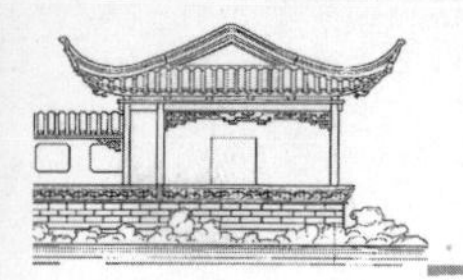

度在 3.6 m 以上时，以柱结构周长加 3.6 m 乘以柱高计算。凡砌筑高度在 1.5 m 及以上的砌体，应计算脚手架。

抹灰脚手架：按抹灰墙面的长度乘高度以面积计算（硬山建筑山墙算至山尖）。独立砖石柱高度在 3.6 m 以内时，以柱结构周长乘以柱高计算，高度在 3.6 m 以上时，以柱结构周长加 3.6 m 乘以柱高计算。

亭脚手架：以座计量，按设计图示数量计算。以平方米计量，按建筑面积计算。

满堂脚手架按搭设的地面主墙间尺寸以面积计算。

堆砌（塑）假山脚手架按外围水平投影最大矩形面积计算。

桥身脚手架按桥基础地面至桥面平均高度乘以河道两侧宽度以面积计算。

斜道按搭设数量计算。

2）模板工程

现浇混凝土垫层、现浇混凝土路面、现浇混凝土路牙、树池围牙、现浇混凝土花架柱、现浇混凝土花架梁、现浇混凝土花池：以平方米计量，按混凝土与模板的接触面积计算。

现浇混凝土桌凳：以立方米计量，按设计图示混凝土体积计算；以个计量，按设计图示数量计量。

石桥拱券石、石券脸胎架：以平方米计量，按拱券石、石券脸弧形底面展开尺寸以面积计算。

3）树木支撑架、草绳绕树干、搭设遮阴（防寒）棚工程

树木支撑架、草绳绕树干：以株计量，按设计图示数量计算。

搭设遮阳（防寒）棚：以平方米计量，按遮阳（防寒）棚外围覆盖层的展开尺寸以面积计算；以株计量，按设计图示数量计算。

4）围堰、排水工程

围堰：以立方米计量，按围堰断面面积乘以堤顶中心线长度以体积计算；以米计量，按围堰堤顶中心线长度以延长米计算。

排水：以立方米计量，按需要排水量以体积计算，围堰排水按堰内水面面积乘以平均水深计算；以天计量，按需要排水日历天计算；以台班计算，按水泵排水工作台班计算。

5.3.2 园林工程清单工程量计算的内容

5.3.2.1 绿化工程

1）绿地整理

砍伐乔木计算内容包括砍伐、废弃物运输以及场地清理。

挖树根（蔸）计算内容包括挖树根、废弃物运输以及场地清理。

砍挖灌木丛及根、砍挖竹及根、砍挖芦苇（或其他水生植物）及根计算内容包括砍挖、废弃物运输以及场地清理。

清除草皮计算内容包括除草、废弃物运输以及场地清理。

清除地被植物计算内容包括清除植物、废弃物运输以及场地清理。

屋面清理计算内容包括原屋面清扫、废弃物运输以及场地清理。

种植土回（换）填计算内容包括土方挖运、回填、找平找坡、废弃物运输。

整理绿化用地计算内容包括排地表水、土方挖运、耙细过筛、回填、找平找坡、拍实、废弃物运输。

绿地起坡造型计算内容包括排地表水、土方挖运、耙细过筛、回填、找平找坡、废弃物运输。

屋顶花园基底处理计算内容包括抹找平层、防水层铺设、排水层铺设、过滤层铺设、填轻质土壤、阻根层铺设、运输。

2）栽植花木

栽植乔木、栽植灌木、栽植竹类、栽植棕榈类、栽植绿篱、栽植攀缘植物、栽植色带、栽植花卉、栽植水生植物计算内容包括起挖、运输、栽植及养护。

垂直墙体绿化种植计算内容包括起挖、运输、栽植容器安装、栽植、养护。

花卉立体布置计算内容包括起挖、运输、栽植及养护。

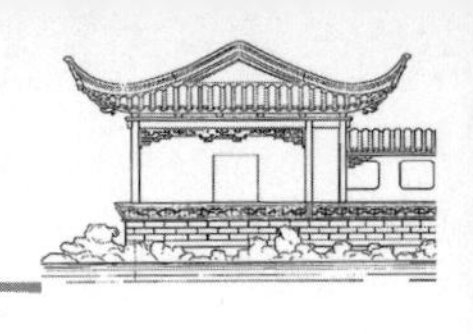

铺种草皮计算内容包括起挖、运输、铺底沙(土)栽植及养护。

喷播植草(灌木)籽计算内容包括基层处理、坡地细整、喷播、覆盖及养护。

植草砖内植草计算内容包括起挖、运输、覆土(沙)铺设及养护。

挂网计算内容包括制作、运输及安放。

箱/钵栽植计算内容包括制作、运输、安放、栽植及养护。

3)绿地喷灌

喷灌管线安装计算内容包括管道铺设、管道固筑、水压试验、刷防护材料油漆。

喷灌配件安装计算内容包括管道附件阀门喷头安装、水压试验、刷防腐材料油漆。

5.3.2.2 园路、园桥工程

1)园路、园桥工程

园路、踏(蹬)道计算内容包括路基、路床整理、垫层铺筑、路面铺筑、路面养护。

路牙铺设计算内容包括基层清理、垫层铺设、路牙铺设。

树池围牙、盖板(篦子)计算内容包括清理基层、围牙盖板运输、围牙盖板铺设。

嵌草砖(格)铺装计算内容包括原土夯实、垫层铺设、铺砖、填土。

桥基础计算内容包括垫层铺筑、起重架搭、拆、基础砌筑、砌石。

石桥墩、石桥台、拱券石、石券脸计算内容包括石料加工、起重架搭拆、墩台券石券脸砌筑、勾缝。

金刚墙砌筑计算内容包括石料加工、起重架搭拆、砌石、填土夯实。

石桥面铺筑计算内容包括石料加工、抹找平层、起重架搭拆、桥面踏步铺设、勾缝。

石桥面檐板计算内容包括石料加工、檐板铺设、铁锔、银锭安装、勾缝。

石汀步(步石、飞石)计算内容包括基层整理、石料加工、沙浆调运、砌石。

木制步桥计算内容包括木桩加工、打木桩基础、木梁、木桥板、木桥栏杆、木扶手制作、安装、连接铁件、螺栓安装、刷防护材料。

栈道计算内容包括凿洞、安装支架、铺设面板、刷防护材料。

2)驳岸、护岸

石(卵石)砌驳岸计算内容包括石料加工、砌石(卵石)、勾缝。

原木桩驳岸计算内容包括木桩加工、打木桩、刷防护材料。

满(散)铺沙卵石护岸(自然护岸)计算内容包括修边坡、铺卵石。

点(散)布大卵石计算内容包括布石、安砌、成型。

框格花木护岸计算内容包括修边坡、安放框格。

5.3.2.3 园林景观工程

1)堆塑假山

堆筑土山丘计算内容包括取土、运土、堆砌、夯实、修整。

堆砌石假山计算内容包括选料、起重机搭拆、堆砌修整。

塑假山计算内容包括骨架制作、假山胎膜制作、苏家山、山皮料安装、刷防护材料。

石笋计算内容包括选石料、石笋安装。

点风景石计算内容包括选石料、起重架搭拆、点石。

池、盆景置石计算内容包括底盘制作、安装、池、盆景山石安装、砌筑。

山(卵)石护角计算内容包括石料加工、砌石。

山坡(卵)石台阶计算内容包括选石料、台阶砌筑。

2)原木、竹构件

原木(带树皮)柱梁檩椽、原木(带树皮)墙、树枝吊挂楣子、竹柱梁檩椽、竹编墙、竹吊挂楣子计算内容包括构件制作、构件安装、刷防护材料。

3)亭廊屋面

草屋面、竹屋面、树皮屋面计算内容包括整理选料、屋面铺设、刷防护材料。

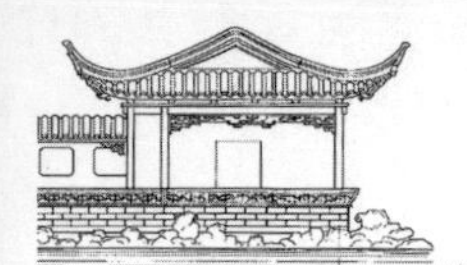

油毡瓦计算内容包括清理基层、材料裁接、刷油、铺设。

预制混凝土穹顶计算内容包括模板制作运输、安装、拆除、保养,混凝土制作、运输、浇筑、振捣、养护,构件运输、安装,沙浆制作、运输,接头灌缝,养护。

彩色压型钢板(夹芯板)攒尖亭屋面板、彩色压型钢板(夹芯板)穹顶计算内容包括压型板安装,护角、包角、泛水安装,嵌缝,刷防护材料。

玻璃屋面、木(防腐木)屋面计算内容包括制作、运输、安装。

4)花架

现浇混凝土花架柱、梁计算内容包括模板制作、运输、安装、拆除、保养,混凝土制作、运输、浇筑、振捣、养护。

预制混凝土花架柱、梁计算内容包括模板制作、运输、安装、拆除、保养,混凝土制作、运输、浇筑、振捣、养护,构件运输、安装,沙浆制作、运输,接头灌缝、养护。

金属花架柱、梁计算内容包括制作、运输、安装、油漆。

木花架柱、梁计算内容包括构件制作、运输、安装,刷防护材料、油漆。

竹花架柱、梁计算内容包括制作、运输、安装、油漆。

5)园林桌椅

预制钢筋混凝土桌椅计算内容包括模板制作、运输、安装、拆除、保养,混凝土制作、运输、浇筑、振捣、养护,构件运输、安装,沙浆制作、运输、抹面、养护,接头灌缝、养护。

水磨石桌椅计算内容包括沙浆制作、运输,制作,运输,安装。

竹制桌椅计算内容包括坐凳面、背靠扶手、靠背、楣子制作、安装,铁件安装,刷防护材料。

现浇混凝土桌凳计算内容包括模板制作、运输、安装、拆除、保养,混凝土制作、运输、浇筑、振捣、养护,沙浆制作、运输。

预制混凝土桌凳计算内容包括模板制作、运输、安装、拆除、保养,混凝土制作、运输、浇筑、振捣、养护,构件运输、安装,沙浆制作、运输,接头灌缝、养护。

石桌石凳计算内容包括土方挖运,桌凳制作,桌凳运输,桌凳安装,沙浆制作、运输。

水磨石桌凳计算内容包括桌凳制作,桌凳运输,坐凳安装,沙浆制作、运输。

塑树根桌凳、塑树节椅计算内容包括沙浆制作、运输,砖石砌筑,塑树皮,绘制木纹。

塑料、铁艺、金属椅计算内容包括制作、安装、刷防护材料。

6)喷泉安装

喷泉管道计算内容包括土(石)方挖运,管材、管件、阀门、喷头安装,刷防护材料,回填。

喷泉电缆计算内容包括土(石)方挖运,电缆保护管安装,电缆敷设,回填。

水下艺术装饰灯具计算内容包括灯具安装,支架制作、运输、安装。

电气控制柜计算内容包括电气控制柜(箱)安装、系统调试。

喷泉设备计算内容包括设备安装,系统调试,防护网安装。

7)杂项

石灯、石球计算内容包括制作及安装。

塑仿石音箱计算内容包括胎膜制作、安装,铁丝网制作、安装,沙浆制作、运输,喷水泥漆,埋置仿石音响。

塑树皮梁、柱,塑竹梁、柱计算内容包括灰塑及刷涂颜料。

铁艺栏杆计算内容包括铁艺栏杆安装、刷防护材料。

塑料栏杆计算内容包括下料、安装、校正。

钢筋混凝土艺术围栏计算内容包括制作、运输、安装,沙浆制作、运输,接头灌缝、养护。

标志牌计算内容包括选料,标志牌制作,雕凿,镌字、喷字,运输、安装,刷油漆。

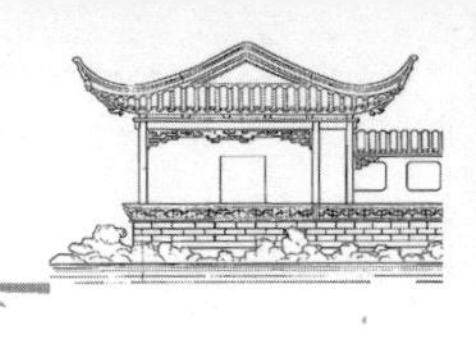

景墙计算内容包括土(石)方挖运、垫层、基础铺设、墙体砌筑、面层铺贴。

景窗、花饰计算内容包括制作、运输、砌筑安放、勾缝、表面涂刷。

博古架计算内容包括制作、运输、砌筑安放、勾缝、表面涂刷。

花盆(坛、箱)计算内容包括制作、运输、安放。

摆花计算内容包括搬运、安放、养护、撤收。

花池计算内容包括垫层铺设、基础砌(浇)筑、墙体砌(浇)筑、面层铺贴。

垃圾箱计算内容包括制作、运输、安放。

砖石砌小摆设计算内容包括沙浆制作、运输、砌砖石、抹面、养护、勾缝、石表面加工。

其他景观小摆件计算内容包括制作、运输、安装。

柔性水池计算内容包括清理基层、材料裁接、铺设。

5.3.2.4　措施项目

1)脚手架工程

砌筑脚手架、抹灰脚手架、亭脚手架、满堂脚手架、堆砌(塑)假山脚手架、桥身脚手架、斜道计算内容包括场内、场外材料搬运,搭、拆脚手架、斜道、上料平台,铺设安全网,拆除脚手架后材料分类堆放。

2)模板工程

现浇混凝土垫层、现浇混凝土路面、现浇混凝土路牙,树池围牙、现浇混凝土花架柱、现浇混凝土花架梁、现浇混凝土花池、现浇混凝土桌凳、石桥拱券石、石券脸胎架计算内容包括制作、安装、拆除、清理、刷隔离剂、材料运输。

3)树木支撑架、草绳绕树干、搭设遮阴(防寒)棚工程

树木支撑架计算内容包括制作、运输、安装及维护。

草绳绕树干计算内容包括搬运、绕杆、余料清理、养护期后清除。

搭设遮阴(防寒)棚计算内容包括制作、运输、搭设、维护、养护期后清除。

4)围堰、排水工程

围堰计算内容包括取土、装土、堆筑围堰、拆除、清理围堰、材料运输。

排水计算内容包括安装、使用、维护、拆除水泵、清理。

5)安全文明施工及其他措施项目

安全文明施工计算内容包括环境保护,文明施工,安全施工,临时设施。

夜间施工计算内容包括夜间固定照明灯具和临时可移动照明灯具的设置、拆除,夜间施工时施工现场交通标志、安全标牌、警示灯等的设置、移动、拆除,夜间照明设备及照明用电,施工人员夜班补助、夜间施工劳动效率降低等。

非夜间施工照明计算内容包括为保证工程施工正常进行,在如假山石洞等特殊施工部位施工时所采用的照明设备的安拆、维护及照明用电等。

二次搬运计算内容包括由于施工场地条件限制而发生的材料、植物、成品、半成品等一次运输不能到达堆放地点,必须进行二次或多次搬运。

冬雨季施工计算内容包括冬雨(风)季施工时增加的临时设施(防寒保温、防雨、防风设施)的搭设、拆除,冬雨(风)季施工时对植物、砌体、混凝土等采用的特殊加温、保温和养护措施。冬雨(风)季施工时施工现场的防滑处理,对影响施工的雨雪的清除,冬雨(风)季施工时增加的临时设施、施工人员的劳动保护用品、冬雨(风)季施工劳动效率降低等。

反季节栽植影响措施包括因反季节栽植在增加材料、人工、防护、养护、管理等方面采取的种植措施及保证成活率措施。

地上、地下设施的临时保护设施在工程施工过程中,对已建成的地上、地下设施和植物进行的遮盖、封闭、隔离等必要保护措施。

已完工程及设备保护计算内容包括对已完工程及设备采取的覆盖、包裹、封闭、隔离等必要的保护措施。

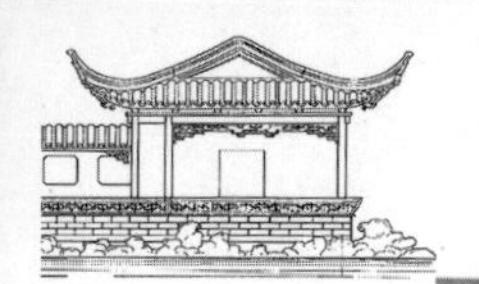

5.4 园林工程定额工程量计算

2015 年 3 月,住房城乡建设部以“建标〔2015〕34 号文”发布《房屋建筑与装饰工程消耗量定额》(TY01—31—2015)、《通用安装工程消耗量定额》(TY02—31—2015)、《市政工程消耗量定额》(ZYA1—31—2015)(以下简称消耗量定额),在各消耗量定额中规定了分部分项工程和措施项目的工程量计算规则。除了由住房与城乡建设部统一发布的定额外,还有各个地方或行业发布的消耗量定额,其中也都规定了与之相对应的工程量计算规则。采用该计算规则计算工程量除了依据施工图纸外,一般还要考虑采用施工方法和施工方案施工余量。

5.4.1 绿化工程定额工程量计算

1)绿地整理工程量

勘查现场工程量以植株计算,灌木类以每丛折合 1 株,绿篱每 1 延长米折合 1 株,乔木不分品种规格一律按株计算。

绿化工程施工前需对现场调查,对架高物、地下管网、各种障碍物以及水源、地质、交通等状况做全面的了解,并做好施工安排或施工组织设计。

砍伐乔木、挖树根(蔸):裸根乔木、攀缘植物工程量按其不同坑体规格以株计算。

砍挖灌木丛及根:裸根灌木和竹类工程量按其不同坑体规格以株计算。土球苗木,按不同球体规格以株计算。

砍挖绿篱及根工程量按不同槽(沟)断面,分单行双行以米计算。

砍挖竹及根工程量按数量计算。

砍挖芦苇及根,清除草皮、地被植物:色块、草坪、花卉,按种植面积以平方米计算。

屋面清理工程量按设计图示尺寸以面积计算。

种植土回(换)填工程量一种以立方米计量,按设计图示回填面积乘以回填厚度以体积计算。另一种以株计量,按设计图示数量计算。

拆除障碍物工程量视实际拆除体积以立方米计算。

整理绿化用地按设计图示尺寸以面积计算。

绿地整理项目应按现行国家标准《房屋建筑与装饰工程工程量计算规范》(GB 50854—2013)相应项目编码列项。

绿地起坡造型工程量按设计图示尺寸以体积计算。

屋顶花园基底处理按设计图示尺寸以面积计算。

2)园林植树工程工程量

苗木计算应符合下列规定:胸径应为地表面向上 1.2 m 高处树干直径。冠径又称冠幅,应为苗木冠丛垂直投影面的最大直径和最小直径之间的平均值。蓬径应为灌木、灌丛垂直投影面的直径。地径应为地表面向上 0.1 m 高处树干直径。干径应为地表面向上 0.3 m 高处树干直径。株高应为地表至乔(灌)木顶端的高度。篱高应为地表面至绿篱顶端的高度。

刨树坑工程量以个计算,刨绿篱沟以延长米计算,刨绿带沟以立方米计算。

施肥工程量均按植株的株树计算,其他均以平方米计算。

修剪工程量除绿篱以延长米计算外,树木均按株数计算。

防治病虫害工程量均按植株的株数计算,其他均以平方米计算。

栽植乔木:起挖乔木(带土球)工程量按土球直径(在厘米以内)分别列项,以株计算。特大或名贵树木另行计算。起挖乔木(裸根)工程量按胸径(在厘米以内)分别列项,以株计算。特大或名贵树木另行计算。栽植乔木(带土球)工程量按土球直径(在厘米以内)分别列项,以株计算。特大或名贵树木另行计算。栽植乔木(裸根)工程量按胸径(在厘米以内)分别列项,以株计算。

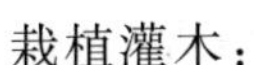

栽植灌木：

(1)起挖灌木(带土球)工程量按土球直径(在厘米以内)分别列项，以株计算。

(2)特大或名贵树木另行计算。起挖灌木(裸根)工程量按冠丛高(在厘米以内)分别列项，以株计算。

(3)特大或名贵树木另行计算。

(4)栽植灌木(带土球)工程量按土球直径(在厘米以内)分别列项，以株计算。特大或名贵树木另行计算。栽植灌木(裸根)工程量按冠丛高(在厘米以内)分别列项，以株计算。特大或名贵树木另行计算。

栽植竹类：

(1)起挖竹类(散生竹)工程量按胸径(在厘米以内)分别列项，以株计算。

(2)起挖竹类(丛生竹)工程量按根盘丛径(在厘米以内)分别列项，以丛计算。

(3)栽植竹类(散生竹)工程量按胸径(在厘米以内)分别列项，以株计算。

(4)栽植竹类(丛生竹)工程量按根盘丛径(在厘米以内)分别列项，以丛计算。

栽植棕榈类工程量按设计图示数量计算。

栽植绿篱工程量按单、双排和高度(在厘米以内)分别列项，工程量以延长米计算，单排以丛计算，双排以株计算。绿篱，按单行或双行不同篱高以米计算(单行3.5株/m，双行5株/m)；色带以平方米计算(色块12株/m^2)计算。绿化工程栽植苗木中，一般绿篱按单行或双行不同篱高以"m"计算，单行每延长米栽3.5株，双行每延长米栽5株；色带每1 m^2 栽12株；攀缘植物根据不同生长年限每延长米栽5～6株；草花每1 m^2 栽35株。

栽植攀缘植物工程量按不同生长年限以株计算。

栽植色带工程量按设计图示尺寸以绿化水平投影面积计算。

栽植水生植物工程量按荷花、睡莲分别列项，以 10株计算。

垂直墙体绿化种植工程量一种按设计图示尺寸以绿化水平投影面积计算，以平方米计量；另一种按设计图示种植长度以延长米计算，以米计量。

箱/钵栽植工程量按设计图示箱/钵数量计算。

厚土过筛：原土过筛按筛后的好土以立方米计算。土坑换土，以实挖的土坑体积乘以系数1.43计算。

3)花卉与草坪种植工程工程量

栽植花卉工程量按草本花，木本花，球、地根类，一般图案花坛，彩纹图案花坛，立体花坛，五色草一般图案花坛，五色草彩纹图案花坛，五色草立体花坛分别列项，以10 m^2 计算。

花卉立体布置工程量一种按设计图示数量计算，以单体(处)计量；另一种按图示尺寸以面积计算，以平方米计量。

铺种草皮、喷播植草(灌木)籽、植草砖内植草工程量按散铺、满铺、直生带、播种分别列项，以10 m^2 计算。种苗费未包括在定额内，须另行计算。

4)大树移植与绿地养护工程工程量

大树移植工程量按移植株数计算。包括大型乔木移植、大型常绿树移植两部分，每部分又分带土台、装木箱两种。大树移植的规格，乔木以胸径10 cm以上为起点，分10～15 cm、15～20 cm、20～30 cm、30 cm以上4个规格。浇水系按自来水考虑，按3遍水的费用。所用吊车、汽车按不同规格计算。

挂网工程量按设计图示尺寸以挂网投影面积计算。

树木支撑工程量树棍桩按四角桩、三角桩、长单桩、短单桩、钢丝吊桩分别列项，以株计算。毛竹桩按四角桩、三角桩、一字桩、长单桩、短单桩、预制混凝土长单桩分别列项，以株计算。

新树浇水工程量除篱以延长米计算外，数目均按株数计算。分人工胶管浇水和汽车浇水两项，人工胶管浇水，距水源以100 m以内为准，每超50 m用工增加14%。

铺设盲管工程量按管道中心线全长以延长米

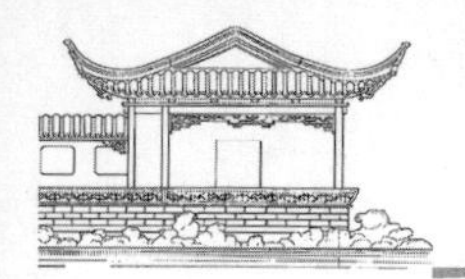

计算。

绿化养护工程量乔木、灌木、攀缘植物以株计算;绿篱以米计算;草坪、花卉、色带、宿根以平方米计算;丛生竹以株(丛)计算。也可以根据施工方多年来绿化养护的经验以及业主要求的时间进行列项计算。冬期防寒是北方园林中常见苗木防护措施,包括支撑竿、搭风帐、喷防冻液等。后期管理费中不含冬期防寒措施,需另行计算。乔木、灌木按数量以株为单位计算;色带、绿篱按长度以米计算;木本、宿根花卉按面积以平方米计算。

5)绿地喷灌工程量

喷灌管线安装工程量按设计图示管道中心线长度以延长米计算,不扣除检查(阀门)井、阀门、管件及附件所占的长度。

喷灌配件安装工程量按设计图示数量计算。

5.4.2 园路、园桥、假山工程定额工程量计算

1)园路、园桥工程量

园路土基整理路床的工作内容包括厚度在30 cm以内,挖、填土、找平、夯实、整修、弃土2 m以外。园路土基整理路床的工程量按路床的面积计算,计量单位为10 m^2。

园路垫层的工作内容包括筛土、浇水、拌和、铺设、找平、灌浆、捣实、养护。园路垫层的工程量按不同垫层材料,以垫层的体积计算,计量单位为m^3。垫层计算宽度应比设计宽度大10 cm,即两边各放宽5 cm。

园路面层工程量按不同面层材料、厚度,以园路面层的面积计算,计量单位为10 m^2。

卵石面层按拼花、彩边素色分别列项,以“10 m^2”计算。

混凝土面层按纹形、水刷纹形、预制方格、预制异形、预制混凝土大块面层、预制混凝土假冰片面层、水刷混凝土路面分别列项,以“10 m^2”计算。

八五砖面层按平铺、侧铺分别列项,以“10 m^2”计算。

石板面层按方整石板面层、乱铺冰片石面层、瓦片、碎缸片、弹石片、小方碎石、六角板分别列项,以“10 m^2”计算。

踏(蹬)道工程量按设计图示尺寸以面积计算,不包括路牙。

路牙铺设按设计图示尺寸以长度计算。

树池围牙、盖板(箅子)以米计量,按设计图示尺寸以长度计算;以套计量,按设计图示计算。

嵌草砖(格)铺装按设计图示尺寸以面积计算。

桥基础按设计图示尺寸以体积计算。

石桥墩、石桥台、拱券石按设计图示尺寸以体积计算。

石券脸按设计图示尺寸以面积计算。

金刚墙砌筑:石桥桥身的砖石背里和毛石金刚墙,分别执行砖石工程的砖石挡土墙和毛石墙相应定额子目。其工程量均按图示尺寸以“m^3”计算。

石桥面铺筑、石桥面檐板按设计图示尺寸以面积计算。

石汀步(步石、飞石)按设计图示尺寸以体积计算。

木制步桥按桥面板设计图示尺寸以面积计算。

栈道按栈道面板设计图示尺寸以面积计算。

甬路:侧石、路缘、路牙按实铺尺寸以延长米计算。庭园工程中的园路垫层按图示尺寸以立方米计算。带路牙者,园路垫层宽度按路面宽度加20 cm计算;无路牙者,园路垫层宽度按路面宽度加10 cm计算;蹬道和带有部分踏步的坡道,不适用于厂、院及住宅小区内的道路,由垫层、路面、地面、路牙、台阶等组成。山丘坡道所包括的垫层、路面、路牙等项目,分别按相应定额子目的人工费乘以系数1.4计算,材料费不变。室外道路宽度在14 m以内的混凝土路、停车场(厂、院)及住宅小区内的道路套用“建筑工程”预算定额;室外道路宽度在14 m以外的混凝土路、停车场套用“市政道路工程”预算定额,沥青所有路面套用“市政道路工程”预算定额。绿化工程中的住宅小区、公园中的园路套用“建筑工程”预算定额,园路路面面层以平方米计算,垫层以立方米计算。

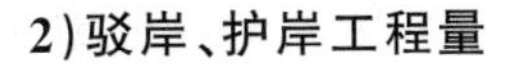

2)驳岸、护岸工程量

石(卵石)砌驳岸以立方米计量,按设计图示尺寸以体积计算;以吨计量,按质量计算。

原木桩驳岸以米计量,按设计图示桩长(包括桩尖)计算;以根计量,按设计图示数量计算。

满(散)铺沙卵石护岸(自然护岸)以平方米计量,按设计图示尺寸以护岸展开面积计算;以吨计量,按卵石使用质量计算。

点(散)布大卵石以块(个)计量,按设计图示数量计算;以吨计量,按卵石使用质量计算。

框格花木护岸设计图示尺寸展开宽度乘以长度以面积计算。

5.4.3　园林景观工程定额工程量

1)堆塑假山工程

堆筑土山丘按设计图示山丘水平投影外接矩形面积乘以高度的 1/3 以体积计算。

堆砌石假山工程量一般以设计的山石实际吨位数为基数来推算,并以工日数表示。

堆砌湖石假山、黄石假山、整块湖石峰、人造湖石峰、人造黄石峰以及土山点石的工程量均按不同山、峰高度,以堆砌石料的质量计算。计量单位为吨。

塑假山:砖骨架塑假石山的工程量按不同高度,以塑假石山的外围表面积计算,计量单位为"$10\ m^2$"。钢骨架、钢网塑假石山的工程量按其外围表面积计算,计量单位为"$10\ m^2$"。

石笋安装、土山点石的工程量均按不同山、峰高度,以堆砌石料的质量计算。计量单位为吨。

点风景石按照不同单块景石,以布置景石的质量计算,计量单位为吨。

池、盆景置石以块(支、个)计量,按设计图示数量计算;以吨计量,按设计图示石料质量计算。

山(卵)石护角按设计图示尺寸以体积计算。

山坡(卵)石台阶按设计图示尺寸以水平投影面积计算。

2)原木、竹构件工程量

原木(带树皮)柱、梁、檩、椽按设计图示尺寸以长度计算(包括榫长)。

原木(带树皮)墙按设计图示尺寸以面积计算(不包括柱、梁)。

树枝吊挂楣子按设计图示尺寸以框外围面积计算。

竹柱、梁、檩、椽按设计图示尺寸以长度计算。

竹编墙按设计图示尺寸以面积计算(不包括柱、梁)。

竹吊挂楣子按设计图示尺寸以框外围面积计算。

3)亭廊屋面工程量

草屋面按设计图示尺寸以斜面计算。

竹屋面按设计图示尺寸以实铺面积计算(不包括柱、梁)。

树皮屋面按设计图示尺寸以屋面结构外围面积计算。

油毡瓦屋面按设计图示尺寸以斜面计算。

预制混凝土穹顶按设计图示尺寸以体积计算。混凝土脊和穹顶的肋、基梁并入屋面体积。

彩色压型钢板(夹芯板)攒尖亭屋面板、彩色压型钢板(夹芯板)穹顶、玻璃屋面、木(防腐木)屋面按设计图示尺寸实铺面积计算。

4)花架工程量

现浇混凝土花架柱、梁,预制混凝土花架柱、梁,按设计图示尺寸以体积计算。

金属花架柱、梁按设计图示尺寸以质量计算。

木花架柱、梁按设计图示截面乘长度(包括榫长)以体积计算。

竹花架柱、梁以长度计量,按设计图示花架构件尺寸以延长米计算;以根计量,按设计图示花架柱、梁数量计算。

5)园林桌椅工程量

桌椅工程量按设计图示尺寸以面积计算。

混凝土桌凳、椅子工程量按其实际体积计算。

6)喷泉安装工程量

喷泉管道按设计图示管道中心线长度以延长米计算,不扣除检查(阀门)井、阀门、管件及附件所

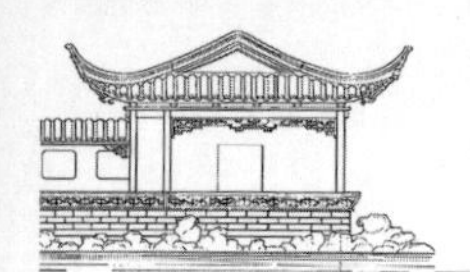

占的长度。

喷泉电缆按设计图示单根电缆长度以延长米计算。

水下艺术装饰灯具、电气控制柜、喷泉设备按设计图示以数量计算。

7)杂项工程

石灯、石球、塑仿石音箱工程量按设计尺寸以体积计算。

塑树皮梁、柱,塑竹梁、柱以平方米计量,按设计图示尺寸以梁柱外表面积计算;以米计量,按设计图示尺寸以构件长度计算。

铁艺栏杆、塑料栏杆按设计图示尺寸以长度计算。

钢筋混凝土艺术围栏以平方米计量,按设计图示尺寸以面积计算;以米计量,按设计图示尺寸以延长米计算。

标志牌工程量按图示面积计算。

景墙以立方米计量,按设计图示尺寸以体积计算;以段计量,按设计图示尺寸以数量计算。

预制或现制水磨石景窗、平板凳、花檐、角花的工程量均按不同水磨石断面面积、预制或现制,以其长度计算,计量单位为“10 m”。

博古架工程量按不同水磨石断面面积、预制或现制,以其长度计算,计量单位为“10 m”。

花盆(坛、箱)按设计图示尺寸以数量计算。

摆花以平方米计量,按设计图示尺寸以水平投影面积计算。以个计量,按设计图示数量计算。

花池以立方米计量,按设计图示尺寸以体积计算;以米计量,按设计图示尺寸以池壁中心线延长米计算;以个计量,按设计图示数量计算。

垃圾箱按设计图示尺寸以数量计算。

砖石砌小摆设以立方米计量,按设计图示尺寸以体积计算;以个计量,按设计图示尺寸以数量计算。

其他景观小摆件按设计图示尺寸以数量计算。

柔性水池按设计图示尺寸以水平投影面积计算。

水磨木纹板的工程量按不同水磨程度,以其面积计算。制作工程量计量单位为“m^2”,安装工程量计量单位为“10 m^2”。

5.5 工程量计量与消耗量定额中的工程计量两者的联系与区别

由于消耗量定额是工程量清单计价的重要依据,是确定清单项目人、材、机消耗量的基础,特别是招标控制价的编制中确立的消耗量定额的基础性地位。因此,消耗量定额和工程量计算规范在项目划分、工程量计算上既有区别又有很好的衔接。

5.5.1 工程量计量与消耗量定额中的工程计量两者的联系

消耗量定额章节划分与工程量计算规范附录顺序基本一致。消耗量定额与工程量计算规范附录是一致的。消耗量定额中节的划分也多数与工程量计算规范中的分部工程一致。

消耗量定额中的项目编码与工程量计算规范项目编码基本保持一致。消耗量定额中所列项目凡是与工程量计算规范中一致的都统一采用了清单项目的编码,即统一了分部工程项目编码,如消耗量定额第一章土石方工程(编码 0101)中的土方工程编码为 010101,与工程量计算规范是一致的。

消耗量定额中的工程量计算规则与工程量计算规范中的计算规则基本计算方法也是一致的。现行消耗量定额的工程量计算规则与工程量计算规范的工程量计算规范都是对原有基础定额或预算定额工程量计算规则的继承和发展,多数内容保持了一定的衔接性。

5.5.2 工程量计量与消耗量定额中的工程计量两者的区别

(1)两者的用途不同　工程量计算规范的工程量计算规则主要用于计算工程量,编制工程量清单,结算中的工程计量等方面。而消耗量定额的工程量计算规则主要用于工程计价(或组价),工程计

量不能采用定额中的计算规则。

(2)项目划分和综合的工作内容不同　消耗量定额项目划分一般是基于施工工序进行设置的，体现施工单元，包括的工作内容相对单一；而工程量计算规范清单项目划分一般是基于“综合实体”进行设置的，体现功能单元，包括的工作内容往往不止一项(即一个功能单元可能包括多个施工单元或者一个清单项目可能包括多个定额项目)。如消耗量定额的土方工程(编号：010101)，根据施工方法不同分为人工土方和机械土方；人工土方又细分为：人工挖一般土方，人工挖沟槽土方，人工挖基坑土方，人工挖冻土，人工挖淤泥流沙及人工装车，人工运土方，人力车运土方，人工运淤泥流沙等项目，人工挖一般土方根据土壤类别和基深分为8个定额项目，而在工程量计算规范土方工程(编号：010101)中与之对应的清单项目分为5项：挖一般土方，挖沟槽土方，挖基坑土方，冻土开挖，挖淤泥、流沙。清单项目挖一般土方综合的工作内容有：排地表水，土方开挖、围护(挡土板)及拆除，基底钎探，运输，这些内容在消耗量定额中常为单独的定额子目。

(3)计算口径的调整　消耗量定额项目计量考虑了不同施工方法和加工余量的实际数量，即消耗量定额项目计量考虑了一定的施工方法、施工工艺和现场实际情况，而工程量计算规范规定的工程量的主要是完工后的净量[或图纸(含变更)的净量]。

(4)计量单位的调整　工程量清单项目的计量单位一般采用基本的物理计量单位或自然计量单位，如 m^2、m^3、m、kg、t 等；消耗量定额中的计量单位一般为扩大的物理计量单位或自然计量单位，如 100 m^2、1 000 m^3、100 m 等。

思考题

1. 简述计算机辅助计算的优势。
2. 园林绿化工程涉及普通公共建筑物等工程的项目以及垂直运输、大型机械设备进出场及安拆等项目分别按照哪些工程量计算规范执行？
3. 工程量计量与消耗量定额的区别在哪里？
4. 简述园林工程量计算的原则及步骤。
5. 简述园林工程量计算方法。

园林工程计价是对工程项目实施建设的各个阶段的工程造价及其构成内容进行预测和确定的行为。本章从园林工程计价的方法、工程计价的依据阐释园林工程工程量清单计价、园林工程消耗量定额计价。

6.1 工程计价方法

工程计价是指按照规定的程序、方法和依据，对工程造价及其构成内容进行估计或确定的行为。工程计价依据是指在工程计价活动中，所要依据的与计价内容、计价方法和价格标准相关的工程计量计价标准，工程计价定额及工程造价信息等。

工程量清单是载明建设工程分部分项工程项目、措施项目和其他项目的名称和相应数量以及规费和税金项目等内容的明细清单。其中由招标人根据国家标准、招标文件、设计文件，以及施工现场实际情况编制的称为招标工程量清单，而作为投标文件组成部分的已标明价格并经承包人确定的称为已标价工程量清单。招标工程量清单应委托具有相应资质的工程造价咨询人或招标代理人编制。采用工程量清单方式招标，招标工程量清单必须作为招标文件的组成部分，其准确性和完整性由招标人负责。招标工程量清单应以单位(项)工程为单位编制，由分部分项工程量清单，措施项目清单，其他项目清单，规费项目、税金项目清单组成。

6.1.1 工程量清单计价的概念

(1)工程量清单的概念　工程量清单是表现拟建工程的分部分项工程项目、措施项目、其他项目、规费项目和税金项目的名称和相应数量的明细清单，由招标人按照《建设工程工程量清单计价规范》(GB 50500—2013)附录中统一的项目编码、项目名称、计量单位和工程量计算规则、招标文件以及施工图、现场条件计算出的构成工程实体，可供编制招标控制价及投标报价的实物工程量的汇总清单，是工程招标文件的组成部分，其内容包括分部分项工程量清单、措施项目清单、其他项目清单、规费项目清单和税金项目清单。

(2)工程量清单计价的概念　工程量清单计价是指投标人完成由招标人提供的工程量清单所需的全部费用，包括分部分项工程费、措施项目费、其他项目费、规费、税金。工程量清单计价是建设工程招标投标中，按照国家统一的工程量清单计价规范，由招标人提供工程数量，投标人自主报价的工程造价计价模式。采用工程量清单计价能反映工程个别成本，有利于企业自主报价和公平竞争。

6.1.2 工程量清单计价的适用范围

计价范围适用于建设工程发承包及实施阶段的计价活动。使用国有资金投资的建设工程发承包，必须采用工程量清单计价；非国有资金投资的

建设工程，宜采用工程量清单计价；不采用工程量清单计价的建设工程，应执行计价规范中除工程量清单等专门性规定外的其他规定。

国有资金投资的项目包括全部使用国有资金（含国有融资资金）投资或国有资金投资为主的工程建设项目。

（1）国有资金投资的工程建设项目　包括：①使用各级财政预算资金的项目；②使用纳入财政管理的各种政府性专项建设资金的项目；③使用国有企事业单位自有资金，并且国有资产投资者实际拥有控制权的项目。

（2）国家融资资金投资的工程建设项目　包括：①使用国家发行债券所筹集的资金项目；②使用国家对外借款或者担保所筹资金的项目；③使用国家政策性贷款的项目；④国家授权投资主体融资的项目；⑤国家特许的融资项目。

（3）国有资金（含国家融资资金）为主的工程建设项目　是指国有资金占投资总额50%以上，或虽不足50%但国有投资者实质上拥有控股权的工程建设项目。

6.1.3　工程量清单计价的作用

（1）提供一个平等的竞争条件　采用施工图预算来投标报价，由于设计图纸的缺陷，不同施工企业的人员理解不一，计算出的工程量也不同，报价就更相去甚远，也容易产生纠纷。而工程量清单报价就为投标者提供一个平等竞争的条件，相同的工程量，由企业根据自身的实力来填不同的单价。投标人的这种自主报价，将企业的优势体现到投标中，可在一定程度上规范建设市场秩序，确保工程质量。

（2）满足市场经济条件下竞争的需要　投标过程就是竞争的过程，招标人提供工程量清单，投标人根据自身情况确定综合单价，利用单价与工程量逐项计算每个项目的合价，再分别填入工程量清单表中，计算出投标总价。单价成了决定性的因素，定高了不能中标，定低了又要承担过大的风险。单价的高低取决于企业管理水平和技术水平的高低，促进了企业整体实力的竞争，有利于我国建设市场的快速发展。

（3）有利于提高工程计价效率，能真正实现快速报价　采用工程量清单计价方式，避免了传统计价方式下招标人与投标人在工程量计算上的重复工作，各投标人以招标人提供的工程量清单为统一平台，结合自身的管理水平和施工方案进行报价，促进了各投标人企业定额的完善和工程造价信息的积累和整理，体现了现代工程建设中快速报价的要求。

（4）有利于工程款的拨付和工程造价的最终结算　中标后，业主要与中标单位签订施工合同，中标价就是确定合同价的基础，投标清单上的单价就成了拨付工程款的依据。业主根据施工企业完成的工程量，可以很容易地确定进度款的拨付额。工程竣工后，根据设计变更、工程量增减等，业主也很容易确定工程的最终造价，可在某种程度上减少业主与施工单位之间的纠纷。

（5）有利于业主对投资的控制　采用施工图预算形式，业主对因设计变更、工程量的增减引起的工程造价变化不敏感，往往等到竣工结算时才知道这些变更对项目投资的影响有多大，但是为时已晚。而采用工程量清单报价的方式，则可对投资变化一目了然，在进行设计变更时，能马上知道它对工程造价的影响，业主就能根据投资情况来决定是否变更或进行方案比较，确定最恰当的处理方法。

6.2　工程计价依据的分类

工程造价计价依据是以计算造价的各类基础资料的总称。由于影响工程造价的因素很多，每一项工程的造价都要根据工程的用途、类别、结构特征、建设标准、所在地区和坐落地点、市场价格信息，以及政府的产业政策、税收政策和金融政策等具体计算。因此就需要与确定上述各项因素相关的各种量化的定额或指标等作为计价的基础。计价依据除国家或地方法律规定的以外，一般以合同形式加以确定。

6.2.1 按用途分类

工程造价的计价依据按用途分类，概括起来可以分为 7 大类 18 小类。

(1)规范工程计价的依据 国家标准《建设工程工程量清单计价规范》。

(2)计算设备数量和工程量的依据 ①可行性研究资料；②初步设计、扩大初步设计、施工图设计图纸和资料；③工程变更及施工现场签证。

(3)计算分部分项工程人、材、机消耗量及费用的依据 ①概算指标、概算定额、预算定额；②人工单价；③材料预算单价；④机械台班单价；⑤工程造价信息。

(4)计算建筑安装工程费用的依据 ①间接费定额；②价格指数。

(5)计算设备费的依据 设备价格、运杂费率等。

(6)计算工程建设其他费用的依据 ①用地指标；②各项工程建设其他费用定额等。

(7)和计算造价相关的法规和政策 ①包含在工程造价内的税种、税率；②与产业政策、能源政策、环境政策、技术政策和土地等资源利用政策有关的取费标准；③利率和汇率；④其他计价依据。

6.2.2 按使用对象分类

(1)规范建设单位(业主)计价行为的依据 国家标准《建设工程工程量清单计价规范》。

(2)规范建设单位(业主)和承包商双方计价行为的依据 国家标准《建设工程工程量清单计价规范》;初步设计、扩大初步设计、施工图设计图纸和资料;工程变更及施工现场签证;概算指标、概算定额、预算定额;人工单价;材料预算单价机械台班单价;工程造价信息;间接费定额;设备价格、运杂费率等;包含在工程造价内的税种、税率;利率和汇率;其他计价依据。

6.3 园林工程定额计价

从广义上讲，定，规定；额，额度或限度。定额就是规定的额度或限度，即标准或尺度(技术计量)。在建筑工程中，它是指在正常的(施工)生产条件下，完成单位合格产品所必须消耗的人、材、机及其资金的数量标准。它不仅仅是规定量和价，而且还规定了其工作内容和质量标准。

6.3.1 园林工程定额计价的内容

6.3.1.1 定额的组成

(1)文字组成 由文件、目录、总说明、各章(分部)说明、工程量计算规则、定额项目、工作内容、附录、附注、附表等组成。

(2)数字组成 由定额编号、分部分项工程名称(工程名称)、工程单位、定额基价、人材机费、人工工日及单价、各种材料消耗量及相应的定额取定价、各种机械台班使用量及相应的定额取定价构成。

6.3.1.2 定额的排列

定额的排列顺序一般按建筑结构和施工顺序进行排列成册、章(分部)、节、分节、项目(子目)。一般排列方法有：

(1)按构件类型及形、体划分排列 如混凝土梁、柱。

(2)按构件、材料品种、规格划分排列 如装饰块材。

(3)按构造做法和质量要求划分排列 如装饰抹灰。

(4)按工作高度划分排列 如脚手架。

(5)按操作难易程度划分和排列 如挖沟槽土方。

6.3.2 定额消耗指标及单价的确定

6.3.2.1 人工时间组成、计算方法及分类

1)人工时间组成

人工时间是由必要消耗时间和损失时间组成的。必要消耗时间亦称定额时间或规范时间，计入定额消耗量。必要消耗时间包括有效工作时间、休息时间(与劳动条件有关)、不可避免的中断时间(与施工工艺特点有关)。其中有效工作时间包括准备与结束的工作时间(与量无关、与内容有关)、基本工作时间(与量成正比)、辅助工作时间(与量有关)。

损失时间又称为非定额时间，与施工工艺特点

无关。包括多余(不计)和偶然时间(适当考虑)、停工时间 、违背劳动纪律损失时间。其中停工时间又包括施工本身造成的停工时间和非施工本身造成的停工时间。

多余工作,就是工人进行了任务以外的工作而又不能增加产品数量的工作,如重砌质量不合格的墙体。因此,多余工作时间不能计入定额时间内。

偶然工作也是工人在任务以外进行的工作,但能够获得一定的产品,如抹灰工人不得不补上偶然遗漏的墙洞。因此,拟定定额时要适当考虑它的影响。

利用工时规范计算时间定额用下列公式:

工序作业时间＝基本工作时间×(1＋辅助时间％)

【例 6.1】现假设测定制作门框料,规格 0.06×0.12×2.5,每根立边的基本时间为 6 min,规范中磨刀时间为 12.3％,则其工序时间为多少?

工序作业时间:6×(1＋0.123)＝6.74(min)。

定额时间＝作业时间/(1－规范时间％)

＝基本工作时间＋辅助工作时间＋准备与结束工作时间＋不可避免中断时间＋休息时间

【例 6.2】根据[例 6.1]假设,工时规范中门框料的准备与结束时间、休息时间各占工作日 8 h 的 2.95％,8.33％,则其定额时间为多少?

定额时间:6.74/[1－(2.95％＋8.33％)]＝7.57(min)

2)人工消耗指标中的用工分类

(1)基本用工(主要用工);

(2)辅助用工:指基本用工以外的材料加工所用的工时;

(3)超运距用工＝(预算定额的运距－劳动定额的运距)×时间定额;

(4)人工幅度差＝(0.1～0.15)×(基本用工＋辅助用工＋超运距用工)。主要是指预算定额与劳动定额由于定额水平不同而引起的水平差。还指在劳动定额中没有包括,而在施工中又不可避免的而且无法计量的零星用工。如工序之间搭接交叉作业、机械的移位、临时水电线路的维修等发生的零星用工。

有两种计算方法,一种是以施工定额的劳动定额为基础确定[人工消耗量＝(1)＋(2)＋(3)＋(4)],另一种采用计时观察法测定。

注:(2)＋(3)＋(4)亦称为其他用工。

3)定额日工资标准(人工单价)的确定

(1)基本工资　是指发放的基本工资。含岗位工资、技能工资、工龄工资。

(2)工资性津贴　是指按规定发放的各种补贴、津贴。

(3)辅助工资　是指正常工作时间以外的工资。如学习、调动、探亲、休假、病、丧、婚、产假及其他时间的工资。

(4)工资附加费(福利费)。

(5)劳动保护费。

人工月工资＝(1)＋(2)＋(3)＋(4)＋(5)。

预算定额以平均工资等级计算,并以日工资反应。

某工资等级系数 B＝A＋(C－A)×天数。

某级工月工资标准＝一级工月工资标准×某级工月工资标准×某级工等级系数。

人工单价＝平均工资等级的月工资标准÷月有效工作天数(20.5 天)。

月有效工作天数＝(年日历天数－法定假日－法定节日－非生产工日)÷12 个月 ＝[365－104－10－非生产工日(注:各地不同)]÷12 个月 ≈20.5(天)。

6.3.2.2　材料消耗指标的确定

1)材料的测定确定方法

(1)现场(技术)观测法　主要是编制材料损耗定额。也可以提供材料净用量定额的参考数据。

(2)实验室试验观测法　主要是编制材料净用量定额。

(3)(现场)统计分析法　是通过对现场进料、用料的大量统计资料进行分析计算,获得材料消耗的数据。这种方法由于不能分清材料消耗的性质,因而不能作为确定材料净用量定额和材料损耗定额的依据。

(4)理论计算法　是运用一定的数学公式计算材料消耗定额。

(5)换算法　通过相近材料的配合比用量,根据要求条件换算,得出材料用量。

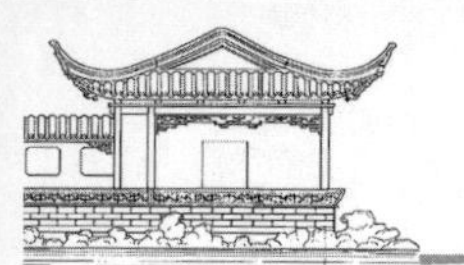

2)主要材料消耗指标的计算

主要材料消耗量=材料净用量+损耗量=净用量×(1+损耗率)

材料损耗率$=\frac{\text{损耗量}}{\text{净用量}}\times 100\%$

材料损耗量=材料净用量×损耗率

例如:每立方米砌体材料消耗量的计算。

砖的消耗量=砖的净用量×(1+损耗率)

沙浆消耗量=(1-砖净用量×每块砖的体积)×(1+损耗率)(国家规定有一个沙浆实体积折合虚体积的系数1.07)

3)周转性材料消耗定额的确定方法

对于周转性材料定额需要的是其摊销量。一般情况下要确定:周转材料一次使用量、材料的周转次数;

材料周转使用量=一次使用量/周转次数+损耗量
=一次使用量+[一次使用量×(周转次数-1)×损耗率]/周转次数
=一次使用量×[1+(周转次数-1)×损耗率/周转次数]
=一次使用量×K_1

材料回收量=一次使用量×(1-损耗率)/周转次数

周转材料摊销量=周转使用量-回收量
=一次使用量×K_1-一次使用量×(1-耗损率)/周转次数
=一次使用量×(K_1-1-损耗率/周转次数)
=一次使用量×K_2

注:K_1、K_2是与周转次数、一次使用量、周转式样量、回收量有关的参数。

4)材料预算价格

材料预算价格指材料由其来源地或交货地到达工地仓库存放后的出库价格。

材料预算价格=材料原价(供应价)+供销部门手续费+运输费(外埠运输费、本埠运输费)+运输损耗费+采购费+保管费-包装回收价值+材料检验试验费
=(供应价+包装费+运输费+运输损耗费)×(1+采购保管费率)-包装回收价值+材料检验试验费

材料原价是指材料的出厂价、交货地价格、市场批发价、国营商业部门的批发牌价,以及进口材料的调拨价。

供销部门手续费=材料原价×供销部门手续费费率

手续费费率:金属材料为2.5%,机电材料为1.8%,化工材料为2%,木材为3%,轻工产品为3%,建筑材料为3%。

采购保管费=(原价+供销部门手续费+包装费+运杂费)×采购保管费率

采购保管费率各地规定不同,大致为2.5%(其中采购费为1%,保管费为1.5%)。

(1)材料原价的确定　当某种材料由不同地点供应,其供应能力、数量、价格不同时,可以采取加权平均值计算法计算。

【例6.3】某材料分别由三个地方供货,其供货数量及其价格分别为,甲:150 t,200 元/t;乙:180 t,210 元/t;丙:190 t,180 元/t。则其材料原价为:

$$\frac{150\times200+180\times210+190\times180}{150+180+190}=190.38(\text{元/t})$$

(2)材料运输费的确定　当某种材料由不同地点供应,其供应能力、数量、运输价格不同时,可以采取加权平均值计算法计算。

【例6.4】某材料分别由三个地方供货,其供货数量及其运输价格分别为,甲:150 t,20 元/t;乙:180 t,21 元/t;丙:190 t,18 元/t。则其材料运输费为:

$$\frac{150\times20+180\times21+190\times18}{150+180+190}=19.62(\text{元/t})$$

【例6.5】某材料分别由三个地方供货,其供货数量及其运输距离分别为,甲:150 t,20 km;乙:180 t,21 km;丙:190 t,18 km。已知该材料运输部门规定运输单价为1.00 元/(t·km)则其材料运输费为:

$$\frac{150\times20+180\times21+190\times18}{150+180+190}\times1.00=19.62(\text{元/t})$$

(3)材料费的组成

材料费= 各种材料的消耗量×相应的材料定额取定

6.3.2.3　机械台班消耗指标的确定

1)机械工作时间的组成

机械工作时间包括必要消耗时间和损失时间。其中必要消耗时间包括有效工作时间、不可避免的无负荷工作时间、不可避免中断时间。损失时间包括多余工作时间、停工时间、违背劳动纪律时间

2)机械台班消耗量的确定

施工机械台班产量定额=机械1 h纯工作正常生产率×工作班纯工作时间

或施工机械台班产量定额=机械1 h纯工作正常生产率×工作班延续时间×机械正常利用系数

【例6.6】某挖掘机斗容量为0.5 m^3,充盈系数为1.0,每循环1次时间为2 min,机械利用系数为0.85。

则:每小时正常循环次数为:60÷2=30(次/h)

纯工作1 h正常生产率为:30 次×0.5 m^3/次×1.0=15 (m^3/h)

挖掘机台班产量=15×8×0.85=102 (m^3/台班)

【例6.7】5 t汽车每一次装运卸土往返需24 min,机械利用系数为0.80。已知1 t土方=1.65 (m^3)

则:汽车每小时正常循环次数为:60÷24=2.5(次/h)

纯工作1 h正常生产率为:2.5×5÷1.65=7.58 (m^3/h)

5 t汽车台班产量=7.58×0.8×8=48.51 (m^3/台班)。

3)机械台班使用费的确定(台班单价)

(1)分类　大型机械(进出场费及场外运输费、安装拆卸费另行计算)和中小型机械。

(2)使用费的组成　第一类费用(不可变费):折旧费、大修理费、经常修理费、润滑材料及擦拭材料费、装拆费及进出场费、替换设备工具及用具费、保管费。第二类费用(可变费用):操作人员的工资、燃料动力费、养路费及牌照费。

6.3.3　园林工程定额计价的程序

6.3.3.1　园林工程定额计价步骤

(1)收取相关资料;

(2)熟悉图纸,踏勘或了解施工现场的情况;

(3)根据资料、图纸计算工程量;

(4)整理汇总工程量并校对;

(5)套预算定额,计算确定"定额直接费"及工料机的用量;

(6)汇总定额直接费及工料机的用量;

(7)计算其他直接费、工料机的价差、间接费、

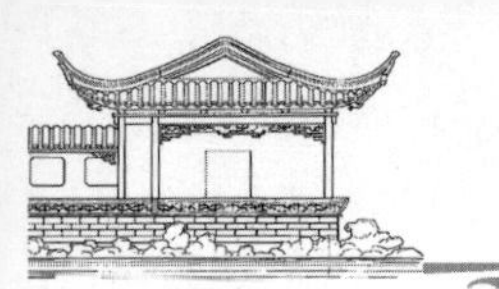

利润、税金；

(8)编写编制说明、校对、填写封面、签字、盖章及装订成册。

编制说明内容的组成：①工程概况。反映建设规模、工程特征、计划工期、施工现场及变化情况、自然地理条件、环境保护要求等。②工程招标和分包范围。③工程量清单编制依据。④工程质量、材料、施工等的特殊要求。⑤其他需要说明的问题。包括处理办法、预算无法处理算出的内容。

填写封面的内容组成：工程名称、建设面积、工程造价、单位造价、建设单位、编制单位、编制人、复核人、编制日期、复核日期。

6.3.3.2 园林工程定额计价方法

(1)单价法编制一般土建工程施工图预算的步骤 ①熟悉施工图纸及施工组织设计方案，踏勘现场；②根据施工图纸计算分项工程量；③汇总分部分项工程量；④套预算定额单价计算定额直接费和人、材、机的用量并汇总；⑤计算直接费用和工料机的价差；⑥计算其他各项费用(间接费、利润、税金)汇总工程造价；⑦校核；⑧编制说明填写封面并装订成册。

(2)实物法编制一般土建工程施工图预算的步骤 ①熟悉施工图纸及施工组织设计方案，踏勘现场；②根据施工图纸计算分项工程量；③汇总分部分项工程量；④套预算定额，计算人、材、机消耗量并分别进行汇总；⑤将分别汇总的人、材、机消耗量分别乘以预算编制时期的人、材、机单价即得直接费用；⑥计算其他各项费用(间接费、利润、税金)，汇总工程造价；⑦校核；⑧编制说明，填写封面，并装订成册。

6.4 园林工程的清单计价

6.4.1 园林工程清单计价的内容

《建设工程工程量清单计价规范》(GB 50500—2003)(以下简称《清单计价规范》)，自 2003 年 7 月 1 日起实施。《清单计价规范》是根据我国《中华人民共和国建筑法》《中华人民共和国合同法》《中华人民共和国招标投标法》等法律，以及最高人民法院《关于审理建设工程施工合同纠纷案件适用法律问题的解释》(法释〔2004〕14 号)，按照我国工程造价管理改革的总体目标，本着国家宏观调控、市场竞争形成价格的原则制定的。《清单计价规范》2008 版总结了 2003 版规范实施以来的经验，针对执行中存在的问题，特别是清理拖欠工程款中普遍反映的，在工程实施阶段中有关工程价款调整、支付、结算等方面缺乏依据的问题，主要修订了 2003 版规范正文中不尽合理、可操作性不强的条款及表格格式，特别增加了如何采用工程量清单计价编制工程量清单和招标控制价、投标报价、合同价款约定以及工程计量与价款支付，工程价款调整、索赔，竣工结算，工程计价争议处理等内容，并增加了条文说明。2013 版在 2008 版的基础上，对体系作了较大调整，形成了 1 个清单计价规范，9 个工程量计算规范的格局，具体内容是：

(1)《建设工程工程量清单计价规范》(GB 50500—2013)。

(2)《房屋建筑与装饰工程工程量计算规范》(GB 50854—2013)。

(3)《仿古建筑工程工程量计算规范》(GB 50855—2013)。

(4)《通用安装工程工程量计算规范》(GB 50856—2013)。

(5)《市政工程工程量计算规范》(GB 50857—2013)。

(6)《园林绿化工程工程量计算规范》(GB 50858—2013)。

(7)《矿山工程工程量计算规范》(GB 50859—2013)。

(8)《构筑物工程工程量计算规范》(GB 50860—2013)。

(9)《城市轨道交通工程工程量计算规范》(GB 50861—2013)。

(10)《爆破工程工程量计算规范》(GB 50862—2013)。

《清单计价规范》是统一工程量清单编制、规范工程量清单计价的国家标准，是调节建设工程招标投标中使用清单计价的招标人、投标人双方利益的规范性文件，是我国在招标投标中实行工程量清单计价的基础，是参与招标投标各方进行工程量清单计价应遵守的准则，是各级建设行政主管部门对工程造价计价活动进行监督管理的重要依据。

《清单计价规范》的内容包括：总则、术语、一般规定、工程量清单编制、招标控制价、投标报价、合同价款约定、工程计量、合同价款调整、合同价款中期支付、竣工结算与支付、合同解除的价款结算与支付、合同价款争议的解决、工程造价鉴定、工程计价资料与档案、工程计价表格及 11 个附录。

根据《清单计价规范》规定，工程量清单计价表格应包括以下内容：用于招标控制价的封面，用于招标控制价的扉页，用于投标总价的封面，用于投标总价的扉页，编制总说明，建设项目总价汇总表，单项工程费用汇总表，单位工程费用汇总表分部分项工程/单价措施项目清单与计价表，综合单价分析表。

6.4.2　园林工程的清单计价费用组成

园林工程的清单计价费用组成见表 6-1。

表 6-1　工程量清单计价的费用组成

<table>
<tr><th colspan="2">费用项目</th><th>费用组成内容</th></tr>
<tr><td rowspan="3">分部分项
工程费</td><td>直接工程费</td><td>定额人工费、材料费、定额机械费</td></tr>
<tr><td>管理费</td><td>管理人员工资、办公费、差旅交通费、固定资产使用费、工具用具使用费、劳动保险和职工福利费、劳动保护费、检验试验费、工会经费、职工教育经费、财产保险费、财务费、税金、其他</td></tr>
<tr><td>利润</td><td>施工企业完成所承包工程获得的盈利</td></tr>
<tr><td rowspan="5">措施
项目费</td><td>人工费</td><td rowspan="5">1)总价措施费：安全文明施工费(含环境保护费、文明施工费、安全施工费、临时设施费)，夜间施工增加费，二次搬运费，已完工程及设备保护费，特殊地区施工增加费，其他措施费(含冬雨季施工增加费、生产工具用具使用费、工程定位复测、工程点交、场地清理费)
2)单价措施费：脚手架费、混凝土模板及支架费、垂直运输费、树木支撑架、草绳围树干、搭设遮阳棚、围堰排水、绿化工程保存养护、超高施工增加费、大型机械设备进退场和安拆、施工排降水等</td></tr>
<tr><td>材料费</td></tr>
<tr><td>机械费</td></tr>
<tr><td>管理费</td></tr>
<tr><td>利润</td></tr>
<tr><td colspan="2">其他项目费</td><td>暂列金额，暂估价，计日工，总承包服务费，其他(含人工费调差、机械费调差、风险费、停工、窝工损失费、发承包双方协商认定的有关费用)</td></tr>
<tr><td colspan="2">规　费</td><td>社会保障费(含养老保险费、事业保险费、医疗保险费、生育保险费、工伤保险费)，住房公积金，残疾人保障金，危险作业意外伤害保险，工程排污费</td></tr>
<tr><td colspan="2">税　金</td><td>营业税、城市建设维护税、教育费附加、地方教育附加</td></tr>
</table>

6.4.3 园林工程清单计价的程序

(1)准备阶段　①熟悉施工图和招标文件；②参加图样会审、踏勘施工现场；③熟悉施工组织设计或施工方案；④确定计价依据。

(2)编制试算阶段　①针对招标工程量清单，依据《企业定额》，或者参照建设主管部门发布的《消耗量定额》《工程造价计价规则》、价格信息，计算招标工程量清单的综合单价，从而计算出分部分项工程费；②参照建设主管部门发布的《措施费计价办法》《工程造价计价规则》，计算措施项目费、其他项目费；③参照建设主管部门发布的《工程造价计价规则》计算规费及税金；④按照规定的程序计算单位工程造价、单项工程造价、工程项目总价；⑤做主要材料分析；⑥填写编制说明和封面。

(3)复算收尾阶段　①复核；②装订成册，签名盖章。

(4)工程量清单计价文件组成　①封面及投标总价；②总说明；③建设项目汇总表；④单项工程汇总表；⑤单位工程费用汇总表；⑥分部分项工程/单价措施项目清单与计价表；⑦综合单价分析表；⑧综合单价材料明细表；⑨总价措施项目清单与计价表；⑩其他项目清单与计价汇总表；⑪暂列金额明细表；⑫材料(工程设备)暂估单价及调整表；⑬专业工程暂估价表及结算价表；⑭计日工表；⑮总承包服务费计价表；⑯发包人提供材料和工程设备一览表；⑰规费、税金项目计价表。

6.4.4 各项费用的计算

6.4.4.1 分部分项工程费的计算

分部分项工程费的计算公式为：

$$分部分项工程费=\sum(分部分项工程量清单\times 综合单价)$$

分部分项清单工程量应根据各专业工程量计算规范中的“工程量计算规则”和施工图、各类标配图计算。

综合单价，是指完成一个规定清单项目所需的人工费、材料费(含工程设备)、机械使用费、管理费和利润的单价。综合单价计算公式为：

$$综合单价=\frac{清单单项目费用(含材、机、管、利)}{清单工程量}$$

1)人工费、材料费、机械使用费的计算(表6-2)。

表6-2　人工费、材料费、机械使用费的计算

费用名称	计算方法
人工费	分部分项工程量×人工消耗量×人工工资单价 或　分部分项工程量×定额人工费
材料费	分部分项工程量×$\sum$(材料消耗量×材料单价)
机械使用费	分部分项工程量×$\sum$(机械台班消耗量×机械台班单价)

2)管理费的计算表达式为

$$管理费=(定额人工费+定额机械费\times 8\%)\times 管理费费率$$

定额人工费是指在“消耗量定额”中规定的人工费，是人工消耗量乘以当地某一时期的人工工资单价得到的，它是管理费、利润、社保费及住房公积金的计费基础。当出现人工工资单价调整时，价差部分可计入其他项目费。

定额机械费也是指在“消耗量定额”中规定的机械费，是机械台班消耗量乘以当地某一时期的人工工资单价、燃料动力单价得到的。它是管理费、利润的计费基础。当出现机械中的人工工资单价、燃料动力单价调整时，价差部分可计入其他项目费。

管理费费率见表6-3。

3)利润的计算

利润的计算表达式为：

$$利润=(定额人工费+定额机械费\times 8\%)\times 利润率$$

利润率见表6-4。

表6-3 管理费费率 %

项目	屋建筑与装饰工程	通用安装工程	市政工程	园林绿化工程	房屋修缮及仿古建筑工程	城市轨道交通工程	独立土石方工程
费率	33	30	28	28	23	28	25

表6-4 利润率 %

项目	屋建筑与装饰工程	通用安装工程	市政工程	园林绿化工程	房屋修缮及仿古建筑工程	城市轨道交通工程	独立土石方工程
利润	20	20	15	15	15	18	15

6.4.4.2 措施项目费的计算

《清单计价规范》2013版将措施项目划分为以下两类。

(1)总价措施项目　是指不能计算工程量的项目。其费用如安全文明施工费、夜间施工增加费、其他措施项目费等,应当按照施工方案或施工组织设计,参照有关规定以“项”为单位进行综合计价,计算方法见表6-5。

(2)单价措施项目　是指可以计算工程量的项目,如混凝土模板、脚手架、垂直运输、超高施工增加、大型机械设备进退场和安拆、施工排降水等,其费用可按计算综合单价的方法计算,计算公式为

$$\text{单价措施项目费}=\sum(\text{单价措施项目清单工程量}\times\text{综合单价})$$

$$\text{综合单价}=\frac{\text{清单单项目费用(含材、机、管、利)}}{\text{清单工程量}}$$

表6-5 总价措施项目费计算参考费率

项目名称或适用条件		计算方法
房屋建筑与装饰工程	环境保护费、安全施工费、文明施工费三项	分部分项费用中(定额人工费+定额机械费×8%)×10.17%
	临时设施费	分部分项费用中(定额人工费+定额机械费×8%)×5.48%
	安全文明施工费用	分部分项费用中(定额人工费+定额机械费×8%)×15.65%
独立土石方工程	环境保护费、安全施工费、文明施工费三项	分部分项费用中(定额人工费+定额机械费×8%)×1.6%
	临时设施费	分部分项费用中(定额人工费+定额机械费×8%)×0.4%
	安全文明施工费用	分部分项费用中(定额人工费+定额机械费×8%)×2.0%
其他措施费	冬雨季施工增加费、生产工具用具使用费、工程定位复测、工程点交、场地清理费	分部分项费用中(定额人工费+定额机械费×8%)×5.95%
特殊地区施工增加费	2 500 m<海拔≤3 000 m地区	分部分项费用中(定额人工费+定额机械费×8%)×8%
	3 000 m<海拔≤3 500 m地区	分部分项费用中(定额人工费+定额机械费×8%)×15%
	海拔>3 500 m地区	分部分项费用中(定额人工费+定额机械费×8%)×20%

其中

$$人工费=措施项目定额工程量\times定额人工费$$

$$材料费=措施项目定额工程量\times\sum(材料消耗量\times材料单价)$$

$$机械费=措施项目定额工程量\times\sum(机械台班消耗量\times机械台班单价)$$

$$管理费=(定额人工费+定额机械费\times8\%)\times管理费费率$$

$$利润=(定额人工费+定额机械费\times8\%)\times利润率$$

管理费费率见表6-3,利润率见表6-4。其中,大型机械设备进退场和安拆费不计算管理费、利润。

6.4.4.3 其他项目费的计算

(1)暂列金额　暂列金额可由招标人按工程造价的一定比例估算,投标人按招标工程量清单中所列的金额计入报价中。工程实施中,暂列金额由发包人掌握使用,余额归发包人所有,差额由发包人支付。

(2)暂估价　暂估价中的材料、工程设备暂估单价应按招标工程量清单中列出的单价计入综合单价;暂估价中的专业工程暂估价应按招标工程量清单中列出的金额直接计入投标报价的其他项目费中。

(3)计日工　计日工应按招标工程量清单中列出的项目根据工程特点和有关计价依据确定综合单价,其管理费和利润按其专业工程费率计算。

(4)总承包服务费　总承包服务费应根据合同约定的总承包服务的内容和范围,参照下列标准计算:①发包人仅要求对其分包的专业工程进行总承包现场管理和协调时,按分包的专业工程造价的1.5%计算。②发包人要求对其分包的专业工程进行总承包管理和协调并同时要求提供配合服务时,根据配合服务的内容和提出的要求,按分包的专业工程造价的3%~5%计算。③发包人供应材料(设备除外)时,按供应材料价值的1%计算。

(5)其他　①人工费调差按当地省级建设主管部门发布的人工费调差计算。②机械费调差按当地省级建设主管部门发布的机械费调差文件计算。③风险费依据招标文件计算。④因涉及变更或由于建设单位的责任造成的停工、窝工损失,可参照下列办法计算费用:现场施工机械停滞费按定额机械台班单价的40%计算,施工机械停滞费不再计算除税金以外的费用。生产工人停工、窝工工资按38元/工日计算,管理费按停工、窝工工资总额的20%计算,停工、窝工工资不再计算除税金以外的费用。

(6)承、发包双方协商认定的有关费用按实际发生计算。

6.4.4.4 规费的计算

(1)社会保障费、住房公积金及残疾人保证金　其计算公式为:

$$社会保障费、住房公积金及残疾人保证金=定额人工费总和\times26\%$$

式中:定额人工费总和为分部分项工程定额人工费、单价措施项目定额人工费与其他项目定额人工费的总和。

(2)危险作业意外伤害险　其计算公式为:

$$危险作业意外伤害险=定额人工费\times1\%$$

未参加建筑职工意外伤害保险的施工企业不得计算此项费用。

(3)工程排污费　按工程所在地有关部门的规定计算。

6.4.4.5 税金的计算

税金的计算公式为:

$$税金=(分部分项工程费+措施项目费+其他项目费+规费-按规定不计税的工程设备费)\times综合税率$$

综合税率的取定见表6-6。

表 6-6 综合税率取定 %

工程所在地	综合税率
市区	3.48
县城、镇	3.41
不在市区、县城、镇	3.28

【例 6.8】市区某园林绿化工程根据招标文件及分部分项工程量清单，当地的《园林绿化消耗量定额》《建设工程造价规则》，人、材、机的单价计算出以下数据：分部分项工程的人工费 171 000 元，材料费 369 200 元，机械费 128 000 元，单价措施项目的人工费 3 000 元，材料费 5 692 元，机械费 2 480 元，招标文件载明暂列金额应计 3 000 元；专业工程暂估价 5 000 元。试根据上述条件计算完成该园林绿化工程的全部费用并确定招标控制价。

【解】该园林绿化功臣的全部费用及招标控制价计算过程见表 6-7、表 6-8。

表 6-7 单位工程费汇总

序号	汇总内容	金额/元	计算方法
1	分部分项工程费	678 485.6	＜1.1＞+＜1.2＞+＜1.3＞+＜1.4＞
1.1	人工费	171 000	题给
1.2	材料费	369 200	题给
1.3	机械费	128 000	题给
1.4	管理费和利润	10 285.6	(＜1.1＞+＜1.3＞×8%)×(28%+15%)
2	措施项目费	15 898.6	＜2.1＞+＜2.2＞
2.1	单价措施项目费	11 471.0	＜2.1.1＞+＜2.1.2＞+＜2.1.3＞+＜2.1.4＞
2.1.1	人工费	3 000	题给
2.1.2	材料费	5 692	题给
2.1.3	机械费	2 480	题给
2.1.4	管理费和利润	299.0	(＜2.1.1＞+＜2.1.2＞×8%)×28%+15%)
2.2	总价措施项目费	4 427.59	＜2.2.1＞+＜2.2.2＞
2.2.1	安全文明施工费	3 004.35	(＜1.1＞+＜1.3＞×8%)×12.56%
2.2.2	其他总价措施项目费	1 423.24	(＜1.1＞+＜1.3＞×8%)×5.95%
3	其他项目费	8 000.00	＜3.1＞+＜3.2＞+＜3.3＞+＜3.4＞
3.1	暂列金额	3 000.00	题给
3.2	专业工程暂估价	5 000.00	题给
3.3	计日工	0.00	
3.4	总承包服务费	0.00	
3.5	其他	0.00	
4	规费	46 980	见规费项目计价表
5	税金	26 077.87	见税金项目计价表
招标控制价/投标报价合计=1+2+3+4+5		775 442.07	

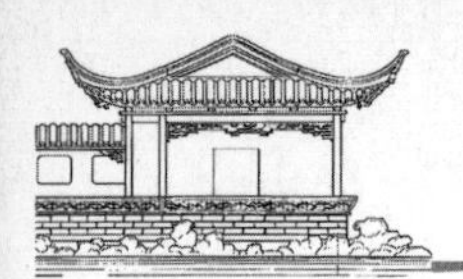

表 6-8　规费、税金项目计价

序号	项目名称	计算基础	计算费率/%	金额/元
1	规费			46 980
1.1	社会保障费、住房公积金、残疾人保证金	分部分项工程定额人工费＋单价措施项目定额人工费	26	45 240
1.2	危险作业意外伤害保险	分部分项工程定额人工费＋单价措施项目定额人工费	1	1 740
1.3	工程排污			0
2	税金	分部分项工程定额人工费＋措施项目费＋其他项目费＋规费	3.48	26 077.87
合计 1＋2＝				73 057.87

思考题

1. 分部分项工程费由哪些费用构成？
2. 措施项目费由哪些费用构成？
3. 规费由哪些费用构成？
4. 综合单价的含义是什么？如何计算？
5. 什么是清单计价方法？

第7章 决策和设计阶段工程造价的确定与控制

工程建设全过程造价管理可分为决策、设计、发承包和施工四个阶段。本章着重从建设工程前期决策阶段和设计阶段阐述工程造价管理的内容和方法。

7.1 建设项目决策阶段造价管理概述

7.1.1 建设项目投资决策概念

建设项目投资决策是选择和决定投资行动方案的过程，是指为使建设资金合理使用，提高投资效益，在一定约束条件下，对拟建项目的必要性和可行性进行技术经济论证，对不同建设方案进行技术经济分析、比较并做出判断和决定的过程。

建设项目投资决策是投资行动的前提和准则。正确的项目投资行动来源于正确的项目投资决策。决策正确与否，直接关系到项目建设的成败，关系到工程造价的高低及投资效果的好坏。正确决策是合理确定与控制工程造价的前提。因此，加强建设工程项目决策阶段的工程造价管理具有十分重要的意义。

7.1.2 建设项目决策与工程造价关系

(1)建设项目决策的正确性是工程造价管理的重点　建设项目决策的正确，意味着对项目建设做出科学的决断，优选出最佳投资行动方案，达到资源的合理配置。这样才能合理地估计和计算造价，在实施最优投资方案过程中，有效地控制工程造价。

(2)建设项目决策的内容是决定工程造价的基础　建设项目决策阶段的各项技术经济决策，对该项目的工程造价有重大的影响。特别是建设标准的确定、建设地点的选择、工艺的评选、设备的选用等所有决策内容都直接关系到工程造价的高低。

(3)建设项目投资额的多少影响项目最终决策　决策阶段投资额的多少是进行投资方案选择的重要依据之一，如果某投资方案技术先进，但投资额太高，投资者没有能力解决经济上的问题，便只能放弃该项目。同时，在建设项目可行性研究报告审批阶段，也是根据项目投资额的大小，作为不同的主管部门审批的参考依据。

(4)建设项目的深度影响投资估算的精确度　投资决策过程可划分为若干个阶段，各阶段决策的深度不同，投资估算的精确度也不同。如投资机会研究及项目建议书阶段是初步决策的阶段，投资估算误差率在 ±30% 左右；初步可行性研究阶段，投资估算误差率在±20%左右；详细可行性研究阶段是最终决策阶段，投资估算误差率在±10%以内。

另外，由于在建设项目各阶段中，即决策阶段、初步设计、技术设计阶段、施工图设计阶段、工程招投标及发承包阶段、施工阶段、竣工验收，相应的造价表现为投资估算、总概算、施工图预算、承包合同价、工程结算、竣工结算及决算。这些造价形式之间存在着前者控制后者、后者补充前者的相互关系。

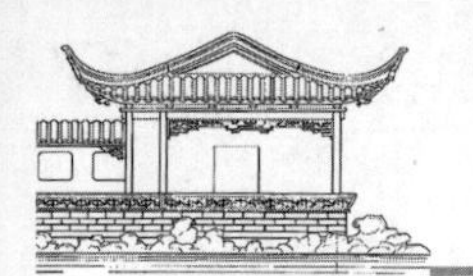

7.1.3 建设项目决策阶段工程造价管理主要工作内容

1)项目合理规模的确定

建设项目合理规模的确定,就是要合理选择拟建项目的生产规模,解决"生产多少"的问题。生产规模过小,资源得不到有效配置,单位产品成本较高,经济效益低下;而生产规模过大,超过了项目产品市场的需求量,则会导致开工不足、产品积压或降价销售,也会导致项目经济效益低下。因此,建设项目规模的合理选择关系着项目的成败,决定着工程造价的合理性,以及项目建设的可行性。

2)建设标准的制定

建设标准是指包括建设规模、占地面积、工艺装备、建筑标准、配套工程、劳动定员等方面的标准或指标。建设标准是衡量工程造价是否合理及监督检查项目建设的客观尺度,它能否起到控制工程造价、指导建设的作用,关键在于标准水平定得是否合理。建设标准目前应坚持适用、经济、安全、美观的原则。对于少数有特殊要求的项目以及高新技术项目,标准可适当提高。

3)建设地区及建设地点的选择

建设地区选择得合理与否,在很大程度上决定着拟建项目工程造价的高低、建设工期的长短、建设质量的好坏,和项目建成后的经营状况。因此,建设地区的选择要充分考虑各种因素的制约作用。

建设地点的选择不仅涉及项目建设条件、产品生产要素,生态环境和未来产品销售等重要问题,还受到社会、政治、经济、国防等多因素的制约。另外,还直接影响到项目建设投资、建设速度和施工条件,影响未来企业的经营管理及所在地点的城乡建设规划与发展。

4)工程技术方案的确定

建设项目工程技术方案的确定主要包括生产工艺方案的确定和主要设备的选用。

(1)生产工艺方案的确定　生产工艺是指生产产品所采用的工艺流程和制作方法。工艺流程是指原料或半成品经过有次序的生产加工,成为产品或加工品的过程。评价及确定拟采用的工艺是否可行,主要有先进适用和经济合理两项标准。

(2)设备的选用　设备的选用应满足工艺要求,尽可能选用低耗能、高效率的设备,维修方便、适用性和灵活性强的设备,尽可能选用标准设备,以便配套和更新零部件。

5)投资估算

建设项目投资估算包括项目投资总额、资金筹措和投资使用计划,准确、全面地估算建设项目的工程造价,是项目投资决策阶段造价管理的重要任务。

6)项目的经济评价

建设项目经济评价是项目可行性研究的有机组成部分和重要内容,实行项目决策科学化的重要措施。

7.2 建设项目可行性研究

7.2.1 建设项目可行性研究概念

建设项目可行性研究是指对某建设项目在做出是否投资的决策之前,应先对与该项目有关的技术、经济、社会、环境等所有方面进行调查研究,对项目各种可能的拟建方案认真地进行技术经济分析论证,研究项目在技术上的适用性,在经济上的合理、有利、合算性和建设上的可能性,对项目建成投产后的经济效益、社会效益、环境效益等进行科学的预测和评价,据此提出该项目是否应该投资建设以及选定最佳投资建设方案等结论性意见,为项目投资决策部门提供进行决策的依据。

可行性研究广泛应用于新建、改建和扩建项目。在建设项目投资决策之前,通过做好可行性研究,使项目的投资决策工作建立在科学性和可靠性的基础之上,从而实现项目投资决策科学化,避免决策的失误,提高项目投资的经济效益。

7.2.2　建设项目可行性研究作用

建设项目可行性研究的主要作用是作为项目投资决策的科学依据，防止和减少决策失误造成的浪费，提高投资效益。具体可表现为以下几个方面：①作为建设项目投资决策的依据，②作为编制设计文件的依据，③作为向银行贷款的依据，④作为建设单位与有关协作单位签订合同或协议的依据，⑤作为环保部门、当地政府部门或规划部门审批项目的依据，⑥作为施工组织、工程进度安排及竣工验收的依据，⑦补充地形、地质勘查和补充工业试验的依据，⑧作为项目后评估的依据。

7.2.3　建设项目可行性研究阶段划分

对于投资额较大、建设周期较长、内外协作配套关系较多的建设，可行性研究的工作期限较长。为了节省投资，减少资源浪费，避免对早期就应淘汰的项目做无效研究，一般将可行性研究分为机会研究、初步可行性研究、详细可行性研究和项目评估决策四个阶段。机会研究证明效果不佳的项目，就不再进行初步可行性研究；同样，如果初步可行性研究结论为不可行，则不必再进行详细可行性研究。

1)机会研究

机会研究的主要任务是提出建设项目投资方向建议，即在确定的地区和部门内，以自然资源为基础，根据市场需求、国家产业政策和国际贸易等情况，通过调查、预测和分析研究，选择建设项目，寻找投资的有利机会。机会研究阶段主要解决两个方面的问题：一是社会是否需要；二是有没有可以开展项目的基本条件。

机会研究阶段的研究比较粗略，主要依靠笼统的估计而不是详细的分析，因而精确度比较差。一般对投资的估算精确误差为±30%，所需费用占投资总额的0.2%～1.0%。

2)初步可行性研究

对于投资规模大、技术工艺比较复杂的大中型骨干项目，需要先进行初步可行性研究，以便对项目设想进行初步的估计，初步可行性研究也称为预可行性研究。经过投资机会研究认为可行的建设项目，在进行详细可行性研究之前，通常需要进行初步可行性研究，进一步判断这个项目是否有较高的经济效益。经过初步可行性研究，认为该项目具有一定的可行性，便可转入详细可行性研究阶段。否则，就终止该项目的前期研究工作。

初步可行性研究阶段主要解决两个问题：一是投资机会是否有希望；二是有哪些关键性问题需要做辅助研究，如市场考察、厂址选择、生产规模研究、设备选择方案等。

这一阶段对建设投资和生产成本的估算精度一般要求控制在±20%，研究时间为4～6个月，所需费用占投资总额的0.25%～1.25%。

3)详细可行性研究

详细可行性研究又称技术经济可行性研究，是可行性研究的主要阶段，是建设项目投资决策的基础。详细可行性研究必须为项目提供政治、经济、社会等各方面的详尽情况，计算和分析项目在技术上、财务上、经济上的可行性，是做出投资与否决策的关键步骤。该阶段主要解决有关产品的生产技术问题、原料和投入的技术问题、投资费用和生产成本的估算问题、投资收益问题、贷款偿还能力问题。

详细可行性研究阶段的内容比较详尽，所花费的时间和精力都比较大，而且本阶段还为下一步工程设计提供基础资料和决策依据。因此，在此阶段，建设投资和生产成本计算精度控制在±10%以内；大型项目研究工作所花费的时间为8～12个月，所需费用占投资总额的0.2%～1%；中小型项目研究工作所花费的时间为4～6个月，所需费用占投资总额的1%～3%。

4)评估和决策阶段

评估和决策是由投资决策部门组织和授权有关咨询公司或有关专家，代表国家或投资方(主体)对建设项目可行性研究报告进行全面的审核和再

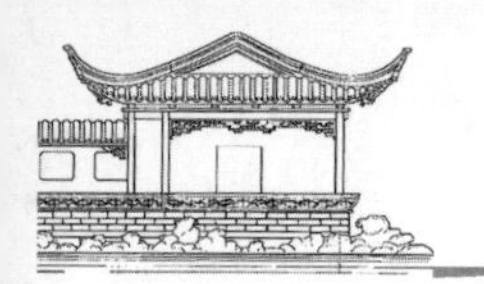

评价。评价和决策阶段的主要任务是对拟建项目的可行性研究报告提出评价意见,最终决策该项目投资是否可行,确定最佳投资方案。

项目评估决策应在可行性研究报告的基础上进行,其内容包括:①全面审核可行性研究报告中所反映的各项情况是否属实;②分析项目可行性研究报告中各项指标计算是否正确,包括各种参数、基础数据、定额费率的选择;③从企业、国家和社会等方面综合分析和判断工程项目的经济效益和社会效益;④分析判断项目可行性研究的可靠性、真实性和客观性,对项目做出最终的投资决策;⑤写出项目评估报告。

7.2.4 建设项目可行性研究基本工作步骤

建设项目可行性研究的基本工作步骤如图 7-1 所示。

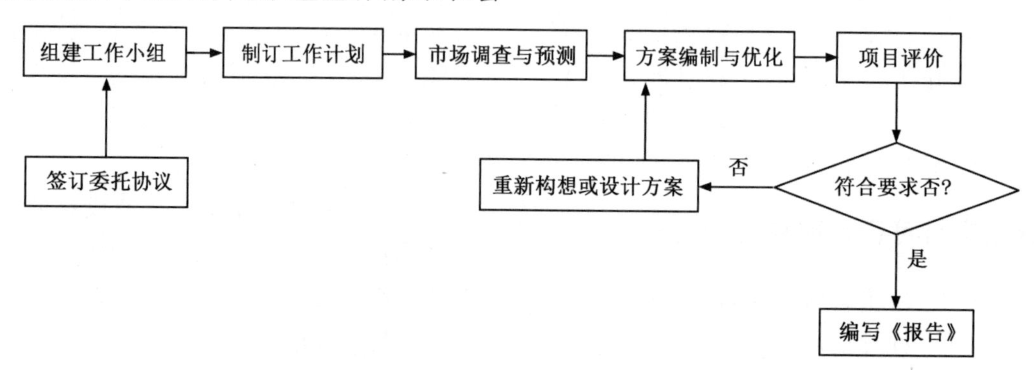

图 7-1 建设项目可行性研究的基本工作步骤

7.2.5 建设项目可行性研究内容

建设项目可行性研究是项目决策阶段最关键的一个环节,是决策部门最终决策的依据。它的任务是对拟建项目在技术上、经济上进行全面的分析与论证,向决策者推荐最优的建设方案。它的内容应能满足作为项目投资决策的基础和重要依据的要求,其基本内容和研究深度应符合国家规定。一般工业建设项目可行性研究应包括以下几个方面的内容:

(1)总论　综述项目概况,包括项目的名称、主办单位、承担可行性研究的单位、项目提出的背景、投资的必要性和经济意义、投资环境、提出项目调查研究的主要依据、工作范围和要求、项目的历史发展概况、项目建议书及有关审批文件、可行性研究的主要结论概要和存在的问题与建议。

(2)产品的市场需求和拟建规模　主要内容包括在国内外市场近期需求状况预测,产品销售预测、价格分析,判断产品的市场竞争能力及进入国际市场的前景,确定拟建项目的规模,对产品方案和发展方向进行技术经济论证比较。

(3)资源、原材料、燃料及公用设施情况　主要内容包括经过国家正式批准的资源储量、品位、成分以及开采、利用条件的评述;所需原料、辅助材料、燃料的种类、数量、质量及其来源和供应的可能性;有毒、有害及危险品的种类、数量和储运条件;材料试验情况;所需动力(水、电、气等)公用设施的数量、供应方式和供应条件;外部协作条件以及签订协议和合同的情况。

(4)建厂条件和厂址选择　建厂条件的选择主要包括拟建厂地区的地理位置、地形、地貌的基本情况,水源、水文地质条件,气象条件,供水、供电、运输、排水、电信、供热等情况,施工条件,市政建设及生活设施,社会经济条件等。厂址选择主要包括厂址多方案比较、厂址推荐方案。

(5)项目设计方案　主要内容包括在选定的建设地点内进行总图和交通运输的设计,进行多方案比较和选择;确定项目的构成范围、主要单项工程

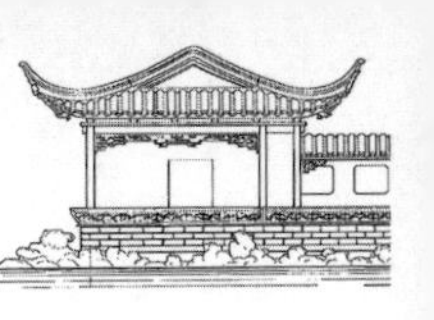

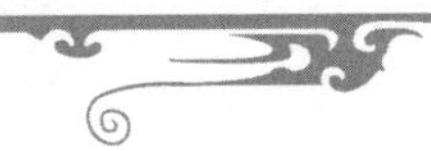

(车间)的组成,厂内外主体工程和公用辅助工程的方案比较论证;采用技术和工艺方案的论证,包括技术来源、工艺路线和生产方法,主要设备选型方案和技术工艺的比较;引进技术,设备的必要性及其来源国别的选择比较;设备的国外分交或与外商合作制造方案设想;必要的工艺流程图等。

(6)环境保护与劳动安全　主要内容包括对项目建设地区的环境状况进行调查,分析拟建项目"三废"(废气、废水、废渣)的种类、成分和数量,并预测其对环境的影响;提出治理方案的选择和回收利用情况,对环境影响进行评价;提出劳动保护、安全生产、城市规划、防震、防洪、防空、文物保护等要求以及采取相应的措施方案。

(7)企业组织、劳动定员和人员培训　主要内容包括全厂生产管理体制、机构的设置、对选择方案的论证;工程技术和管理人员的素质和数量的要求;劳动定员的配备方案;人员的培训规划和费用估算。

(8)项目施工计划和进度要求　根据勘察设计、设备制造、工程施工、安装、试生产所需时间与进度要求,选择项目施工方案和总进度。

(9)投资估算和资金筹措　投资估算包括项目总投资估算,主体工程及辅助、配套工程的估算,以及流动资金的估算;资金筹措应说明资金来源、筹措方式、各种资金来源所占的比例、资金成本及贷款的偿付方式。

(10)项目经济评价　主要内容包括财务评价和国民经济评价,并通过有关指标的计算进行项目盈利能力、偿还能力等分析,得出经济评价结论。

(11)综合评价与结论　运用各项数据,从技术、经济、社会、财务等各方面论述建设项目的可行性,推荐一个以上的可行方案,提供决策参考,指出其中存在的问题,并得出结论性意见和改进的建议。

综上所述,项目可行性研究的基本内容可概括为三大部分:一是产品的市场调查和预测研究,这是可行性研究的先决条件和前提,它决定了项目投资建设的必要性,是项目能否成立的最重要的依据;二是技术方案和建设条件,从资源投入、厂址、技术、设备和生产组织等问题入手,这是可行性研究的技术基础,决定了建设项目在技术上的可行性;三是对经济效果的分析和评价,说明项目在经济上的合理性,是决定项目是否投资的关键。因此,也是项目可行性研究的核心部分。可行性研究就是从以上三大方面对建设项目进行优化研究,并为项目投资决策提供科学依据的。

7.2.6 建设项目可行性研究报告编制

1)可行性研究报告编制依据

编制依据包括:①项目建议书(初步可行性研究报告)及其批复文件。②国家有关法律、法规和政策。③国家和地方的经济和社会发展规划,行业部门发展规划。④对于大中型骨干项目,必须具有国家批准的资源报告、国土开发整治规划、区域规划、江河流域规划、工业基地规划等有关文件。⑤有关机构发布的工程建设方面的标准、规范和定额。⑥中外合资、合作项目各方签订的协议书或意向书。⑦委托单位的委托合同。⑧其他有关数据资料。

2)可行性研究报告编制要求

(1)编制单位必须具备承担可行性研究的条件

建设项目可行性研究报告的内容涉及面广,有一定的深度要求,因此,编制单位必须具有经国家有关部门审批登记的资质等级证明,并且具有承担编制可行性研究报告的能力和经验。参加可行性研究的人员应具有所从事专业的中级以上专业职称,并具有相关的知识、技能和工作经历。

(2)确保可行性研究报告的真实性和科学性

可行性研究是一项技术性、经济性、政策性很强的工作。编制单位必须保持独立性和站在公证的立场,遵照事物的客观经济规律和科学研究工作的客观规律办事,在调查研究的基础上,按客观实际情况,实事求是地进行技术经济论证、技术方案比较和评价,切忌主观、行政干预、划框框、定调子,应保证可行性研究的严肃性、客观性、真实性、科学性和可靠性,确保可行性研究的质量。

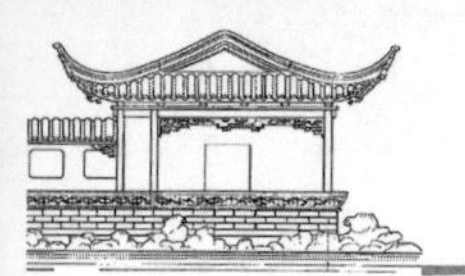

(3)可行性研究的深度及计算指标必须达到标准要求　不同行业和不同项目的可行性研究报告的内容和深度可以各有侧重和区别，但其基本内容要完整、文件要齐全、结论要明确、数据要准确、论据要充分，能满足决策者确定方案的要求。

(4)可行性研究报告必须经签证和审批　可行性研究报告编制完成后，应由编制单位行政、技术、经济方面的负责人签字，并对研究报告质量负责。另外，还需上报主管部门审批。

3)可行性研究报告编制程序

根据我国现行的工程项目建设程序和国家颁布的《关于建设项目进行可行性研究试行管理办法》，可行性研究的工作程序如下：

(1)建设单位提出项目建议书和初步可行性研究报告　各投资单位根据国家经济发展的长远规划、经济建设的方针任务和技术经济政策，结合资源情况、建设布局等条件，在广泛调查研究、收集资料、踏勘建设地点、初步分析投资效果的基础上，提出需要进行可行性研究的项目建议书和初步可行性研究报告。跨地区、跨行业的建设项目以及对国计民生有重大影响的大型项目，由有关部门和地区联合提出项目建议书和初步可行性研究报告。

(2)项目业主、承办单位委托有资格的单位进行可行性研究　当项目建议书经国家计划部门、贷款部门审定批准后，该项目即可立项。项目业主或承办单位就可以签订合同委托有资格的工程咨询公司(或设计单位)着手编制拟建项目可行性研究报告。双方签订的合同中，应规定研究工作的依据、研究范围和内容、前提条件、研究工作质量和进度安排、费用支付办法、协作方式及合同双方的责任和关于违约处理的方法等。

(3)设计或咨询单位进行可行性研究工作，编制完整的可行性研究报告　设计单位与委托单位签订合同后，即可展开可行性研究工作。一般按以下6个步骤开展工作：

①组建工作小组。了解有关部门与委托单位对建设项目的意图，根据委托项目可行性研究的工作量、内容、范围、技术难度、时间要求等，组建项目可行性研究工作小组，制订工作计划。

②调查研究收集资料。各专业组根据可行性研究报告编制大纲进行实地调查，收集整理有关资料，包括向市场和社会调查、向行业主管部门调查、向项目所在地区调查、向项目涉及的有关企业及单位调查、收集项目建设及生产运营等各方面所必需的信息资料和数据。

③方案设计与优选。在以上调查研究收集资料的基础上，对项目的建设规模与产品方案，厂址方案、技术方案、设备方案、工程方案、原材料供应方案、总图布置与运输方案、公用工程与辅助工程方案、环境保护方案、组织机构设置方案、实施进度方案以及项目投资与资金筹措方案等，提出备选方案，进行论证比选优化，构造项目的整体推荐方案。

④项目评价。项目经济分析人员根据调查资料和有关规定，选定与本项目有关的经济评价基础数据和定额指标系数，并对推荐方案进行环境评价、财务评价、国发经济评价、社会评价及风险分析，以判别项目的环境可行性、经济可行性、社会可行性和抗风险能力。

⑤编写《建设项目可行性研究报告》。项目可行性研究各专业方案，在经过技术经济论证和优化之后，由各专业组分工编写。最后经项目负责人衔接协调综合汇总，提出《建设项目可行性研究报告》初稿。

⑥与委托单位交换意见。《建设项目可行性研究报告》初稿形成后，与委托单位交换意见，修改完善后，形成正式的《建设项目可行性研究报告》。

7.3　建设项目投资估算

7.3.1　建设项目投资估算概念

投资估算是指在项目投资决策过程中，依据现有的资料和特定的方法，对建设项目的投资数

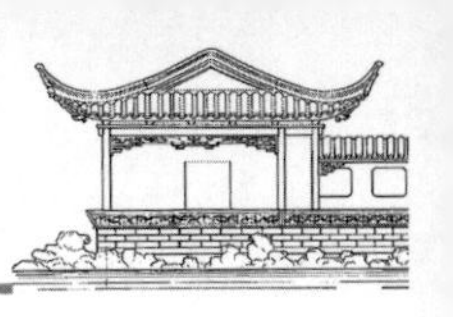

额进行的估计。它是项目建设前期编制项目建议书和可行性研究报告的重要组成部分，是项目决策的重要依据之一。投资估算的准确与否不仅影响到可行性研究工作的质量和经济评价结果，而且也直接关系到下一阶段设计概算和施工图预算的编制，对建设项目资金筹措方案有直接的影响。因此，全面准确地估算建设项目的工程造价，是可行性研究乃至整个决策阶段造价管理的重要任务。

7.3.2　建设项目投资估算作用

投资估算作为论证拟建项目的重要经济文件，有着极其重要的作用，具体可表现为以下几个方面：①项目建议书阶段的投资估算，是项目主管部门审批项目建议书的依据之一，并对项目的规划、规模起参考作用。②项目可行性研究阶段的投资估算，是研究、分析、计算项目投资经济效果的重要条件。当可行性研究报告被批准之后，其投资估算额就是作为设计任务书中下达的投资限额，即作为建设项目投资的最高限额。③项目投资估算对工程设计概算起控制作用，它为设计提供了经济依据和投资限额，设计概算不得突破批准的投资估算额。④项目投资估算可作为项目资金筹措及制订建设贷款计划的依据，建设单位可根据批准的投资估算额进行资金筹措向银行申请贷款。⑤项目投资估算是核算建设项目固定资产投资需要额和编制固定资产投资计划的重要依据。

7.3.3　投资估算文件组成

(1)投资估算文件　一般由封面、签署页、编制说明、投资估算分析、投资估算汇总表、单项工程估算汇总表、主要技术经济指标等内容组成，见附件4。

(2)投资估算编制说明　一般阐述以下内容：①工程概况；②编制范围；③编制方法；④编制依据；⑤主要技术经济指标；⑥有关参数、率值选定的说明；⑦特殊问题的说明(包括采用新技术、新材料、新设备、新工艺)，必须说明的价格的确定，进口材料、设备、技术费用的构成与计算参数，采用矩形结构、异形结构的费用估算方法，环保(不限于)投资占总投资的比重，未包括项目或费用的必要说明等；⑧采用限额设计的工程还应对投资限额和投资分解做进一步说明；⑨采用方案比选的工程还应对方案比选的估算和经济指标做进一步说明。

(3)投资分析　包括以下内容：①工程投资比例分析。一般建筑工程要分析土建、装饰、给排水、电气、暖通、空调、动力等主体工程和道路、广场、围墙、大门、室外管线、绿化等室外附属工程总投资的比例，一般工业项目要分析主要生产项目(列出各生产装置)、辅助生产项目、公用工程项目(给排水、供电和电信、供气、总图运输及外管)、服务性工程、生活福利设施、厂外工程占建设总投资的比例；②分析设备购置费、建筑工程费、安装工程费、工程建设其他费用、预备费占建设总投资的比例，分析引进设备费用占全部设备费用的比例等；③分析影响投资的主要因素；④与国内类似工程项目比较，分析说明投资高低的原因。

投资分析或单独成篇，亦可列入编制说明中叙述。

(4)总投资估算　包括汇总单项工程估算、工程建设其他费用，估算基本预备费、差价预备费，计算建设期利息等。

(5)单项工程投资估算　按建设项目划分的各个单项工程分别计算组成工程费用的建筑工程费、设备购置费、安装工程费。

(6)工程建设其他费用估算　按预期将要发生的工程建设其他费用种类，逐项详细估算其费用金额。

(7)估算人员应根据项目特点，计算并分析整个建设项目、各单项工程和主要单位工程的主要技术经济指标。

7.4 设计阶段工程造价管理概述

7.4.1 工程设计概念

工程设计是指在工程项目开始施工之前，设计者根据已批准的可行性研究报告，为具体实现拟建项目的技术、经济等方面的要求，判定建筑、安装和设备制造等所需的规划、图纸、数据等技术文件的工作。工程设计是整个工程建设的主导，是组织工程项目施工的主要依据。先进合理的设计，可以使工程项目缩短工期、节约投资、提高经济效益。工程建设后，能否获得满意的经济效果，与设计工作质量的优劣有着极其重要的关系。

7.4.2 工程设计阶段

为保证工程建设和设计工作有机地配合和衔接，需将工程设计划分为几个阶段。我国规定，一般工业与民用建设项目按照初步设计和施工图设计两个阶段进行，称为“两阶段设计”；大型的、比较复杂的并且缺乏设计经验的项目，可按照初步设计、技术设计和施工图设计三个设计阶段进行，称为“三阶段设计”。

7.4.3 工程设计程序

1)设计准备

设计人员应根据主要部门和业主对项目设计的要求，了解并掌握各种有关的基础资料，主要包括以下内容：①地形、气候、地质、自然环境等自然条件；②城市规划对建筑物的要求；③交通、水、电、气、通信等基础设施状况；④业主对工程的要求，特别是工程应具备的各项使用要求；⑤对工程经济估算的依据和所能提供的资金、材料、施工技术和装备等以及可能影响工程的其他客观因素。

2)方案设计

对工程项目有关设计资料的收集完备后，设计人员对拟建项目的主要布局的安排会有大概的设想，然后考虑拟建项目与周边建筑物、周边环境之间的关系。

在方案设计阶段，设计人员要与业主、本地区规划等有关部门充分交换意见，采纳业主和有关部门的意见，最后使方案设计取得本地区规划等有关部门同意，与周围环境协调一致。对于不太复杂的项目，这一阶段可以省略，设计准备后可直接进行初步设计。

3)初步设计

初步设计是整个设计构思基本形成的阶段。它根据批准的可行性研究报告、项目设计基础资料和方案设计的内容进行。通过初步设计可以进一步明确拟建工程在指定地点和规定期限内进行建设的技术可行性和经济合理性，确定主要技术方案、工程总造价和主要技术经济指标，以利于在项目建设和使用过程中最有效地利用人力、物力和财力。工业项目初步设计包括总平面设计、工艺设计和建筑设计三部分。

4)技术设计

技术设计的主要任务是在初步设计的基础上进一步解决某些具体技术问题，或确定某些技术方案而进行的设计，它是在初步设计阶段中无法解决而又需要进一步研究解决的问题所进行的一个设计阶段。技术设计的详细程序应能满足确定设计方案中重大技术问题和有关实验、设备选制等方面的要求，应能保证根据其编制施工图和提出设备订货明细表。对于不太复杂的工程，技术设计阶段可以省略，把这个阶段的一部分工作纳入初步设计，另一部分留待施工图设计阶段进行。

5)施工图设计

施工图设计是根据批准的初步设计（技术设

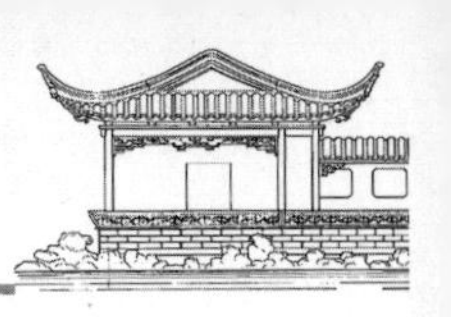

计），综合建筑、结构、设备各工种，相互交底，核实校对，深入了解材料供应、施工技术、设备等条件，把满足工程施工的各项具体要求反映在图纸中，做到整套图纸齐全统一，明确无误，施工图设计是设计工作和施工工作的桥梁。

6）设计交底和配合施工

施工图发出后，设计单位应负责交代设计意图，进行技术交底，解释设计文件。根据施工需要，设计人员要经常到施工现场及时解决施工中设计文件出现的问题，并参加试运转和竣工验收、投产及进行全面的工程设计总结。对于大中型工业项目和大型复杂的民用工程，应派现场设计代表积极配合现场施工并参加隐蔽工程验收。

7.4.4　工程设计阶段影响工程造价因素

1）总平面设计

总平面设计是指总图运输设计和总平面配置。正确合理的总平面设计可以大大减少建筑工程量，加快建设速度，节约建设用地，节省建设投资，降低工程造价和生产后的使用成本。

总平面设计中影响工程造价的因素主要包括：

（1）占地面积　工程项目占地面积的大小不但影响征地费用的高低，而且也会影响管线布置成本及项目建成运营的运输成本。因此，在总平面设计中应尽可能节约用地。

（2）功能区分　工业或民用建筑都由许多功能组成。合理的功能区分既可充分发挥建筑物的各项功能，又可使总平面布置紧凑、安全。在符合防火、卫生和安全距离要求，满足生产工艺和生产流程的条件下，应结合厂区地形、地貌，合理布置各功能区，使工艺流程顺畅，生产系统完整，方便运输，降低运输成本。另外，还应避免大挖大填，节约土石方量和施工运输费用，从而降低工程造价。

（3）运输方式的选择　运输方式可采用有轨运输和无轨运输，不同的运输方式，其运输效率及成本是不同的。有轨运输占地面积较多，会使土地费用增加，提高工程造价，但有轨运输在生产过程中运量大，运输安全，可降低运输成本；而无轨运输土地占用面积较少，可降低工程造价，但运量小，运输安全性较差，会增加运输费用。具体选择哪一种运输方式，还是根据生产工艺和各功能区的要求，并根据建设场地和运输距离长短等具体情况，力求选用投资少，运费相对较低，运输灵活的方式，同时合理布置线路，力求缩短运输线路。通常，从降低工程造价的角度来看，应尽可能选用无轨运输，可以减少占地，节约投资。

2）工艺设计

工程设计中工艺设计部分要确定企业的技术水平。主要包括：①建设规模、标准和产品方案；②工艺流程和主要设备的选型；③主要原材料、燃料供应；④“三废”治理及环保措施；⑤生产组织及生产过程中的劳动定员情况等。

按照建设程序，工程项目的工艺流程在可行性研究阶段已经确定。设计阶段的任务就是严格按照批准的可行性研究报告内容进行工艺技术方案的设计，确定从原料到产品整个生产过程的具体工艺流程和生产技术。

3）建筑设计

在建筑设计阶段影响工程造价的主要因素有：

（1）平面形状　一般来说，建筑物平面形状越简单，其单方造价越低，因为单方造价与建筑物的周长与建筑面积的比率有关。建筑物的周长与建筑面积的比率越小，设计越经济。

（2）层高　在建筑物面积不变的情况下，建筑物层高的增加会引起工程造价的增加。

（3）建筑物层数　当建筑层数增加时，单位建筑面积所分摊的土地费用及外部流通空间费用将有所降低，从而使建筑物单位面积造价发生变化。但工程总造价却会随着建筑物层数的增

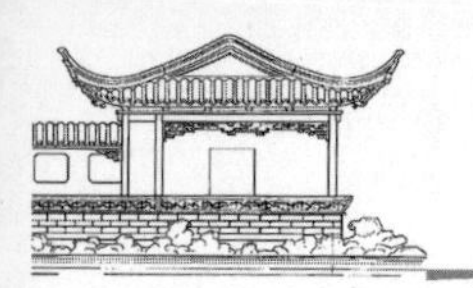

加而提高。

(4)柱网布置　柱网布置是确定柱子的行距(跨度)和间距(柱距)的依据。柱网布置是否合理,会影响到厂房面积利用和工程造价的高低。当单层厂房柱距不变时,跨度越大,单方造价越小;当多跨厂房跨度不变时,中跨的数量越多,单方造价越低;当工艺生产线长度和厂房跨度不变时,柱距越大,有利于工艺设备的布置,相对地减少了设备占用厂房的面积,从而降低工程的总造价。

(5)建筑物的体积和面积　随着建筑面积和体积的增加,工程总造价会逐渐提高。因此,应尽量减少厂房建筑面积和体积。

(6)建筑物结构　采用各种先进的建筑结构形式和轻质高强度的建筑材料,能减轻建筑物自重,简化基础工程,减少建筑材料和构配件的费用及运费,并能提高劳动生产率和缩短建设工期,从而降低工程造价。

7.4.5　设计方案评价

7.4.5.1　设计方案评价原则

为了提高工程建设投资效果,在设计阶段,需要从多个设计方案中选取技术先进、经济合理的最佳设计方案。在设计方案优选过程中,应遵循以下原则:

(1)处理好经济合理性与技术先进性之间的关系　在满足功能要求的前提下,尽可能降低工程造价。如果资金有限制,也可以在资金限制范围内,尽可能提高项目的功能水平。

(2)兼顾近期设计要求和长远设计要求的关系　一旦项目建设后,往往会在很长一段时间内发挥作用。如果只按照目前的要求设计项目,若干年后会出现由于项目功能水平无法满足而需要对原有项目进行技术改造甚至重新建造的情况。但是如果按照未来设计要求设计项目,就会增加建设项目造价,造成项目资源闲置浪费的现象。所以,设计人员必须要兼顾近期设计要求和长远设计要求的关系,进行多方案的比较,选择合理的功能水平,并且根据长远发展的需要,适当留有发展余地。

(3)兼顾建设与使用,考虑项目全寿命费用　选择设计方案时不但要考虑工程的建造成本,控制其成本的支出,同时,还要考虑使用成本,应以全寿命费用最低为设计目标。即做到建筑成本低、维修费少、使用费省。

(4)符合可持续发展的原则　设计方案应符合科学发展观,坚持以人为本,树立全面、协调、可持续的发展观,促进经济社会和人的全面发展。在工程造价方面,要求从单纯、粗放的原始扩大投资和简单建设转向提高科技含量、减少环境污染、绿色、节能、环保等可持续发展型投资。

7.4.5.2　工程设计方案评价内容

不同类型的建筑,使用目的和功能要求不同,其设计方案评价的重点也不同。工程设计方案评价的内容主要通过各种经济指标来体现。

1)工业建筑设计方案评价

工业建筑设计是由总平面设计、工艺设计及建筑设计三部分组成,它们之间是相互关联和制约的。工业建筑设计方案技术经济评价指标,可从总平面设计评价指标、工艺设计评价指标和建筑设计评价指标三方面来设置,见表7-1。

2)民用建筑设计评价

民用建筑一般包括公共建筑和住宅建筑两大类。民用建筑设计要坚持适用、经济、美观的原则。

(1)公共建筑设计方案技术经济评价指标　可从设计主要特征、面积指标和面积系数以及能源消耗指标三方面来设置,见表7-2。

表 7-1　工业建筑设计方案技术经济评价指标

序号	一级评价指标	二级评价指标
1	总平面设计	厂区占地面积
2		新建建筑面积
3		厂区绿化面积
4		绿化率
5		建筑密度
6		土地利用系数
7		经营费用
8	工艺设计	生产能力
9		工厂定员
10		主要原材料消耗
11		公用工程系统消耗
12		年运输量
13		“三废”排出量
14		净现值
15		净年值
16		差额内部收益率
17	建筑设计	单位面积造价
18		建筑物周长与建筑面积比
19		厂房展开面积
20		厂房有效面积与建筑面积比
21		建设投资

表 7-2　公共建筑设计方案技术经济评价指标

序号	一级评价指标	二级评价指标	序号	一级评价指标	二级评价指标
1	设计主要特征	建筑面积	11	面积及面积系数	道路、广场、停车场等占地面积
2		建筑层数	12		绿化面积
3		建筑结构类别	13		建筑密度
4		地震设防等级	14		平面系数
5		耐火等级	15		单方造价
6		建设规模	16	能源消耗	总用水量
7		建设投资	17		总采暖耗热量
8	面积及面积系数	用地面积	18		总空调制冷量
9		建筑物占地面积	19		总用电量
10		构筑物占地面积	20		总燃气量

(2)住宅建筑设计方案技术经济评价指标，可按照建筑功能效果设置，见表 7-3。

表 7-3　住宅建筑设计方案技术经济评价指标

序号	一级评价指标	二级评价指标	序号	一级评价指标	二级评价指标
1	平面空间布置	平均每套卧室、起居室数	14	物理性能	采光
2		平均每套良好朝向卧室、起居室数	15		通风
3		平均空间布置合理程度	16		保温与隔热
4		家具布置适宜程度	17		隔声
5		储藏设施	18	厨卫	厨房
6	平面指标	建筑面积	19		卫生间
7		建筑层数	20	安全性	安全措施
8		建筑层高	21		结构安全
9		建筑密度	22		耐用年限
10		建筑容积率	23	建筑艺术	室内效果
11		使用面积系数	24		外观效果
12		绿化率	25		环境效果
13		单方造价			

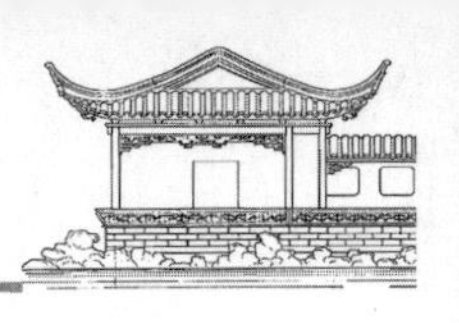

7.5 设计概算

7.5.1 设计概算概念

设计概算是设计文件的重要组成部分，是设计单位在投资估算的控制下，根据初步设计图纸（或扩大初步设计），概算定额（或概算指标），各项费用定额或取费标准（指标），建设地区自然、技术经济条件和设备、材料预算价格等资料，编制和确定的建设工程项目从筹建到竣工交付使用所需全部费用的文件。

我国规定，采用两阶段设计的建设项目，初步设计阶段必须编制设计概算；采用三阶段设计的，技术设计阶段必须编制修正概算。

7.5.2 设计概算作用

（1）设计概算是确定建设项目、各单项工程及各单位工程投资的依据　按照规定报请有关部门或单位批准的初步设计及总概算，一经批准即作为建设项目静态总投资的最高限额，不得任意突破，必须突破时应报原审批部门（单位）批准。

（2）设计概算是编制投资计划的依据　计划部门根据批准的设计概算编制建设项目年固定资产投资计划，并严格控制投资计划的实施。若建设项目实际投资数额超过了总概算，必须在原设计单位和建设单位共同提出追加投资的申请报告基础上，经上级计划部门审核批准后，方能追加投资。

（3）设计概算是进行拨款和贷款的依据　建设银行根据批准的设计概算和年度投资计划，进行拨款和贷款，并严格实行监督控制。对超出概算的部分，未经计划部门批准，建设银行不得追加拨款和贷款。

（4）设计概算是实行投资包干的依据　在进行概算包干时，单项工程综合概算及建设项目总概算是投资包干指标商定和确定的基础；经上级主管部门批准的设计概算或修正概算，是主管单位和包干单位签订包干合同，控制包干数额的依据。

（5）设计概算是考核设计方案的经济合理性和控制施工图预算的依据　设计单位根据设计概算进行技术经济分析和多方案评价，以提高设计质量和经济效果。同时，保证施工图预算在设计概算的范围内。

（6）设计概算是进行各种施工准备、设备供应指标、加工订货及落实各项技术经济责任制的依据。

（7）设计概算是控制项目投资、考核建设成本、提高项目实施阶段工程管理和经济核算水平的必要手段。

7.5.3 设计概算文件组成及应用表格

7.5.3.1 设计概算文件的组成

（1）三级编制（总概算、综合概算、单位工程概算）形式设计概算文件的组成　①封面、签署页及目录；②编制说明；③总概算表；④其他费用表；⑤综合概算表；⑥单位工程概算表；⑦附件：补充单位估价表。

（2）二级编制（总概算、单位工程概算）形式设计概算文件的组成　①封面、签署页及目录；②编制说明；③总概算表；④其他费用表；⑤单位工程概算表；⑥附件：补充单位估价表。

7.5.3.2 设计概算文件常用表格(见附件1)

（1）设计概算封面、签署页、目录、编制说明。

（2）概算表格。

①总概算表：为采用三级编制形式的总概算的表格。

②总概算表：为采用二级编制形式的总概算的表格。

③其他费用表。

④其他费用计算表。

⑤综合概算表：为单项工程综合概算的表格。

⑥建筑工程概算表：为单位工程概算的表格。

⑦设备及安装工程概算表：为单位工程概算的表格。

⑧补充单位估价表。

⑨主要设备材料数量及价格表。

⑩进口设备材料货价及从属费用计算表。

⑪工程费用计算程序表。

（3）调整概算对比表。

①总概算对比表。

②综合概算对比表。

7.5.4 设计概算内容

建设项目设计概算可分为单位工程概算、单项工程综合概算和建设项目总概算三级。各级概算之间的相互关系如图 7-2 所示。

1)单位工程概算

单位工程概算是确定各单位工程建设费用的文件,是编制单项工程综合概算的依据,是单项工程综合概算的组成部分。单位工程概算按工程性质分为建筑工程概算、设备及安装工程概算两大类。建筑工程概算包括:一般土建工程概算,给排水、采暖工程概算,通风、空调工程概算,电气、照明工程概算,弱电工程概算,特殊构筑物工程概算等;设备及安装工程概算包括:机械设备及安装工程概算,电气设备及安装工程概算,热力设备及安装工程概算,工器具及生产家具购置费概算等。

2)单项工程综合概算

单项工程综合概算是确定一个单项工程所需建设费用的文件,由单项工程中的各单位工程概算汇总编制而成,是建设项目总概算的组成部分。单项工程综合概算的组成内容如图 7-3 所示。

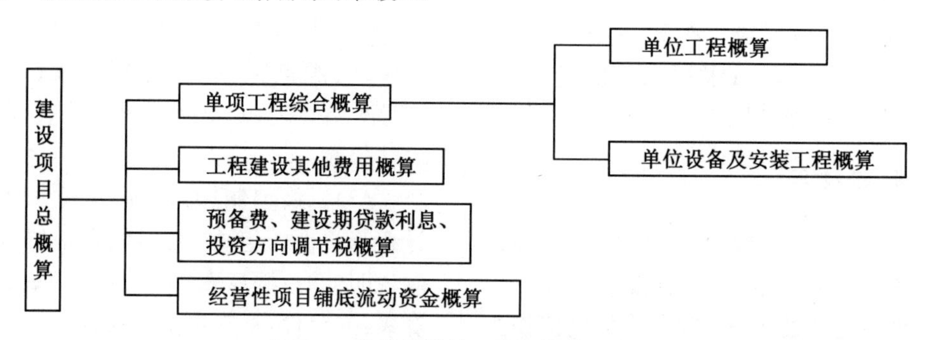

图 7-2 设计概算的三级概算关系图

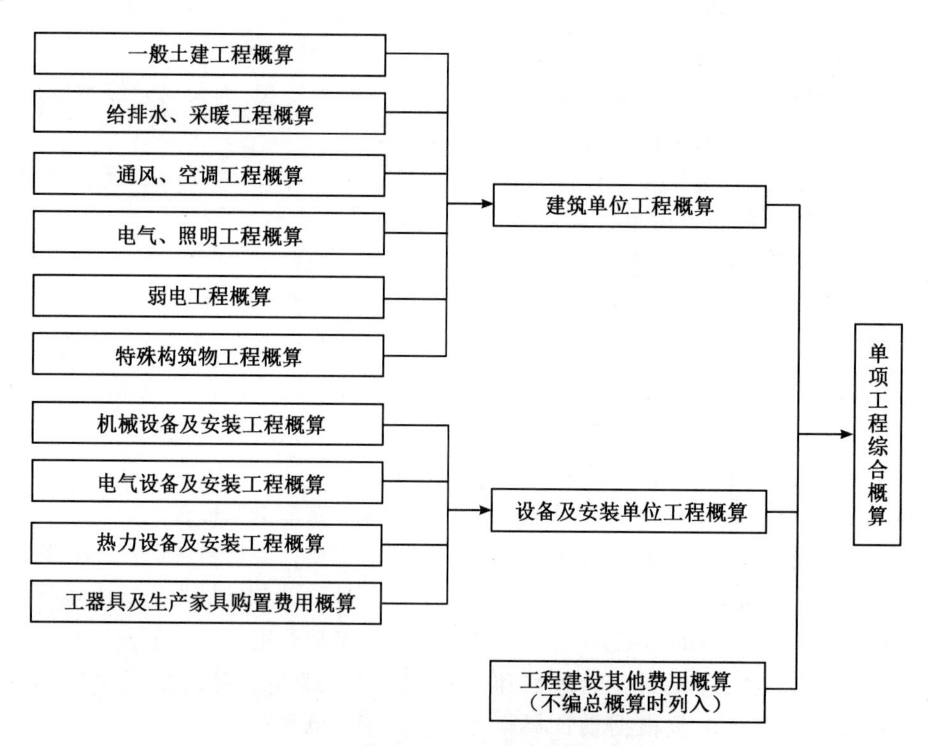

图 7-3 单项工程综合概算的组成内容

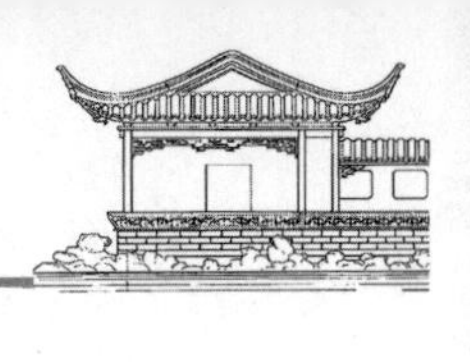

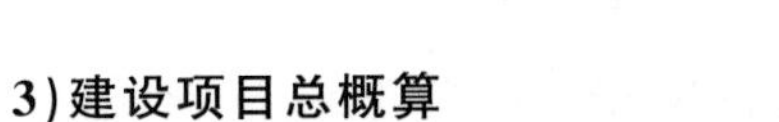

3)建设项目总概算

建设项目总概算是确定整个建设项目从筹建到建成的全部建设费用的文件。它是由各单项工程综合概算、工程建设其他费、预备费、固定资产投资方向调节税、建设期贷款利息和经营性项目的铺底流动资金编制而成的,如图 7-4 所示。

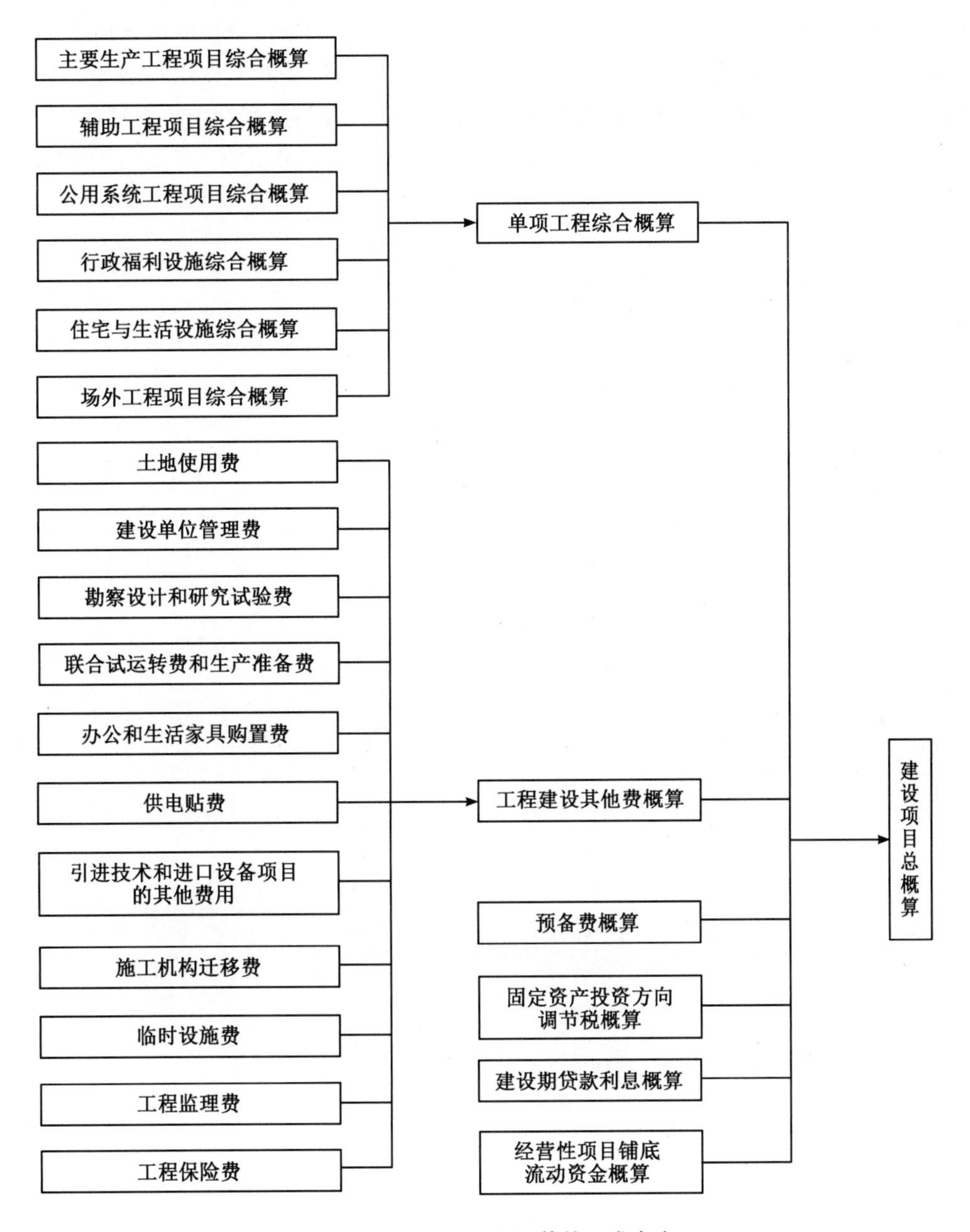

图 7-4　建设项目总概算的组成内容

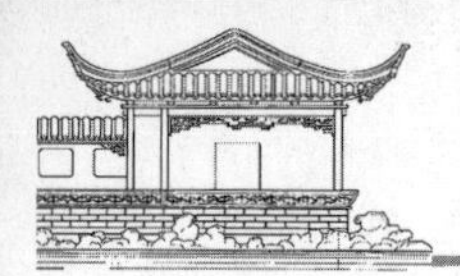

思考题

1. 什么是投资决策？与工程造价有什么关系？
2. 什么是建设项目可行性研究？其作用有哪些？
3. 建设项目可行性研究可分为哪几个阶段？各阶段研究的任务和解决的问题是什么？
4. 建设项目可行性研究的内容有哪些？建设项目可行性研究编制的程序有哪些？
5. 简述建设项目投资估算的概念和作用。
6. 投资估算由哪些内容和表格组成？
7. 简述工程设计概念和程序。
8. 工程设计方案评价的原则和内容有哪些？
9. 什么是设计概算？作用有哪些？
10. 设计概算的表格和内容有哪些？

工程建设全过程造价管理可分为决策、设计、发承包和施工四个阶段。本章着重从建设工程中期发承包阶段即建设工程招投标与合同价款约定阶段，阐述工程造价管理的内容和方法。

8.1 建设工程招标投标

8.1.1 建设工程招投标概念

招标投标是市场经济中的一种竞争方式，通常适用于大宗交易。它的特点是由唯一的买主（或卖主）设定标的，招请若干个卖主（或买主）通过秘密报价进行竞争，从中选择优胜者与之达成交易协议，随后按协议实现标的。

建设项目招标投标是国际上广泛采用的业主择优选择工程承包商的主要交易方式。招标的目的是为计划兴建的工程项目选择适当的承包商，将全部工程或其中某一部分工作委托承包商负责完成。承包商则通过投标竞争，决定自己的生产任务和销售对象，也就是使产品得到社会的承认，从而完成生产计划并实现盈利计划。为此承包商必须具备一定的条件，才有可能在投标竞争中获胜，被业主选中。这些条件主要是一定的技术、经济实力和管理经验，足能胜任承包的任务、效率高、价格合理以及信誉良好。

建设项目招标投标制是在市场经济条件下产生的，因而必然受竞争机制、供求机制、价格机制的制约。招标投标意在鼓励竞争，防止垄断。

8.1.2 建设工程招投标条件

招标项目按照国家有关规定需要履行项目审批手续的，应当先履行审批手续，取得批准。招标人应当有进行招标项目的相应资金或资金来源，并已经落实，且应当在招标文件中如实载明。招标人有权自行选择招标代理机构，委托其办理招标事宜。任何单位和个人不得以任何方式为招标人指定招标代理机构。招标人具有编制招标文件和组织评标能力的，可以自行办理招标事宜。任何单位和个人不得强制其委托招标代理机构办理招标事宜。依法必须进行招标的项目，招标人自行办理招标事宜的，应当向有关行政监督部门备案。

8.1.3 建设工程招标范围

《招标投标法》规定，在中华人民共和国境内，下列工程建设项目包括项目的勘察、设计、施工、监理以及工程建设有关的重要设备、材料等的采购，必须进行招标：①大型基础设施、公用事业等社会公共利益、公共安全的项目。②全部或者部分使用国家资金投资或者国家融资的项目。③使用国际组织或者外国政府贷款、援助资金的项目。

建设项目的勘察、设计，采用特定专利或者专有技术的，或者其建筑艺术造型有特殊要求的，经项目主管部门批准，可以不进行招标。

任何单位和个人不得将依法必须进行招标的项目化整为零或者以其他任何方式规避招标。

具体招标范围的界定，按照各省（自治区、直辖

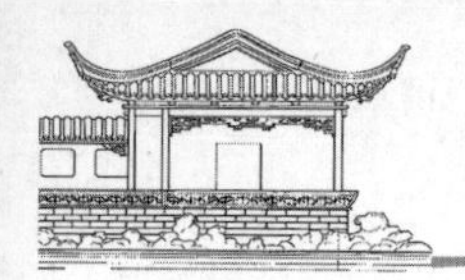

市)有关部门的规定执行。

8.1.4 建设工程招标的分类

建设项目总承包招标,又叫建设项目全过程招标,在国外称之为"交钥匙工程"招标,它是指从项目建议书开始,包括可行性研究报告、勘察设计、设备材料询价与采购、工程施工、生产准备、投料试车,直至竣工投产、交付使用过程实行招标。总承包商根据业主所提出的建设项目要求,对项目建议书、可行性研究、勘察设计、设备询价选购、材料订货、工程施工、职工培训、试生产、竣工投产等实行全面报价投标。

建设工程招标的种类见表 8-1。

表 8-1 建设工程招标的种类

项目	内容
建设工程项目总承包招标	建设工程项目总承包招标又叫建设项目全过程招标,即"交钥匙"承包方式。它是指从项目建议书开始,包括可行性研究报告、勘察设计、设备材料询价与采购、工程施工、生产设备、投料试车,直到竣工投产、交付使用全面实行招标。工程总承包企业根据建设单位提出的工程使用要求,对项目建议书、可行性研究、勘察设计、设备询价与选购材料订货、工程施工、职工培训、试生产竣工投产等实行全面投标报价
建设工程勘察招标	建设工程勘察招标是指招标人就拟建工程的勘察任务发布公告,以法定方式吸引勘察单位参加竞争,经招标人审查获得投标资格的勘察单位按照招标文件的要求,在规定的时间内向招标人填报标书,招标人从中选择条件优越者完成勘察任务
建设工程设计招标	建设工程设计招标是指招标人就拟建工程的设计任务发布公告,以法定方式吸引设计单位参加竞标,经招标人审查获得投标资格的设计单位按照招标文件的要求,在规定的时间内向招标人填报标书,招标人从中择优确定中标单位来完成工程设计任务。设计招标主要是设计方案招标,工业项目可进行可行性研究方案招标
建设工程施工招标	建设工程施工招标是指招标人就拟建的工程发布公告,以法定方式吸引施工企业参加竞标,招标人从中选择条件优越者完成工程建设任务的法律行为。施工招标是建设项目招标中最有代表性的一种,后文如不加确指,招标均指施工招标
建设工程监理招标	建设工程监理招标是指招标人为了委托监理任务的完成发布公告,以法定方式吸引监理单位参加竞标,招标人从中选择条件优越者的法律行为
建设工程材料设备招标	建设工程材料设备招标是指招标人就拟购买的材料设备发布公告,以法定方式吸引建设工程材料设备供应商参加竞标,招标人从中选择条件优越者购买其材料设备的法律行为

8.1.5 招标方式和招标工作的组织

1) 招标方式

根据《招投标法》,工程施工招标分公开招标和邀请招标两种方式。

(1)公开招标　公开招标又称无限竞争性招标,是指招标人按程序,通过报刊、广播、电视、网络等媒体发布招标公告,邀请具备条件的施工承包商投标竞争,然后从中确定中标者并与之签订施工合同的过程。

公开招标方式的优点是:招标人可以在较广的范围内选择承包商,投标竞争激烈,择优率更高,有利于招标人将工程项目交予可靠的承包商实施,并获得有竞争性的商业报价,同时,也可在较大程度上避免招标过程中的贿标行为。因此,国际上政府采购通常采用这种方式。

公开招标方式的缺点是:准备招标、对投标申请者进行资格预审和评标的工作量大,招标时间长、费用高。同时,参加竞争的投标者越多,中标的机会就越小;投标风险越大,损失的费用也就越多,而这种费用的损失必然会反映在标价中,最终会由招标人承担,故这种方式在一些国家较少采用。

(2)邀请招标　邀请招标也称有限竞争性招标,是指招标人以投标邀请书的形式邀请预先确定的若干家施工承包商投标竞争,然后从中确定中标者并与之签订施工合同的过程。采用邀请招标方式时,邀请对象应以 5～10 家为宜,至少不应少于 3 家,否则就失去了竞争意义。

与公开招标方式相比,邀请招标方式的优点是:不发布招标公告,不进行资格预审,简化了招标程序,因而节约了招标费用、缩短了招标时间。而且由于招

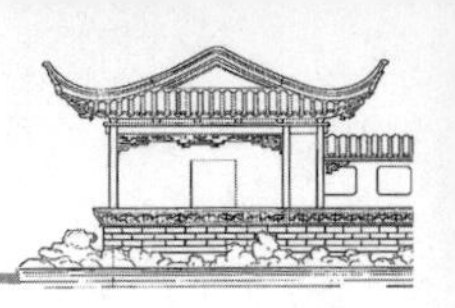

标人比较了解投标人以往的业绩和履约能力，从而减少了合同履行过程中承包商违约的风险。对于采购标的较小的工程项目，采用邀请招标的方式比较有利。此外，有些工程项目的专业性强，有资格承接的潜在投标人较少或者需要在短时间内完成投标任务等，不宜采用公开招标方式的，也应采用邀请招标方式。值得注意的是，尽管采用邀请招标方式时不进行资格预算，但为了体现公平竞争和便于招标人对各投标人的综合能力进行比较，仍要求投标人按照招标文件的有关要求，在投标文件中提供有关资质资料，在评标时以资格后审的形式作为评审内容之一。

邀请招标方式的缺点是：由于投标竞争的激烈程度较差，有可能会提高中标合同价；也有可能排除某些在技术上或报价上有竞争力的承包商参与投标。

2）招标工作的组织

招标工作的组织方式有两种。一种是业主自行组织，另一种是招标代理机构组织。业主具有编制招标文件和组织评标能力的，可以自行办理招标事宜；不具备的，应当委托招标代理机构办理招标事宜。

从事工程建设项目招标代理业务的招标代理机构，其资格由国务院或者省（自治区、直辖市）人民政府的建设行政主管部门认定。

招标代理机构与行政机关和其他国家机关不得存在隶属关系或者其他利益关系。

招标的组织形式见表 8-2。

表 8-2　招标的组织形式

项目	内容
招标人自行招标	《招标投标法》规定，招标人具有编制招标文件和组织评标能力，且进行招标项目的相应资金或资金来源已经落实，可以自行办理招标事宜。 1）有专门的施工招标组织机构。 2）有与工程规模复杂程度相适应并具有同类工程施工招标经验、熟悉有关工程施工招标法律法规的工程技术、概预算及工程管理的专业人员。 不具备上述条件的招标人应当委托具有相应资格的工程招标代理机构代理施工招标。
招标人委托招标机构代理招标	1）申请工程招标代理资格的机构应当具备以下基本条件。 ①是依法设立的中介组织，具有独立法人资格。 ②与行政机关和其他国家机关没有行政隶属关系或者其他利益关系。 ③有固定的营业场所和开展工程招标代理业务所需设施及办公条件。 ④有健全的组织机构和内部管理的规章制度。 ⑤具备编制招标文件和组织评标的相应专业力量。 ⑥具有可以作为评标委员会成员人选的技术、经济等方面的专家库。 ⑦法律、行政法规规定的其他条件。 2）申请甲级工程招标代理机构资格，除具备 1）规定的基本条件外，还应当具备下列条件。 ①取得乙级工程招标代理资格满 3 年。 ②近 3 年内累计工程招标代理中标金额在 16 亿元人民币以上（以中标通知书为依据，下同）。 ③具有中级以上职称的工程招标代理机构专职人员不少于 20 人，其中具有工程建设类注册执业资格人员不少于 10 人（其中注册造价工程师不少于 5 人），从事工程招标代理业务 3 年以上的人员不少于 10 人。 ④技术经济负责人为本机构专职人员，具有 10 年以上从事工程管理的经验，具有高级技术经济职称和工程建设类注册执业资格。 ⑤注册资本金不少于 200 万元人民币。 甲级工程招标代理机构可以承担各类工程的招标代理业务。 3）申请乙级工程招标代理机构资格，除具备 1）规定的基本条件外，还应当具备下列条件。 ①取得暂定级工程招标代理资格满 1 年。 ②近 3 年内累计工程招标代理中标金额在 8 亿元人民币以上。 ③具有中级以上职称的工程招标代理机构专职人员不少于 12 人，其中具有工程建设类注册执业资格人员不少于 6 人（其中注册造价工程师不少于 3 人），从事工程招标代理业务 3 年以上的人员不少于 6 人。 ④技术经济负责人为本机构专职人员，具有 8 年以上从事工程管理的经历，具有高级技术经济职称和工程建设类注册执业资格。 ⑤注册资本金不少于 100 万元人民币。 乙级工程招标代理机构只能承担工程总投资 1 亿元人民币以下的工程招标代理业务。 4）申请暂定级工程招标代理机构资格，除具备 1）规定的基本条件外，还应具备乙级工程招标代理资格的③、④、⑤所规定的条件。暂定级工程招标代理机构，只能承担工程总投资 6 000 万元人民币以下的工程招标代理业务。

8.1.6 建设工程招标投标程序

建设工程公开招标程序示意图，如图 8-1 所示。

（1）建设工程项目报建　各类房屋建设（包括新建、改建、扩建、翻建、大修等）、土木工程（包括道路、桥梁、房屋基础打桩）、设备安装、管道线路铺设、装饰装修等建设工程在项目的立项批准文件或年度投资计划下达后，按照《工程建设项目报建管理办法》规定具备条件的，须向建设行政主管部门报建备案。

（2）提出招标申请，自行招标或委托招标报主管部门备案。

（3）资格预审文件、招标文件备案　招标单位进行资格预审（如果有）相关文件、招标文件的编制报行政主管部门备案。

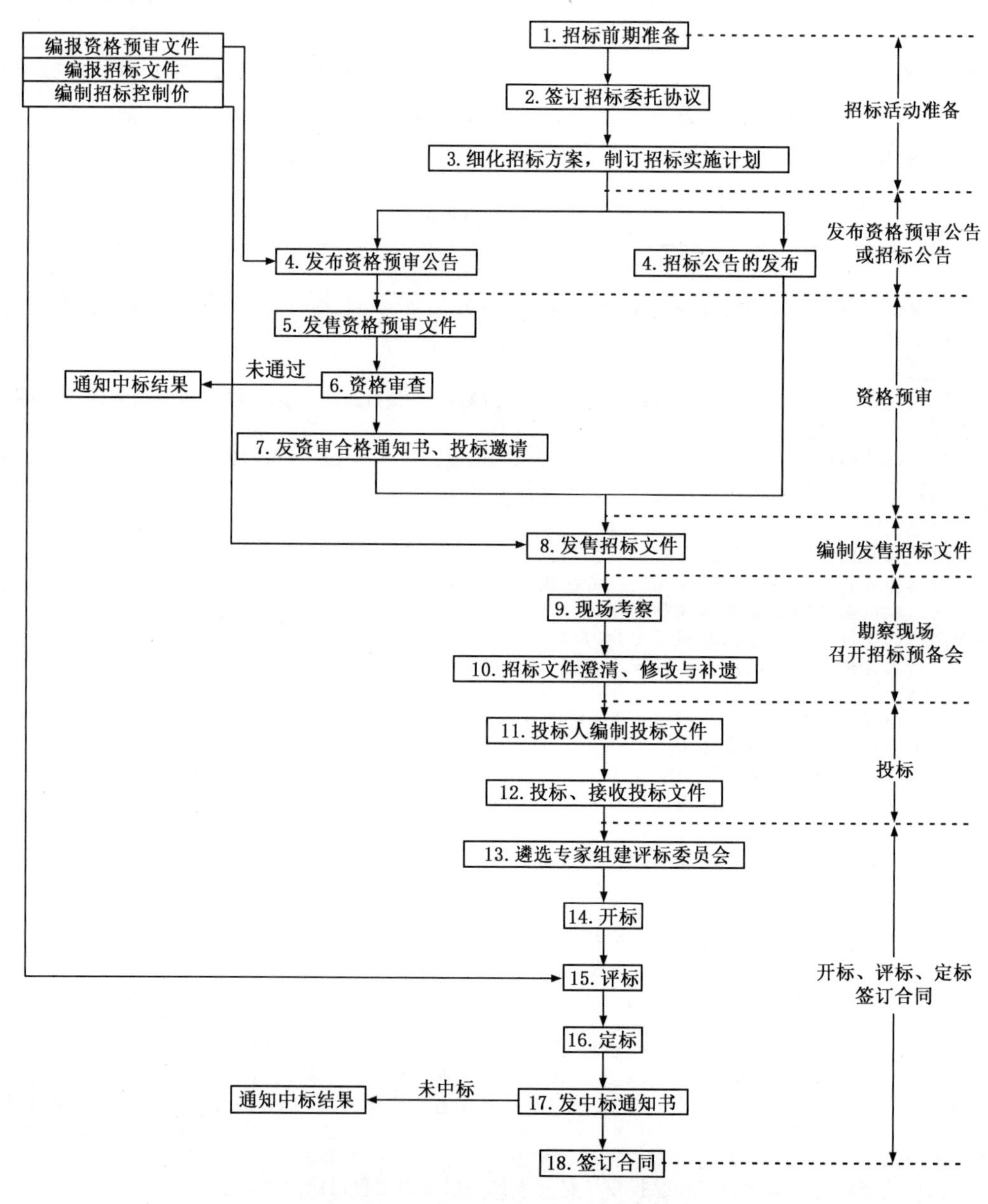

图 8-1　建设工程公开招标程序示意图

(4)刊登招标公告或发出投标邀请书 招标人采用公开招标方式的,应当发布招标公告。依法必须进行招标的项目招标公告,应当在国家指定的报刊和信息网络上发布。采用邀请招标方式的,招标人应当向 3 家以上具备承担施工招标项目的能力、资信良好的特定的法人或其他组织发出投标邀请书。

(5)资格审查 资格审查分为资格预审和资格后审。资格预审,是指在投标前对潜在投标人进行的资格审查。资格后审,是指在开标后对投标人进行的资格审查。进行资格预审的,一般不再进行资格后审,但招标文件另有规定的除外。

采取资格预审的,招标人可以发出资格预审公告。经预审合格后,招标人应当向资格审查合格的潜在投标人发出资格预审合格通知书,告知获取招标文件的时间、地点和方法,并同时向资格预审不合格的潜在投标人告知预审结果。资格预审不合格的潜在投标人不得参加投标。

经资格后审不合格的投标人的投标应作废标处理。

对投标申请人的审查和评定见表 8-3。

表 8-3 对投标申请人的审查和评定

项目		内容
投标申请人应当符合的条件		1)具有独立订立合同的权利。 2)具有履行合同的能力,包括专业、技术资格和能力,资金、设备和其他物质设施状况,管理能力,经验、信誉和相应的从业人员。 3)没有处于被责令停业,投标资格被取消,财产被接管、冻结、破产的状态。 4)在最近 3 年内没有骗取中标和严重违约及重大工程质量问题。 5)法律、行政法规规定的其他资格条件。
对于投标人的限制性规定		根据《标准施工招标资格预审文件》规定,投标申请人不得存在下列情形之一。 1) 为招标人不具有独立法人资格的附属机构(单位)。 2)为本标段前期准备提供设计或咨询服务的,但设计施工总承包的除外。 3)为本标段的监理人。 4)为本标段的代建人。 5) 为本标段提供招标代理服务的。 6)与本标段的监理人或代建人或招标代理机构同为一个法定代表人的。 7)与本标段的监理人或代建人或招标代理机构相互控股或参股的。 8)与本标段的监理人或代建人或招标代理机构相互任职或工作的。 9)不按审查委员会要求澄清或说明的。 10)在资格预审过程中弄虚作假、行贿或有其他违法违规行为的。
资格审查办法	合格制审查办法	投标申请人凡符合初步审查标准和详细审查标准的,均可通过资格预审。 1)初步审查的要素、标准包括:申请人名称与营业执照、资质证书、安全生产许可证一致,有法定代表人或其委托代理人签字或加盖单位公章,申请文件格式填写符合要求,联合体申请人已提交联合体协议书,并明确联合体牵头人(如有)。 2)详细审查的要素、标准包括:具备有效的营业执照、具备有效的安全生产许可证、资质等级、财务状况、类似项目业绩、信誉、项目经理资格、其他要求及联合体申请人等,均符合有关规定。 无论是初步审查,还是详细审查,其中有一项因素不符合审查标准的,均不能通过资格预审。
	有限数量制审查办法	审查委员会依据规定的审查标准和程序,对通过初步审查和详细审查的资格预审申请文件进行量化打分,按得分由高到低的顺序确定通过资格预审的申请人。通过资格预审的申请人不得超过规定的数量。该方法除保留了合格制审查办法下的初步审查、详细审查的要素、标准外,还增加了评分环节,主要的评分标准包括财务状况、类似项目业绩、信誉和认证体系等。评分中,通过详细审查的申请人不少于 3 个且没有超过规定数量的,均通过资格预审。如超过规定数量的,审查委员会依据评分标准进行评分,按得分由高到低顺序排列。

(6)招标文件发放　招标文件发放给通过资格预审获得投标资格或被邀请的投标单位。投标单位收到招标文件、图纸和有关资料后,应认真核对。招标单位对招标文件所做的任何修改或补充,须在投标截止时间至少15日前,发给所有获得招标文件的投标单位,修改或补充内容作为招标文件的组成部分。投标单位收到招标文件后,若有疑问或不清的问题需澄清解释,应在收到招标文件后7日内以书面形式向招标单位提出,招标单位应以书面形式或投标预备会形式予以解答。

(7)勘查现场　为使投标单位获取关于施工现场的必要信息,在投标预备会的前1～2天,招标单位应组织投标单位进行现场勘查,投标单位在勘查现场如有疑问问题,应在投标预备会前以书面形式向招标单位提出。

(8)投标答疑会　招标单位在发出招标文件、投标单位勘查现场之后,根据投标单位在领取招标文件、图纸和有关技术资料及勘查现场提出的疑问问题,招标单位可通过以下方式进行解答:

收到投标单位提出的疑问问题后,以书面形式进行解答,并将解答同时送达所有获得招标文件的投标单位。

收到提出的疑问后,通过投标答疑会进行解答,并以会议纪要形式送达所有获得招标文件的投标单位。投标答疑会的目的在于澄清招标文件中的疑问,解答投标单位对招标文件和勘查现场中所提出的疑问问题及图纸进行交底和解释。所有参加投标答疑会的投标单位应签到登记,以证明出席投标答疑会。在开标之前,招标单位不得与任何投标单位的代表单独接触并个别解答任何问题。

(9)接受投标书　投标人应当在招标文件要求提交投标文件的截止时间前,将投标文件密封送达投标地点。招标人收到投标文件后,应当签收保存,在开标前任何单位和个人不得开启投标文件。投标人少于3个的,招标人应当依法重新招标。在招标文件要求提交投标文件的截止时间后送达的投标文件,招标人应当拒收。投标人在招标文件要求提交投标文件的截止时间前,可以补充、修改或者撤回已提交的投标文件,并书面通知招标人。补充、修改的内容为投标文件的组成部分。

(10)开标、评标、定标。

(11)宣布中标单位。

(12)签订合同。

8.1.7　招标文件的组成与内容

建设工程招标文件,既是承包商编制投标文件的依据,也是与将来中标的承包商签订工程承包合同的基础,招标文件中提出的各项要求,对整个招标工作乃至发承包双方都有约束力。建设工程招投标根据标的不同分为许多不同阶段,每个阶段招标文件编制内容及要求不尽相同。本教材仅对建设项目工程施工和工程建设项目货物招标文件的组成与内容做主要介绍。

1)建设工程施工招标文件的组成与内容

(1)投标须知　主要包括的内容有:前附表,总则,工程概况,招标范围及基本要求情况,招标文件解释、修改、答疑等有关内容,对投标文件的组成、投标报价、递交、修改、撤回等有关内容的要求,标底的编制方法和要求,评标机构的组成和要求,开标的程序、有效性界定及其他有关要求,评标、定标的有关要求和方法,授予合同的有关程序和要求,其他需要说明的有关内容。对于资格后审的招标项目,还要对资格审查所需提交的资料提出具体的要求。

(2)合同主要条款　主要包括的内容有:所采用的合同文本,质量要求,工期的确定及顺延要求,安全要求,合同价款与支付办法,材料设备的采购与供应,工程变更的价款确定方法和有关要求,竣工验收与结算的有关要求,违约、索赔、争议的有关处理办法,其他需要说明的有关条款。

(3)投标文件格式　对投标文件的有关内容的格式做出具体规定。

(4)工程量清单　采用工程量清单招标的,应当提供详细的工程量清单。《建设工程工程量清单计价规范》(GB 50500—2013)规定:工程量清单有分部分项工程量清单、措施项目清单、其他项目清单、规费项目清单、税金项目清单组成。

(5)技术条款　主要说明建设项目执行的质量验收规范、技术标准、技术要求等有关内容。

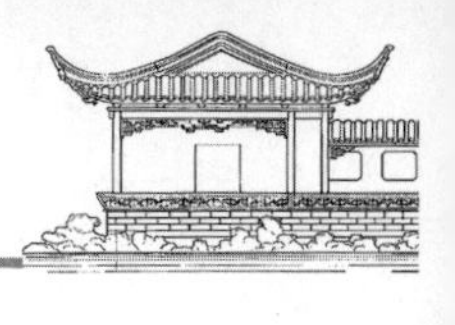

(6)设计图纸　招标项目的全部有关设计图纸。

(7)评标标准和方法　评标标准和方法中,应该明确规定所有的评标因素,以及如何将这些因素量化或者据以进行评估。在评标过程中,不得改变这个评标标准、方法和中标条件。

(8)投标辅助教材　招标文件要求提交的其他辅助教材。

2)工程建设项目货物招标文件的组成与内容

(1)招标文件的组成　投标须知,投标文件格式,技术规格、参数及其他要求,评标标准和方法,合同主要条款。

(2)招标文件编写应遵循的主要规定　招标文件组成中的各主要内容,不再一一叙述,大部分与建设工程项目工程施工招标文件的要求相同。但在招标文件编写时,还应该注意遵循以下规定:①应当在招标文件中规定实质性要求和条件,说明不满足其中任何一项实质性要求和条件的投标将被拒绝,并用醒目的方式标明;没有标明的要求和条件在评标时不得作为实质性要求和条件。对于非实质性要求和条件,应该规定允许偏差的最大范围、最高项数,以及对这些偏差进行调整的方法。②允许中标人对非主体设备、材料进行分包的,应当在招标文件中载明。主要设备或供货合同的主要部分不得要求或者允许分包。除招标文件要求不得改变标准设备、材料的供应商外,中标人经招标人同意改变标准设备、材料的供应商的,不应视为转包和违法分包。③招标文件规定的各项技术规格应当符合国家技术法规的规定。不得含有倾向或者排斥潜在投标人的其他内容。

【案例 8.1】某国有资金投资的园林工程项目,施工图设计文件已经相关行政主管部门批准,建设单位采用了公开招标方式进行施工招标。

2018 年 11 月 12 日发布了该园林工程项目的施工招标公告,其内容如下:

(1)招标单位的名称和地址;

(2)招标项目的内容、规模、工期、项目经理和质量标准要求;

(3)招标项目的实施地点、资金来源和评标标准;

(4)施工单位应具有二级及以上施工总承包企业资质,并且近三年获得两项以上本市优质工程奖;

(5)获取招标文件的时间、地点和费用。

问题:

该工程招标公告中的各项内容是否妥当?对不妥当之处说明理由。

【解】:

(1)招标单位的名称和地址妥当。

(2)招标项目的内容、规模和工期妥当。

(3)招标项目的项目经理和质量标准要求不妥,招标公告的作用只是告知工程招标的信息,而项目经理和质量标准的要求涉及工程的组织安排和技术标准,应在招标文件中提出。

(4)招标项目的实施地点和资金来源妥当。

(5)招标项目的评标标准不妥,评标标准是为了比较投标文件并据此进行评审的标准,故不出现在招标公告中,应是招标文件中的重要内容。

(6)施工单位应具有二级及其以上施工总承包企业资质妥当。

(7)施工单位应在近 3 年获得两项以上本市优质工程奖项,但并没有在本市获奖,所以是否在本市获奖为条件来评价施工单位的水平是不公平的,是对潜在投标人的歧视限制条件。

(8)获取招标文件的时间、地点和费用妥当。

8.2　工程量清单的编制

8.2.1　工程量清单的组成

根据《建设工程工程量清单计价规范》的规定,工程量清单的组成内容如下:①封面;②总说明;③分部分项工程量清单与计价表;④措施项目清单与计价表;⑤其他项目清单;⑥规费、税金项目清单与计价表等。

工程量清单应该由具有编制招标文件能力的招标人,或受其委托具有相应资质的工程造价咨询机构编制。

8.2.2　分部分项工程量清单的编制

分部分项工程量清单是指完成拟建工程的实体

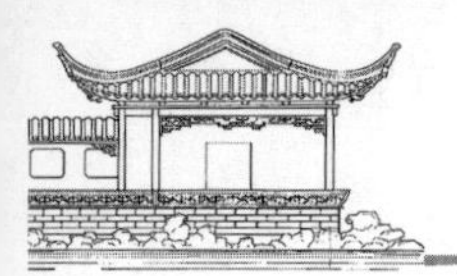

工程项目数量的清单。

分部分项工程量清单由招标人根据《建设工程工程量清单计价规范》(GB 50500—2013)附录规定的项目编码、项目名称、项目特征、计量单位和工程量计算规则进行编制。

1)分部分项工程量清单的项目编码

分部分项工程量清单的项目编码，按五级设置，用12位阿拉伯数字表示，一、二、三、四级编码，即1～9位应按规范附录的规定设置；第五级编码，即10～12位应根据拟建工程的工程量清单项目名称由其编制人设置，同一招标工程的项目编码不得有重码。

2)分部分项工程量清单的项目名称

项目名称应按《建设工程工程量清单计价规范》附录的项目名称与项目特征并结合拟建工程的实际确定。规范没有的项目，编制人可作相应补充，并报工程造价管理机构备案。

3)分部分项工程量清单的计量单位

分部分项工程量清单的计量单位应按规范附录中规定的计量单位确定。

在工程量清单编制时，有的分部分项工程项目在规范中有两个以上计量单位，对具体工程量清单项目只能根据规范的规定选择其中一个计量单位。规范中没有具体选用规定时，清单编制人可以根据具体的情况选择其中的一个。例如规范对“A. 2. 1 混凝土桩”的“预制钢筋混凝土桩”计量单位有“米、根”两个计量单位，但是没有具体的选用规定，在编制该项目清单时清单编制人可以根据具体情况选择其中之一作为计量单位。又如规范对“A. 3. 2 砖砌体”中的“零星砌砖”的计量单位为“$米^3$、$米^2$、米、个”四个计量单位，但是规定了“砖砌锅台与炉灶可按外形尺寸以个计算，砖砌台阶可按水平投影面积以平方米计算，小便槽、地垄墙可按长度计算，其他工程量按立方米计算”，所以在编制该项目的清单时，应根据规范的规定选用。

4)分部分项工程量清单的工程数量

分部分项工程量清单中的工程数量，应按规范附录中规定的工程量计算规则计算。

由于清单工程量是招标人根据设计计算的数量，仅作为投标人投标报价的共同基础，工程结算的数量按合同双方认可的实际完成的工程量确定。所以，清单编制人应该按照规范的工程量计算规则，对每一项的工程量进行准确计算，从而避免业主承受不必要的工程索赔。

5)分部分项工程量清单项目的特征描述

项目特征是用来表述项目名称的实质内容，用于区分同一清单条目下各个具体的清单项目。由于项目特征直接影响工程实体的自身价值，关系到综合单价的准确确定，因此项目特征的描述，应根据规范中项目特征的要求，结合技术规范、标准图集、施工图纸按照工程结构、使用材质及规格或安装位置等予以详细表述和说明。由于种种原因，对同一项目特征，不同的人会有不同的描述。尽管如此，体现项目特征的区别和对报价有实质影响的内容必须描述，内容的描述可按以下把握：

(1)必须描述的内容　①涉及正确计量计价的必须描述：如门窗洞口尺寸或框外围尺寸。②涉及结构要求的必须描述：如混凝土强度等级(C20或C30)。③涉及施工难易程度的必须描述：如抹灰的墙体类型(砖墙或混凝土墙)。④涉及材质要求的必须描述：如油漆的品种、管材的材质(碳钢管、无缝钢管)。

(2)可不描述的内容　①对项目特征或计量计价没有实质影响的内容可以不描述：如混凝土柱高度、断面大小等。②应由投标人根据施工方案确定的可不描述：如预裂爆破的单孔深度及装药量等。③应由投标人根据当地材料确定的可不描述：如混凝土拌和料使用的石子种类及粒径、沙的种类等。④应由施工措施解决的可不描述：如现浇混凝土板、梁的标高等。

(3)可不详细描述的内容　无法准确描述的可不详细描述：如土壤类别可描述为综合等(对工程所在具体地点来讲，应由投标人根据地勘资料确定土壤类别，决定报价)。

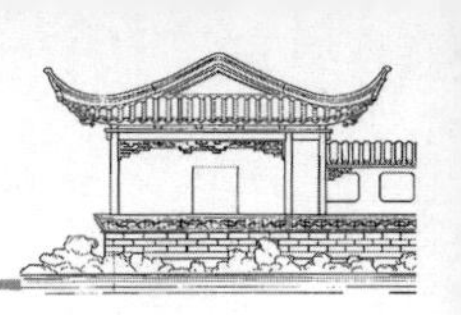

施工图、标准图标注明确的，可不再详细描述。可描述为见××图集××图号等。

还有一些项目可不详细描述，但清单编制人在项目特征描述中应注明由投标人自定，如“挖基础土方”中的土方运距等。

对规范中没有项目特征要求的少数项目，但又必须描述的应予描述：如 A. 5. 1“长库房大门、特种门”，规范以“樘/米^2”作为计量单位，如果选择以“樘”计量，“框外围尺寸”就是影响报价的重要因素，因此，就必须描述，以便投标人准确报价。同理，B. 4. 1 “木门”、B. 5. 1 “门油漆”、B. 5. 2“窗油漆”也是如此。

需要指出的是，规范附录中“项目特征”与“工程内容”是两个不同性质的规定。项目特征必须描述，因其讲的是工程实体特征，直接影响工程的价值。工程内容无须描述，因其主要讲的是操作程序，二者不能混淆。例如砖砌体的实心砖墙，按照规范中“项目特征”栏的规定必须描述砖的品种是页岩砖还是煤灰砖；砖的规格是标砖还是非标砖，是非标砖就应注明规格尺寸；砖的强度等级是 MU10、MU15 还是 MU20，因为砖的品种、规格、强度等级直接关系到砖的价值；还必须描述墙体的厚度是一砖(240 mm)还是一砖半(370 mm)等；墙体类型是混水墙，还是清水墙，清水是双面，还是单面，或者是一斗一卧围墙还是单顶全斗墙等，因为墙体的厚度、类型直接影响砌砖的工效以及砖、沙浆的消耗量。还必须描述是否勾缝，是原浆还是加浆勾缝；如是加浆勾缝，还须注明沙浆配合比。还必须描述砌筑沙浆的强度等级是 M5、M7. 5 还是 M10 等，因为不同强度等级、不同配比的沙浆，其价值是不同的。由此可见，这些描述均不可少，因为其中任何一项都影响了综合单价的确定。而规范中“工程内容”中的沙浆制作、运输、砌砖、勾缝、砖压顶砌筑、材料运输则不必描述，因为，不描述这些工程内容，承包商必然要操作这些工序，完成最终验收的砖砌体。

还需要说明，规范在“实心砖墙”的“项目特征”及“工程内容”栏内均包括含有勾缝，但两者的性质不同，“项目特征”栏的勾缝体现的是实心砖墙的实体特征，而“工程内容”栏内的勾缝表述的是操作工序或称操作行为。因此，如果需勾缝，就必须在项目特征中描述，而不能以工程内容中有而不描述，否则，将视为清单项目漏项，而可能在施工中引起索赔，类似的情况需引起注意。

清单编制人应该高度重视分部分项工程量清单项目特征的描述，任何不描述、描述不清均会在施工合同履约过程中产生分歧，导致纠纷、索赔。

8.2.3　措施项目清单的编制

措施项目清单指为完成工程项目施工，发生于该工程施工前和施工过程中的技术、生活、安全等方面的非工程实体项目的清单。

措施项目清单的编制应考虑多种因素，除工程本身的因素外还涉及水文、气象、环境、安全和承包商的实际情况等。规范中的“措施项目表”只是作为清单编制人编制措施项目清单时的参考。因情况不同，出现表中没有的措施项目时，清单编制人可以自行补充。

由于措施项目清单中没有的项目承包商可以自行补充填报，所以，措施项目清单对于清单编制人来说，压力并不大，一般情况，清单编制人只需要填写最基本的措施项目即可。规范中的通用措施项目见表 4-4。

措施项目中可以计算工程量的项目清单宜采用分部分项工程量清单的方式编制，列出项目编码、项目名称、项目特征、计量单位和工程量计算规则；不能计算工程量的项目清单，以“项”为计量单位编制。

8.2.4　其他项目清单的编制

其他项目清单指根据拟建工程的具体情况，在分部分项工程量清单和措施项目清单以外的项目。包括暂列金额、暂估价、计日工、总承包服务费等。

1)暂列金额

暂列金额，是业主在工程量清单中暂定并包括在合同价款中的一笔款项。是业主用于施工合同签

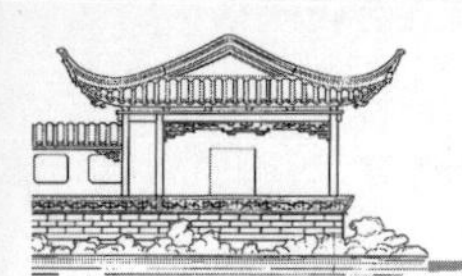

订时尚未确定或者不可预见的所需材料、设备服务的采购,工程量清单漏项、有误引起的工程量的增加,施工中的工程变更引起标准提高或工程量的增加,施工中发生的索赔或现场签证确认的项目,以及合同约定调整因素出现时的工程价款调整等准备的备用金。国际上一般用暂列金额来控制工程的投资追加金额。

暂列金额的数额大小与承包商没有关系,不能视为归承包商所有。竣工结算时,应该将暂列金额及其税金、规费从合同金额中扣除。

2)暂估价

暂估价指由业主在工程量清单中提供的用于必然发生但暂时不能确定价格的材料设备的单价以及专业工程的金额。是业主在招标阶段预见肯定要发生,只是因为标准不明确或者需要由专业承包人完成,暂时又无法确定具体价格时采用的一种价格形式。

业主确定为暂估价的材料应在工程量清单中详细列出材料名称、规格、数量、单价等。确定为专业工程的应详细列出专业工程的范围。

3)计日工

计日工,是指在施工过程中,完成由业主提出的施工图纸或者合同约定以外的零星项目或工作所需的费用。

计日工表中列出的人、材、机是为将来有可能发生的工程量清单以外的有关增加项目或零星用工而做的单价准备。清单编制人应该填写具体的暂估工程量。

与暂列金额一样,计日工的数额大小与承包商没有关系,不能视为归承包商所有。竣工结算时,应该按照实际完成的零星项目或工作结算。

4)总承包服务费

总承包服务费是总承包商为配合协调业主进行的工程分包和自行采购的材料、设备等进行管理服务以及施工现场管理、竣工资料汇总整理等服务所需的费用。这里的工程分包,是指在招标文件中明确说明的国家规定允许业主单独分包的工程内容。

工程量清单编制人需要在其他项目清单中列出"总承包服务费"的项目。说明中明确工程分包的具体内容。

5)其他注意事项

其他项目清单由清单编制人根据拟建工程具体情况参照《建设工程工程量清单计价规范》编制。《建设工程工程量清单计价规范》未列出的项目,编制人可作补充,并在总说明中予以说明。

8.2.5 规费与税金

规费是指政府和有关权力部门规定必须缴纳的费用。具体项目由清单编制人根据《建设工程工程量清单计价规范》列出的项目编制,未列出的项目,编制人应按照工程所在地政府和有关权力部门的规定编制。

税金指按国家税法规定,应计入建设工程造价内的营业税、城市维护建设税及教育费附加。

8.3 招标控制价

招标控制价是指由业主根据国家或省级、行业建设主管部门颁发的有关计价依据和办法按设计施工图纸计算的,对招标工程限定的最高工程造价。有的省、市又称为拦标价、最高限价、预算控制价、最高报价值。《建设工程工程量清单计价规范》对此术语作了统一规定。

8.3.1 招标控制价编制原则

1)招标控制价应具有权威性

从招标控制价的编制依据可以看出,编制招标控制价应按照《建设工程工程量清单计价规范》以及国家或省级、国务院部委有关建设主管部门发布的计价定额和计价方法根据设计图纸及有关计价规定等进行编制。

2)招标控制价应具有完整性

招标控制价应由分部分项工程费、措施项目费、其他项目费、规费、税金以及一定范围内的风险费用组成。

3)招标控制价与招标文件的一致性

招标控制价的内容、编制依据应该与招标文件的规定相一致。

4)招标控制价的合理性

招标控制价格作为业主进行工程造价控制的最高限额,应力求与建筑市场的实际情况相吻合,要有利于竞争和保证工程质量。

5)一个工程只能编制一个招标控制价

这一原则体现了招标控制价的唯一性原则,也同时体现了招标中的公正性原则。

8.3.2　招标控制价编制依据

招标控制价应根据下列依据编制:①《建设工程工程量清单计价规范》(GB 50500—2013);②国家或省级、国务院有关部门建设主管部门颁发的计价定额和计价办法;③建设工程设计文件及相关资料;④招标文件中的工程量清单及有关要求;⑤与建设项目相关的标准、规范、技术资料;⑥工程造价管理机构发布的工程造价信息,工程造价信息没有发布的参照市场价;⑦其他的相关资料,主要指施工现场情况、工程特点及常规施工方案等。

8.3.3　招标控制价编制方法

招标控制价的编制方法与招标文件的内容要求有关。如果采用以往的施工图预算模式招标,则招标控制价也应该按照施工图预算的计算方法来编制。如果采用工程量清单模式招标,则招标控制价的编制就应该按照工程量清单报价的方法来编制。

1)分部分项工程费计价

分部分项工程费计价,是招标控制价编制的主要内容和工作。其实质就是综合单价的组价问题。在编制分部分项工程量清单计价表时,项目编码、项目名称、项目特征、计量单位、工程数量、应该与招标文件中的分部分项工程量清单的内容完全一致,特别是不得增加项目、不得减少项目、不得改变工程数量的大小。应该认真填写每一项的综合单价,然后计算出每一项的合价,最后得出分部分项工程量清单的合计金额。

根据规范,综合单价是指完成一个规定计量单位的分部分项工程量清单项目或措施项目所需的人工费、材料费、施工机械使用费、管理费和利润,以及一定范围内风险费用。其中风险费用的内容和考虑幅度应该与招标文件的相应要求一致。

综合单价组价时,应该根据与组价有关的施工方案或施工组织设计、工程量清单的项目特征描述,结合依据的定额子目的有关工作内容进行。

目前,由于我国各省、自治区、直辖市实施的《建设工程工程量清单计价规范》配套编制的预算定额(或称消耗量定额)的表现形式不同,组价的方法也有所不同。此外,由于《建设工程工程量清单计价规范》规定的计量单位及工程量计算规则与预算定额的规定在一些工程项目上不同,组价时也需要经过换算。

不同定额表现形式的组价方法:

(1)用综合单价(基价)表现形式的组价　用综合单价(基价)形式编制定额,提供了组合清单项目综合单价的极好平台。因而,工程量清单项目可直接对应定额项目,此时,只需对材料单价发生了变化的材料价格进行调整,对人工、机械等费用发生变化的进行调整,即可组成新的工程量清单项目综合单价。

(2)用消耗量定额和价目表表现形式的组价　工程量清单项目对应定额项目后,还须对人、材、机消耗量用价目表组价,与价目表标注价格不一致时,进行调整,组成工料机的单价,企业管理费和利润还须另外计算,也可计入综合单价中,也可计入总价中。

规范规定的与定额计价法规定的计量单位及工程量计算规则不同时的组价方法。由于规范对项目的设置是对实体工程项目划分,因而规定的计量单位、工程量计算规则包含内容比较全面,而预算定额(消耗量定额)对项目的划分往往比较单一,有的项目按规范包含的内容也无法编制。因此,造成规范的规定与定额计价法在计量单位、工程量计算规则不完全一致。例如门、窗工程,规范规定的计量单位为“樘”时,计算规则为“按设计图示数量计算”,在工程量清单中对工程内容的描述可能包括门窗制作、

运输、安装，五金、玻璃安装，刷防护材料、油漆等。如果按规范的规定来编制预算定额（消耗量定额），其项目划分将因门窗的规格大小、使用的材质，五金的种类，玻璃的种类、厚度，防护材料、油漆的种类、刷漆遍数等不同的组合，不知要列多少项目。因此，预算定额（消耗定额量）一般将门窗的制作安装、玻璃安装、油漆分别列项，计量单位用“平方米”计量，以满足门窗工程的需要。相应的，用此组成工程量清单项目的综合单价就需要进行一些换算。

2）措施项目费计价

对于措施项目清单内的项目，编制人可以根据编制的具体施工方案或施工组织设计，认为不发生者费用可以填零，认为需要增加者可以自行增加。例如，措施项目清单中的大型机械设备进出场及安拆费，如果正常的施工组织设计中没有使用大型机械，则金额应该填为零；反过来说，如果正常的施工组织设计中使用了某种大型机械，而措施项目清单中没有列出大型机械设备进出场及安拆费项目，则可以在编制时自行增加。

措施项目中的安全文明施工费按照规范的要求，应按照国家或省级、行业建设主管部门规定的标准计取。

措施项目组价方法一般有两种：

（1）用综合单价形式的组价　这种组价方式主要用于混凝土、钢筋混凝土模板及支架、脚手架、施工排水、降水等，其组价方法与分部分项工程量清单项目相同。

（2）用费率形式的组价　这种组价方式与措施费用的发生和金额的大小与使用时间、施工方法或者两个以上工序相关，与实际完成的实体工程量的多少关系不大。例如安全文明施工费、大型机械进出场及安拆费等，编制人应按照工程造价管理机构的规定计算。

3）其他项目费组价

（1）暂列金额　应按照有关计价规定，根据工程复杂程度、设计深度、工程环境条件（包括地质、水文、气候条件等）进行估算，一般可以分部分项工程费的10%～15%为参考。

（2）暂估价　暂估价中的材料单价应根据工程造价信息或参照市场价格估算并计入综合单价；暂估价中的专业工程金额应分为不同专业，按有关计价规定估算。

（3）计日工　在编制招标控制价时，对计日工中的人工单价和施工机械台班单价应按省级、行业建设主管部门或其授权的工程造价管理机构公布的单价计算；材料应按工程造价管理机构发布的工程造价信息中的材料单价计算；工程造价信息未发布单价的材料，其价格应按市场调查确定的单价计算。

（4）总承包服务费　总承包服务费应根据招标文件列出的内容和要求按有关计价规定计算，在计算时可参考以下标准：①招标人仅要求对分包的专业工程进行总承包管理和协调时，按分包的专业工程估算造价的1.5%计算。②招标人要求对分包的专业工程进行总承包管理和协调，并要求提供配合服务时，根据招标文件中列出的配合服务内容和提出的要求，按分包的专业工程估算造价的3%～5%计算。③招标人自行供应材料的，按招标人供应材料价值的1%计算。

4）规费与税金的计取

规费与税金应按照国家或省级、国务院部委有关建设主管部门规定的费率计取。税金计算式如下：

税金＝（分部分项工程量清单＋措施项目清单费＋其他项目清单费＋规费）×综合税率

5）其他有关表格的填写

（1）填写分析表　编制人还应该按照《建设工程工程量清单计价规范》的有关要求，认真填写“分部分项工程量清单综合单价分析表”“措施项目费分析表”“主要材料价格表”等。

（2）填写单位工程费汇总表　编制人按照招标文件要求的格式，填写和计算“单位工程费汇总表”。填写和计算时应该注意，“分部分项工程量清单计价合计”“措施项目清单计价合计”“其他项目清单计价合计”“规费”和“税金”的填写金额必须与前述的有关计价表的合计值相同。

（3）填写单项工程费汇总表　编制人按照招标

文件要求的格式，填写和计算“单项工程费汇总表”。填写和计算时应该注意，每一个单位工程的费用金额必须与前述各单项工程费汇总表的合计金额相同。

(4)填写工程项目总价表　编制人按照招标文件要求的格式，填写和计算“工程项目总价表”。填写和计算时应注意，每一个单项工程的费用金额必须与前述各单项工程费汇总表的合计金额相同。

(5)填写编制说明　编制说明中，主要包括的内容为编制依据和编制说明两部分。其中，编制说明主要说明编制中有关问题的考虑和处理。

(6)填写封面。

6)需要考虑的有关因素

(1)招标控制价必须符合目标工期的要求，对提前工期所采取的措施因素应有所反应，即按提前工期的天数给出必要的赶工费。

(2)招标控制价必须保证满足招标方的质量要求，对高于国家施工验收规范的质量因素应有所反应。

(3)招标控制价要适应建筑材料市场价格的变化因素，可列出清单，随同招标文件，供投标时参考，并在编制招标控制价时考虑材料差价方面的因素。

(4)招标控制价应合理考虑招标工程的自然地理条件等因素，将由于自然条件导致施工不利因素而增加的费用计入招标控制价内。

8.3.4　招标控制价的管理

1)招标控制价的复核

招标控制价复核的主要内容为：①承包工程范围、招标文件规定的计价方法及招标文件的其他有关条款；②工程量清单单价组成分析：人材机费、管理费、利润、风险费用以及主要材料数量等；③计日工单价等；④规费和税金的计取等。

2)招标控制价的公布和备查

招标控制价应在招标时公布，不应上调或下浮。

招标人应将招标控制价及有关资料报送工程所在地工程造价管理机构备查。

3)招标控制价的投诉与处理

投标人经复核认为招标人公布的招标控制价未按照本规范的规定进行编制的，应在开标前 5 天向招投标监督机构或工程造价管理机构投诉。

招投标监督机构应会同工程造价管理机构对投诉进行处理，发现确有错误的，应责令招标人修改。

8.4　投标文件及投标报价的编制

8.4.1　园林工程施工投标文件的内容

投标人应当按照招标文件的要求编制投标文件。投标文件应当对招标文件提出的实质性要求和条件做出响应。投标文件的内容应包括：①投标函及投标函附录；②法定代表人身份证明或附有法定代表人身份证明的授权委托书；③联合体协议书(如工程允许采用联合体投标)；④投标保证金；⑤具有标价的工程量清单与报价表；⑥施工组织设计；⑦项目管理机构；⑧拟分包项目情况表；⑨资格审查资料；⑩招标文件规定提交的其他资料。

8.4.2　园林工程施工投标的程序

园林工程施工投标的一般程序见图 8-2。

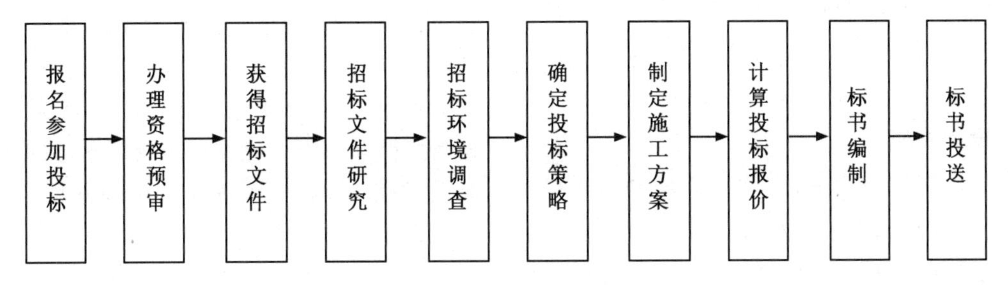

图 8-2　园林工程施工投标顺序

8.4.3 园林工程施工投标准备

1)研究招标文件

取得招标文件以后,首要的工作是仔细认真地研究招标文件,充分了解其内容和要求,并发现应提请招标单位予以澄清的疑点。研究招标文件要做好以下几方面工作:①研究工程综合说明,获得对工程全貌的轮廓性了解。②熟悉并详细研究设计图纸和技术说明书,弄清工程的技术细节和具体要求,使制定施工方案和报价有确切的依据。③研究合同主要条款,明确中标后应承担的义务、责任及应享受的权利,重点是承包方式,开竣工时间及工期奖惩,材料供应及价款结算办法,预付款的支付和工程款结算办法,工程变更及停工、误工损失处理办法等。④熟悉投标单位须知,明确了解在投标过程中,投标单位应在什么时间做什么事和不允许做什么事,目的在于提高效率,避免造成废标。

2)调查投标环境

投标环境就是投标工作的自然、经济和社会条件。①施工现场条件,可通过踏勘现场和研究招标单位提供的地基勘探报告资料来了解。主要有:场地的地理位置,地上、地下有无障碍物,地基土质及其承载力,进出场通道,给排水、供电和通信设施,材料堆放场地的最大容量,是否需要一次搬运,临时设施场地等。②自然条件,主要是影响施工的风、雨、气温等因素。如风、雨季的起止期,常年最高、最低和平均气温以及地震烈度等。③建材供应条件,包括沙石等地方材料的采购和运输,钢材、水泥、木材等材料的供应来源和价格,当地供应构配件的能力和价格,租赁建筑机械的可能性和价格等。④专业分包的能力和分包条件。⑤生活必需品的供应情况。

3)确定投标策略

建筑企业参加投标竞争,目的在于得到对自己最有利的施工合同,从而获得尽可能多的盈利。为此,必须研究投标策略,以指导其投标全过程的活动。

4)制定施工方案

施工方案是投标报价的一个前提条件,也是招标单位评标要考虑的重要因素之一。施工方案主要应考虑施工方法、主要机械设备、施工进度、现场工人数目的平衡以及安全措施等,要求在技术和工期两方面对招标单位有吸引力,同时又有助于降低施工成本。

8.4.4 园林工程施工投标报价的编制

1)投标报价的编制依据

投标报价应根据下列依据编制:①《建设工程工程量清单计价规范》(GB 50500—2013);②国家或省级、国务院有关部门建设主管部门颁发的计价办法;③企业定额,国家或省级、国务院有关部门建设主管部门颁发的计价定额;④招标文件、工程量清单及其补充通知、答疑纪要;⑤建设工程设计文件及相关资料;⑥施工现场情况、工程特点及拟定的施工组织设计或施工方案;⑦与建设项目相关的标准、规范等技术资料;⑧市场价格信息或工程造价管理机构发布的工程造价信息;⑨其他相关资料。

2)投标报价的编制方法

投标报价的编制方法与招标控制价的编制方法基本相同。下面就承包商在投标报价编制中应该特别注意的问题简要叙述。

(1)分部分项工程量清单计价

①复核分部分项工程量清单的工程量和项目是否准确。

②研究分部分项工程量清单中的项目特征描述。只有充分地了解该项目的组成特征,才能够准确地进行综合单价的确定。例如,规范中水泥沙浆楼地面的防水(潮)层,应该描述在水泥沙浆楼地面的清单项目内,如果没有在水泥沙浆楼面的清单项目中予以描述,则不能因为规范中水泥沙浆楼地面的工程内容中有“防水层铺设”,而认为水泥沙浆楼地面的综合单价中就应该包括防水层的费用。应当视为“防水层”属于工程量清单的漏项,承包商可以进行索赔。

③进行清单综合单价的计算。分部分项工程量清单综合单价计算的实质,就是综合单价的组价问

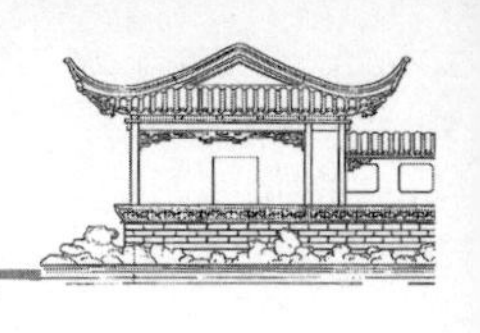

题。工程实践中，综合单价的组价方法主要有两种：

a. 依据定额计算　针对工程量清单中的一个项目描述的特征，按照有关定额的项目划分和工程量计算规则进行计算，得出该项目的综合单价。特别注意，按照定额计算的有关费用，应该与规范要求的综合单价包括的内容完全一致。例如，某安装胶合板门的工程量清单中，项目描述的特征包括制作、安装(含小五金)、油漆等内容，工程量 200 樘。首先根据有关定额的项目划分和工程量计算规则，分别列项计算出 200 樘给定尺寸的胶合板门的安装及框制作工程量、门扇制作工程量、油漆工程量；然后，根据清单中描述的材料、规格、做法要求选择套用有关定额子目，需要换算的按规定进行定额换算；进行定额套用定额规定的人工费调整、材料差价调整、机械费调整和有关费用计算(包括风险费用)，得出 200 樘胶合板门的总费用；之后，将总费用除以 200，得出每樘的有关综合单价。最后，将综合单价填入“分部分项工程量清单计价表”内；如果招标文件要求提交“分部分项工程量清单综合单价分析表”时，还应将上述的计算结果填入该表的相应栏目内。

b. 根据实际费用估算　针对工程量清单中的一个项目描述的特征，按照实际可能发生的费用项目进行有关费用估算并考虑风险费用，然后再除以清单工程量得出该项目的综合单价。特别注意，按照实际计算的有关费用，应该与规范要求的综合单价包括的内容完全一致。例如，某基础土方工程，工程量清单中项目描述的特征为土方开挖、土方运输(堆弃土地点及运距自定)，工程量 1 200 m^3。那么首先根据工程实际情况，施工组织设计确定采用反铲挖掘对基坑开挖，自卸汽车运土方式开挖，基底加宽施工工作面每边 800 mm、确定堆弃土地点及运距 10 km；然后，计算出实际的挖土方量为 1 800 m^3 根据市场上的反铲挖掘机挖土和自卸汽车运土 10 km 的每立方米单价，估算出机械土方施工的费用；根据以往经验，估算出人工配合挖土所需要的人工费、机械费及其风险费用；汇总 1 800 m^3 土方工程施工所需的各项估算费用及管理费、预期利润；最后，将总费用除以 1 200 m^3，得出每立方米的综合单价。

④进行工程量清单综合单价的调整。根据投标策略进行综合单价的适当调整。值得注意的是，综合单价调整时，过度降低综合单价可能会加大承包商亏损的风险；过度的提高综合单价可能会失去中标的机会。

⑤编制分部分项工程量清单计价表。将调整后的综合单价填入分部分项工程量清单计价表，计算各个项目的合价和合计。

特别提醒，在编制分部分项工程量清单计价表时，项目编码、项目名称、项目特征、计量单位、工程数量，必须与招标文件中的分部分项工程量清单的内容完全一致。调整后的综合单价，必须与分部分项工程量清单综合单价分析表中的综合单价完全一致。

(2)措施项目工程量清单计价

①鉴于清单编制人提出的措施项目工程量清单是根据一般情况确定的，没有考虑不同投标人的“个性”，投标人可以在报价时根据企业的实际情况增减措施费项目内容报价。承包商在措施项目工程量清单计价时，根据编制的施工方案或施工组织设计，对于措施项目工程量清单中认为不发生的，其费用可以填写为零；对于实际需要发生，而工程量清单项目中没有的，可以自行填写增加并报价。

②措施项目工程量清单计价表以“项”为单位，填写相应的所需金额。

③每一个措施项目的费用计算，应按招标文件的规定，相应采用综合单价或按每一项措施项目报总价。

需要注意的是，对措施项目中的安全文明施工费，应按照规范的要求，依据国家或省级、行业建设主管部门规定的标准计取，不参与竞争。

(3)其他项目工程量清单计价

①暂列金额应按招标人在其他项目清单中列出的金额填写，不得增加或减少。

②材料暂估价应按招标人在其他项目清单中列出的单价计入综合单价；专业工程暂估价应按招标人在其他项目清单中列出的金额填写。

③计日工按招标人在其他项目清单中列出的项目和数额，自主确定综合单价并计算计日工费用。

④总承包服务费根据招标文件中列出的内容和

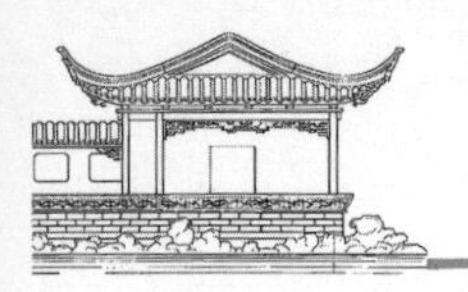
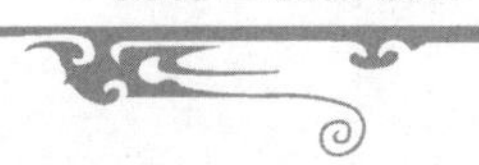

提出的要求自主确定。

(4)规费和税金的计算　规费和税金应按国家和省级、国务院部委有关建设主管部门的规定计取。

(5)其他有关表格的填写　应该按照工程量清单的有关要求,认真填写如"分部分项工程量清单综合单价分析表""措施项目费分析表""主要材料价格表"等其他要求承包商投标时提交的有关表格。

(6)注意事项

①工程量清单与计价表中的每一个项目均应填入综合单价和合价,且只允许有一个报价。已标价的工程量清单中,投标人没有填入综合单价和合价,其费用视为已包含(分摊)在已标价的其他工程量清单项目的单价和合价中。

②投标总价应当与分部分项工程费、措施项目费、其他项目费和规费、税金的合计金额一致。

③材料费单价应该是全单价,包括:材料原价、材料运杂费、运输损耗费、加工及安装损耗费、采购保管费、一般的检验试验费及一定范围内的材料风险费用等。但不包括新结构、新材料的试验费和业主对具有出厂合格证明的材料进行检验,对构件做破坏性试验及其他特殊要求检验试验的费用。特别值得强调的是,原来定额计价法中加工及安装损耗费是在材料的消耗量中反映,工程量清单计价中加工及安装损耗费是在材料的单价中反映。

8.5　中标价及合同价款的约定

8.5.1　合同价款的约定方式

1)通过招标,选定中标人决定合同价

这是工程建设项目发包适应市场机制、普遍采用的一种方式。《中华人民共和国招标投标法》规定:经过招标、评标、决标后自中标通知书发出之日起30日内,招标人与中标人应根据招投标文件订立书面合同。其中标价就是合同价。合同内容包括:①双方的权利、义务;②施工组织计划和工期;③质量与验收;④合同价款与支付;⑤竣工与结算;⑥争议的解决;⑦工程保险等。

2)以施工图预算为基础,发包方与承包方通过协商谈判决定合同价

这一方式主要适用于抢险工程、保密工程、不宜进行招标的工程以及依法可以不进行招标的工程项目,合同签订的内容同上。

8.5.2　工程合同价款的约定

业主、承包商应当在合同条款中除约定合同价外,一般对下列有关工程合同价款的事项进行约定:

1)预付工程款的数额、支付时间及抵扣方式

预付款是业主为了帮助承包商解决施工前期开展工作时的资金短缺,从未来的工程款中提前支付的一笔款项,合同工程是否有预付款,以及预付款的金额多少、支付(分期支付的次数及时间)和扣还方式等均要在专用条款内约定。承包商需首先将银行出具的履约保函和预付款保函交给业主并通知工程师,工程师在21天内签发"预付款支付证书",业主按合同约定的数额支付预付款。预付款保函金额始终保持与预付款等额,即随着承包商对预付款的偿还逐渐递减保函金额。预付款在分期支付工程进度款的支付中按百分比扣减的方式偿还。自承包商获得工程进度款累计总额(不包括预付款的支付和保留金的扣减)达到合同总价(减去暂定金额)10%那个月起扣。承包商应获得的合同款额(不包括预付款及保留金的扣减)中扣除作为预付款的偿还,直至还清全部预付款。

2)工程计量与支付工程进度款的方式、数额及时间

(1)工程量计量　工程量清单中所列的工程量仅是对工程的估算量,不能作为承包商完成合同规定施工义务的结算依据。每次支付工程月进度款前均需通过测量来核实实际完成的工程量,以计量值作为支付依据。采用单价合同的施工工作内容,应以计量的数量作为支付进度款的依据,而总价合同或单价包干混合式合同中按总价承包的都分可以按图纸工程量作为支付依据,仅对变更部分予以计量。

(2)承包商提供报表　每个月的月末,承包商应按工程师规定的格式提交一式六份本月支付报表。内容包括提出本月已完成合格工程的应付款要求和对应扣款的确认。

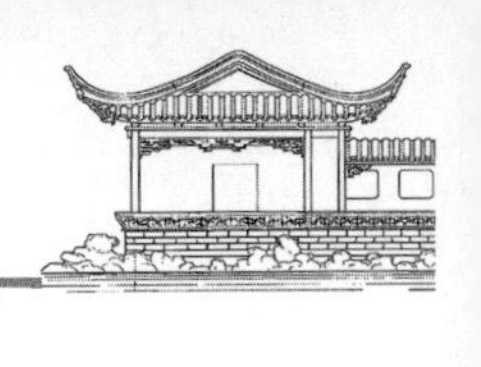

(3)工程师签证　工程师接到报表后，对承包商完成的工程形象、项目、质量、数量以及各项价款的计算进行核查。若有疑问时，可要求承包商共同复核工程量。在收到承包商的支付报表的28天内，按核查结果以及总价承包分解表中核实的实际完成情况签发支付证书。工程师可以不签发证书或扣减承包商报表中部分金额的情况包括：

①合同内约定有工程师签证的最小金额时，本月应签发的金额小于签证的最小金额，工程师不出具月进度款的支付证书。本月应付款接转下月，超过最小签证金额后一并支付。

②承包商提供的货物或施工的工程不符合合同要求，可扣发修正或重置相应的费用，直至修整或重置工作完成后再支付。

③承包商未能按合同规定进行工作或履行义务，并且工程师已经通知了承包商，则可以扣留该工作或义务的价值，直至工作或义务履行为止。

工程进度款支付证书属于临时支付证书，工程师有权对以前签发过的证书中发现的错、漏或重复进行修正，承包商也有权提出更改或修正，经双方复核同意后，将增加或扣减的金额纳入本次签证中。

(4)业主支付　承包商的报表经过工程师认可并签发工程进度款的支付证书后，业主应在接到证书后及时给承包商付款。业主的付款时间不应超过工程师收到承包商的月进度付款申请单后的56天。

3)工程价款的调整因素、方法、程序、支付及时间

合同价款的支付原则是按承包商实际完成工程量乘以清单中相应工作内容的单价，结算该部分工作的工程款。另外，大型复杂工程的施工期较长，通用条件中包括合同工期内因物价变化对施工成本产生影响后计算调价费用的条款，每次支付工程进度款时，均要考虑约定可调价范围内项目当地市场价格的涨落变化。而这笔调价款没有包含在中标价格内，仅在合同条款中约定了调价原则和调价费用的计算方法。

4)索赔与现场签证的程序、金额确认与支付时间

合同履行过程中，可能因业主的行为或他应承担风险责任的事件发生后，导致承包商增加施工成本，合同相应条款都规定应对承包商受到的实际损害给予补偿。

5)发生工程价款纠纷的解决方法与时间

凡是当事人对合同是否成立、成立的时间、合同内容的解释、合同的履行、违约的责任，以及合同的变更、中止、转让、解除、终止等发生的争端，均应包括在内；也包括对工程师的任何意见、指示、决定、证书或估价方面的任何争端，争端应提交争端裁决委员会裁决。

争端裁决委员会是根据投标书附录中的规定由合同双方共同设立的，由1人或者3人组成，具体情况按投标书附录中的规定，如果投标书附录中设有注明成员的数目，且合同双方没有其他的协议，则争端裁决委员会应包含3名成员。若争端裁决委员会成员为3人，则由合同双方各提名1名成员供对方认可，双方共同确定第三位成员作为主席。如果合同中有争端裁决委员会成员的意向性名单，则必须从该名单中进行选择，除非被选择的成员不能或不愿接受争端裁决委员会的委任，合同双方应当共同商定对争端裁决委员会成员的支付条件，并由双方各支付酬金的一半。

在合同双方同意的任何时候，他们可以委任一合格人选(或多个合格人选)替代(或备用人选替代)争端裁决委员会的任何一个或多个成员。除非合同双方另有协议，只要某一成员拒绝履行其职责或由于死亡、伤残、辞职或其委任终止而不能尽其职责，该委任即告生效。

任何成员的委任只有在合同双方同意的情况下才能终止，业主或承包商各自的行动将不能终止此类委任。

如果在合同双方之间产生起因于合同或其实施过程或与之相关的任何争端(任何种类)，包括对工程师的任何证书的签发、决定、指示、意见或估价的任何争端，任何一方可以将此类争端事宜以书面形式提交争端裁决委员会，供其裁定，并将副本送交另一方和工程师。合同双方应立即向争端裁决委员会提供为对此类争端进行裁决的目的而可能要求的所有附加资料、进一步的现场通道和适当的设施。

争端裁决委员会在收到书面报告后84天内对争端做出裁决，并说明理由。如果合同一方对争端

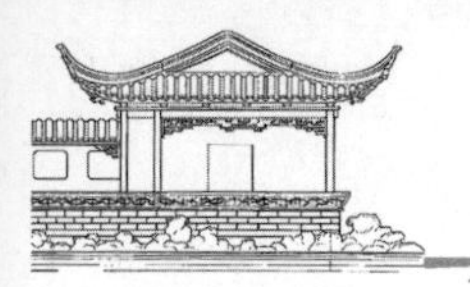
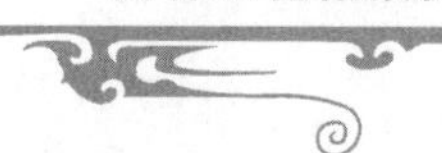

裁决委员会的裁决不满，则应当在收到裁决后的28天内向合同对方发出表示不满的通知，并说明理由，表明准备提请仲裁。如果争端裁决委员会未在84天内对争端做出裁决，则双方中的任何一方均有权在84天的期满后的28天内向对方发出要求仲裁的通知，如果双方接受争端裁决委员会的裁决，或者没有按照规定发出表示不满的通知，则该裁决将成为最终的决定并对合同双方均具有约束力。

争端裁决委员会的裁决做出后，在未通过友好解决或者仲裁改变该裁决之前，双方应当执行该裁决。

仲裁的规定，其意义不仅在于寻找一条解决争端的途径和方法，更重要的是仲裁条款的出现使当事人双方失去了通过诉讼程序解决合同争端的权利。由于当事人在仲裁与诉讼中只能选择一种解决方法，因此该规定实际决定了合同当事人只能把提交仲裁作为解决争端的最后办法。

仲裁裁决具有法律效力。但仲裁机构无权强制执行，如一方当事人不履行裁决，另一方当事人可向法院申请强制执行。

6)工程竣工价款结算编制与核对、支付及时间

颁发工程接收证书后的84天内，承包商应按工程师规定的格式报送竣工报表。工程师接到竣工报表后，应对照竣工图进行工程量详细核算，对其他支付要求进行审查，然后再依据检查结果签署竣工结算的支付证书。此项签证工作，工程师也应从收到竣工报表后28天内完成。业主依据工程师的签证予以支付。

7)工程质量保证(保修)金的数额、预扣方式及时间

保留金是按合同约定从承包商应得的工程进度款中相应扣减的一笔金额，保留在业主手中，作为约束承包商严格履行合同义务的措施之一。当承包商有一般违约行为使业主受到损失时，可从该项金额内直接扣除损害赔偿费。例如，承包商未能在工程师规定的时间内修复缺陷工程部位，业主雇用其他人完成后，这笔费用可从保留金内扣除。

8)与履行合同、支付价款有关的其他事项

招标工程合同预定的内容不得违背招投标文件的实质性内容。招标文件与中标人投标文件不一致的地方，签订合同时，以投标文件为准。

【案例8.2】

背景：某建设单位(甲方)拟建造一个24 000 m^2的城市公园，采用工程量清单招标方式由某施工单位(乙方)承建。甲乙双方签订的施工合同摘要如下：

一、协议书中的部分条款

(1)本协议书与下列文件一起构成合同文件：①中标通知书；② 投标函及投标函附录；③专用合同条款及其附件；④通用合同条款；⑤技术标准和要求；⑥图纸；⑦已标价工程量清单；⑧其他合同文件。

(2)上述文件互相补充和解释，如有不明确或不一致之处，以上述顺序作为优先解释顺序(合同履行过程中另行约定的除外)。

(3)签约合同价：人民币(大写)陆佰贰拾肆万元(￥6 240 000.00元)。

(4)承包人项目经理：在开工前由承包人采用内部竞聘方式确定。

(5)工程质量：甲方规定的质量标准。

二、专用条款中有关合同价款的条款

1)合同价款及其调整

本合同价采用总价合同方式确定，除如下约定外，不得调整。

(1)当工程量清单项目工程量的变化幅度在15%以外时，合同价款可做调整。

(2)当材料价格上涨超过5%时，调整相应分项工程价款。

2)合同价款的支付

(1)工程预付款　于开工之日支付合同总价的10%作为预付款。工程实施后，预付款从工程后期进度款中扣回。

(2)工程进度款　土石方工程完成后，支付合同总价的10%；园林土建工程完成后，支付合同总价的30%；水电安装工程完成后，支付合同总价的10%；园林绿化工程完工后，支付合同总价的30%。为确保工程如期竣工，乙方不得因甲方资金的暂时不到位而停工和拖延工期。

(3)竣工结算　工程竣工验收后，进行竣工结算。结算时按全部工程造价的3%扣留工程质量保

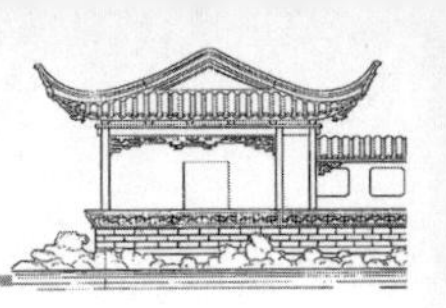

证金。在保修期(50 年)满后,质量保证金及其利息扣除已支出费用后的剩余部分退还给乙方。

三、补充协议条款

在上述施工合同协议条款签订后,甲乙双方又接着签订了补充施工合同协议条款。摘要如下:

补 1. 公园消防车道道牙由混凝土道牙更改为芝麻灰花岗石道牙;

补 2. 停车场停车位更改为生态停车位,彩色混凝土面层更改为植草砖;

补 3. 观景平台增设高度为 1.2 m 的防腐木栏杆 35 m。

问题:

1. 该合同签订的条款有哪些不妥之处?如有,应如何修改?

2. 工程合同实施过程中,出现哪些情况可以调整合同价款?简述出现合同价款调增事项后,发承包双方的处理程序。

3. 对合同中未规定的承包商义务,合同实施过程中又必须进行的工程内容,承包商应如何处理?

解答:

问题 1:

答:该合同条款存在的不妥之处及其修改:

(1)承包人在开工前采用内部竞聘方式确定项目经理不妥。应明确为投标文件中拟订的项目经理。如果项目经理人选发生变动,应该征得监理人和(或)甲方同意。

(2)工程质量为甲方规定的质量标准不妥。本工程是园林工程,目前对该类工程尚不存在其他可以明示的企业或行业的质量标准。因此,不应以甲方规定的质量标准作为该工程的质量标准,而应以《建筑工程施工质量验收统一标准》(GB 50300—2013)中规定的质量标准和《园林绿化工程施工及验收规范》(CJJ 82—2012)作为该工程的质量标准。

(3)针对工程量变化幅度和材料上涨幅度调整工程价款的约定不妥。应根据《建设工程工程量清单计价规范》(CB 50500—2013)的有关规定,全面约定工程价款可以调整的内容和调整方法。

(4)工程预付款预付额度和时间不妥。根据《建设工程工程量清单计价规范》(GB 50500—2013)的规定:①包工包料工程的预付款的支付比例不得低于签约合同价(扣除暂列金额)的 10%,不宜高于签约合同价(扣除暂列金额)的 30%。②承包人应在签订合同或向发包人提供与预付款等额的预付款保函(如有)后向发包人提交预付款支付申请。发包人应对在收到支付申请的 7 天内进行核实后向承包人发出预付款支付证书,并在签发支付证书后的 7 天内向承包人支付预付款。③应明确约定工程预付款的起扣点和扣回方式。

(5)工程价款支付条款约定不妥。“基本竣工时间”不明确,应修订为具体明确的时间;“乙方不得因甲方资金的暂时不到位而停工和拖延工期”条款显失公平,应说明在什么期限内甲方资金不到位乙方不得停工和拖延工期,逾期支付的利息如何计算。

(6)工程质量保证金返还时间不妥。根据国家建设部、财政部颁布的《关于印发〈建设工程质量保证金管理暂行办法〉的通知》建质〔2005〕7 号的规定,在施工合同中双方约定的工程质量保证金保留时间应为 6 个月、12 个月或 24 个月。而《建设工程施工合同(示范文本)》(GF—2013—0201)也规定,工程质量保证金的保留时间应从实际竣工日期起计算,合同当事人应在专用合同条款约定缺陷责任期的具体期限,但该期限最长不超过 24 个月。

(7)质量保修期(50 年)不妥。应按《建设工程质量管理条例》的有关规定进行修改。地基与基础、土建为设计的合理使用年限,防水、保温工程为 5 年,其他工程(水、电、装修等)为 2 年或 2 期。

(8)补充施工合同协议条款不妥。在补充协议中,不仅要补充工程内容,而且要说明工期和合同价款是否需要调整,若需调整该如何调整。

问题 2:

答:根据《建设工程工程量清单计价规范》(GB 50500—2013)的规定,下列事项(但不限于)发生,发承包双方应当按照合同约定调整合同价款:①法律法规变化;②工程变更;③项目特征描述不符;④工程量清单缺项;⑤工程量偏差;⑥物价变化;⑦暂估价;⑧计日工;⑨现场签证;⑩不可抗力;⑪提前竣工(赶工补偿);⑫误期赔偿;⑬施工索赔;⑭暂

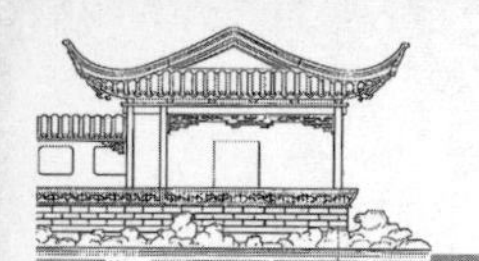

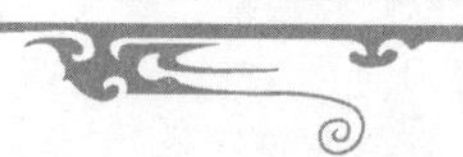

列金额；⑮发承包双方约定的其他调整事项。

出现合同价款调增事项后的14天内，承包人应向发包人提交合同价款调增报告并附上相关资料，若承包人在14天内未提交合同价款调增报告的，视为承包人对该事项不存在调整价款。

发包人应在收到承包人合同价款调增报告及相关资料之日起14天内对其核实，予以确认的应书面通知承包人。如有疑问，应向承包人提出协商意见。发包人在收到合同价款调增报告之日起14天内未确认也未提出协商意见的，视为承包人提交的合同价款调增报告已被发包人认可。发包人提出协商意见的，承包人应在收到协商意见后的14天内对其核实，予以确认的应书面通知发包人。如承包人在收到发包人的协商意见后14天内既不确认也未提出不同意见的，视为发包人提出的意见已被承包人认可。

问题3：

答：首先应及时与甲方协商，确认该部分工程内容是否由乙方完成。如果需要由乙方完成，则双方应商签补充合同协议，就该部分工程内容明确双方各自的权利义务，并对工程计划做出相应的调整；如果由其他承包商完成，乙方也要与甲方就该部分工程内对工程内容的协作配合条件及相应的费用等问题达成一致意见，以保证工程的顺利进行。

思考题

1. 简述建设工程招标具体内容。
2. 简述建设工程公开招标的程序。
3. 分部分项工程量清单根据哪些内容进行编制？哪些内容必须描述，哪些内容可以省略？
4. 招标控制价与投标报价分别指什么？两者之间的关系是怎样的？

第9章 建设项目施工阶段合同价款的调整和结算

工程建设全过程造价管理可分为决策、设计、发承包和施工四个阶段。本章着重对建设工程中后期施工阶段中合同价款的调整与结算阐述工程造价管理的内容和方法。

《建设工程工程量清单计价规范》(GB 50500—2013)对于合同价款调整更加完善,凡出现以下情况之一者,发承包双方应当按照合同约定调整合同价款:①法律法规变化;②工程变更;③项目特征描述不符;④工程清单缺项;⑤工程量偏差;⑥物价变化;⑦暂估价;⑧计日工;⑨现场签证;⑩不可抗力;⑪提前竣工(赶工补偿);⑫误期赔偿;⑬索赔;⑭暂列金额;⑮发承包双方约定的其他调整事项。

9.1 工程变更及现场签证

9.1.1 工程变更

工程变更是指合同工程实施过程中,由发包人提出或由承包人提出,经发包人批准的合同工程任何一项工作的增、减、取消或施工工艺、顺序、时间的改变;设计图纸的修改;施工条件的改变;招标工程量清单的错、漏引起合同条件的改变或工程量的增减变化。

工程变更可以理解为合同工程实施过程中,由发包人提出或由承包人提出,经发包人批准的合同工程的任何改变。工程变更指令发出后,应当迅速落实指令,全面修改相关的各种文件。承包人也应当抓紧落实,如果承包人不能全面落实变更指令,则扩大的损失应当由承包人承担。

《建设工程工程量清单计价规范》(GB 50500—2013)对因工程变更引起的合同价款调整方法如下:

(1)因工程变更引起已标价工程量清单项目或其工程数量发生变化时,应按照下列规定调整:

①已标价工程量清单中有适用于变更工程项目的,应采用该项目的单价;当工程变更导致该清单项目的工程数量发生变化,且工程量偏差超过15%时,可进行调整。当工程量增加15%以上时,增加部分的工程量的综合单价应予调低;当工程量减少15%以上时,减少后剩余部分的工程量的综合单价应予调高。

②已标价工程量清单中没有适用、但有类似于变更工程项目的,可在合理范围内参照类似项目的单价。

③已标价工程量清单中没有适用也没有类似于变更工程项目的,由承包人根据变更工程资料、计量规则和计价办法、工程造价管理机构发布的信息价格和承包人报价浮动率提出变更工程项目的单价,并应报发包人确认后调整。承包人报价浮动率可按下列公式计算:

招标的工程:承包人报价浮动率

$$L=(1-中标价/招标控制价)\times 100\%$$

非招标的工程:承包人报价浮动率

$$L=(1-报价值/施工图预算)\times 100\%$$

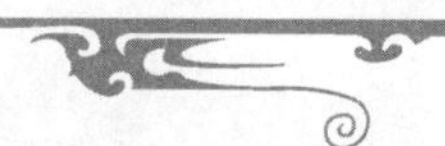

④已标价工程量清单中没有适用也没有类似于变更工程项目，且工程造价管理机构发布的信息价格缺价的，由承包人根据变更工程资料、计量规则、计价办法和通过市场调查等取得有合法依据的市场价格提出变更工程项目的单价，报发包人确认后调整。

(2)工程变更引起施工方案改变，并使措施项目发生变化时，承包人提出调整措施项目费的，应事先将拟实施的方案提交发包人确认，并详细说明与原方案措施项目相比的变化情况。拟实施的方案经发承包双方确认后执行。该情况下，应按照下列规定调整措施项目费：

①安全文明施工费，按照实际发生变化的措施项目调整。安全文明施工费应按照国家或省级、行业建设主管部门的规定计价，不得作为竞争性费用。

②采用单价计算的措施项目费，按照实际发生变化的措施项目，按第(1)条的规定确定单价。

③按总价(或系数)计算的措施项目费，按照实际发生变化的措施项目调整，但应考虑承包人报价浮动因素，即调整金额按照实际调整金额乘以本规范第(1)条规定的承包人报价浮动率计算。

如果承包人未事先将拟实施的方案提交给发包人确认，则视为工程变更不引起措施项目费的调整或承包人放弃调整措施项目费的权利。

(3)如果工程变更项目出现承包人在工程量清单中填报的综合单价与发包人招标控制价或施工图预算相应清单项目的综合单价偏差超过15%，则工程变更项目的综合单价可由发承包双方按照下列规定调整：

①当 $P_0 < P_1 \times (1-L) \times (1-15\%)$ 时，该类项目的综合单价按照 $P_1 \times (1-L) \times (1-15\%)$ 调整。

②当 $P_0 > P_1 \times (1+15\%)$ 时，该类项目的综合单价按照 $P_1 \times (1+15\%)$ 调整。

式中：P_0 为承包人在工程量清单中填报的综合单价；P_1 为发包人招标控制价或施工预算相应清单项目的综合单价；L 为第(1)条中定义的承包人报价浮动率。

(4)如果发包人提出的工程变更，因为非承包人原因删减了合同中的某项原定工程，致使承包人发生的费用或(和)得到的收益不能被包括在其他已支付或应支付的项目中，也未被包含在任何替代的工作或工程中，则承包人有权提出并得到合理的利润补偿。

9.1.2 现场签证

现场签证是指发包人现场代表(或其授权的监理人、工程造价咨询人)与承包人现场代表就施工过程中涉及的责任事件所做的签认证明。

施工合同履行期间出现现场签证事件的，发承包双方应调整合同价款。承包人在施工过程中，若发现合同工程内容因场地条件、地质水文、发包人要求等不一致时，应提供所需的相关资料，提交发包人签证认可，作为合同价款调整的依据。合同工程发生现场签证事项，未经发包人签证确认，承包人便擅自实施相关工作的，除非征得发包人书面同意，否则发生的费用由承包人承担。

《建设工程工程量清单计价规范》(GB 50500—2013)对因现场签证引起的合同价款调整方法如下：

(1)承包人应发包人要求完成合同以外的零星项目、非承包人责任事件等工作的，发包人应及时以书面形式向承包人发出指令，提供所需的相关资料；承包人在收到指令后，应及时向发包人提出现场签证要求。

(2)承包人应在收到发包人指令后的7天内，向发包人提交现场签证报告，报告中应写明所需的人、材、工的消耗量等内容。发包人应在收到现场签证报告后的48 h内对报告内容进行核实，予以确认或提出修改意见。发包人在收到承包人现场签证报告后的48 h内未确认也未提出修改意见的，视为承包人提交的现场签证报告已被发包人认可。

(3)现场签证的工作如果已有相应的计日工单价，现场签证报告中仅列明完成该签证工作所需的人工、材料、工程设备和施工机械台班的数量。

如果现场签证的工作没有相应的计日工单价，应当在现场签证报告中列明完成该签证工作所需的人工、材料、工程设备和施工机械台班的数量及其单价。

(4)合同工程发生现场签证事项，未经发包人签

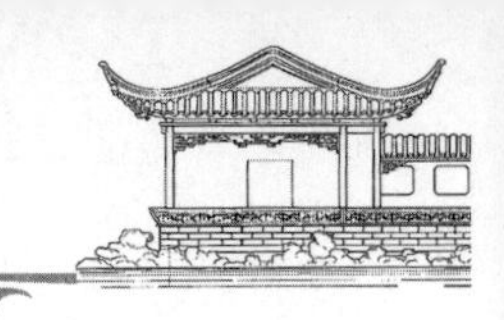

证确认，承包人便擅自施工的，除非征得发包人同意，否则发生的费用由承包人承担。

(5)现场签证工作完成后的 7 天内，承包人应按照现场签证内容计算价款，报送发包人确认后，作为追加合同价款，与工程进度款同期支付。

经承包人提出，发包人核实并确认后的现场签证表的格式见表 9-1。

表 9-1　现场签证表

工程名称：　　　　　　　　　　　　标段：　　　　　　　　　　　　编号：

<table>
<tr><td>施工部位</td><td></td><td>日期</td><td></td></tr>
<tr><td colspan="4">致：____________________________________（发包人全称）
根据________（指令人姓名）　年　月　日的口头指令或你方________（或监理人）
年　月　日的书面通知，我方要求完成此项工作应支付价款金额为（大写）________（小写________），请予核准。
附：1. 签证事由及原因
2. 附图及计算式
承包人（章）________
承包人代表________
日　期________</td></tr>
<tr><td colspan="2">复核意见：
你方提出的此项签证申请经复核：
□不同意此项签证，具体意见见附件。
□同意此项签证，签证金额的计算，由造价工程师复核。
监理工程师________
日　期________</td><td colspan="2">复核意见：
□此项签证按承包人中标的计日单价计算，金额为（大写）________（小写________）。
□此项签证因无计日单价计算，金额为（大写）________（小写________）。
造价工程师________
日　期________</td></tr>
<tr><td colspan="4">审核意见：
□不同意此项签证。
□同意此项签证，价款与本期进度款同期支付。
发包人（章）________
发包人代表________
日　期________</td></tr>
</table>

注：1. 在选择栏中的“□”内作标识“√”。2. 本表一式四份，由承包人在收到发包人（监理人）的口头或书面通知后填写，发包人、监理人、造价咨询人、承包人各存一份。

9.2 工程索赔

9.2.1 工程索赔概念

工程索赔是指在工程合同履行过程中，合同当事人一方因非己方的原因而遭受损失，按合同约定或法律法规规定承担责任，从而向对方提出补偿的要求。

9.2.2 工程索赔分类

1)根据索赔的合同当事人不同

(1)承包人与发包人之间的索赔　该类索赔发生在建设工程施工合同的双方当事人之间，既包括承包人向发包人的索赔，也包括发包人向承包人的索赔。但是在工程实践中，经常发生的索赔事件，大都是承包人向发包人提出的，本教材中所提及的索赔，如果未做特别说明，即是指此类情形。

(2)总承包人和分包人之间的索赔　在建设工程分包合同履行过程中，索赔事件发生后，无论是发包人的原因还是总承包人的原因所致，分包人都只能向总承包人提出索赔要求，而不能直接向发包人提出。

2)根据索赔的目的和要求不同

(1)工期索赔　工期索赔一般是指承包人依据合同约定，对于非因自身原因导致的工期延误向发包人提出工期顺延的要求。工期顺延的要求获得批准后，不仅可以免除承包人承担拖期违约赔偿金的责任，而且承包人还有可能因工期提前获得赶工补偿(或奖励)。

(2)费用索赔　费用索赔的目的是要求补偿承包人(或发包人)的经济损失，费用索赔的要求如果获得批准，必然会引起合同价款的调整。

3)根据索赔事件的性质不同

(1)工程延误索赔　因发包人未按合同要求提供施工条件，或因发包人指令工程暂停或不可抗力事件等原因造成工期拖延的，承包人可以向发包人提出索赔；如果由于承包人原因导致工期拖延，发包人可以向承包人提出索赔。

(2)加速施工索赔　由于发包人指令承包人加快施工速度，缩短工期，引起承包人的人力、物力、财力的额外开支，承包人提出的索赔。

(3)工程变更索赔　由于发包人指令增加或减少工程量或增加附加工程、修改设计、变更工程顺序等，造成工期延长和(或)费用增加，承包人就此提出索赔。

(4)合同终止的索赔　由于发包人违约或发生不可抗力事件等原因造成合同非正常终止，承包人因其遭受经济损失而提出索赔。如果由于承包人的原因导致合同非正常终止，或者合同无法继续履行，发包人可以就此提出索赔。

(5)不可预见的不利条件索赔　承包人在工程施工期间，施工现场遇到一个有经验的承包人通常不能合理预见的不利施工条件或外界障碍，例如地质条件与发包人提供的资料不符，出现不可预见的地下水、地质断层、溶洞、地下障碍物等，承包人可以就因此遭受的损失提出索赔。

(6)不可抗力事件的索赔　工程施工期间，因不可抗力事件的发生而遭受损失的一方，可以根据合同中对不可抗力风险分担的约定，向对方当事人提出索赔。

(7)其他索赔　如因货币贬值、汇率变化、物价上涨、政策法令变化等原因引起的索赔。

9.2.3 合同调整方法

《建设工程工程量清单计价规范》(GB 50500—2013)对因工程索赔引起的合同价款调整方法如下：

(1)当合同一方向另一方提出索赔时，应有正当的索赔理由和有效证据，并应符合合同的相关约定。

(2)根据合同约定，承包人认为非承包人原因发生的事件造成了承包人的损失，应按下列程序向发包人提出索赔：①承包人应在知道或应当知道索赔事件发生后 28 天内，向发包人提交索赔意向通知书，说明发生索赔事件的事由。承包人逾期未发出索赔意向通知书的，丧失索赔的权利。②承包人应在发出索赔意向通知书后 28 天内，向发包人正式提交索赔通知书。索赔通知书应详细说明索赔理由和要求，并应附必要的记录和证明材料。③索赔事件

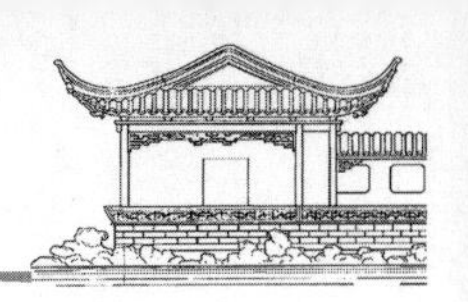

具有连续影响的，承包人应继续提交延续索赔通知，说明连续影响的实际情况和记录。④在索赔事件影响结束后的28天内，承包人应向发包人提交最终索赔通知书，说明最终索赔要求，并应附必要的记录和证明材料。

(3)承包人索赔应按下列程序处理　①发包人收到承包人的索赔通知书后，应及时查验承包人的记录和证明材料。②发包人应在收到索赔通知书或有关索赔的进一步证明材料后的28天内，将索赔处理结果答复承包人，如果发包人逾期未做出答复，视为承包人索赔要求已被发包人认可。③承包人接受索赔处理结果的，索赔款项应作为增加合同价款，在当期进度款中进行支付；承包人不接受索赔处理结果的，应按合同约定的争议解决方式办理。

(4)承包人要求赔偿时，可以选择下列一项或几项方式获得赔偿：①延长工期。②要求发包人支付实际发生的额外费用。③要求发包人支付合理的预期利润。④要求发包人按合同的约定支付违约金。

(5)当承包人的费用索赔与工期索赔要求相关联时，发包人在做出费用索赔的批准决定时，应结合工程延期，综合做出费用赔偿和工程延期的决定。

(6)发承包双方在按合同约定办理了竣工结算后，应被认为承包人已无权再提出竣工结算前所发生的任何索赔。承包人在提交的最终结清申请中，只限于提出竣工结算后的索赔，提出索赔的期限应自发承包双方最终结清时终止。

(7)根据合同约定，发包人认为由于承包人的原因造成发包人的损失，宜按承包人索赔的程序进行索赔。

(8)发包人要求赔偿时，可以选择下列一项或几项方式获得赔偿：①延长质量缺陷修复期限。②要求承包人支付实际发生的额外费用。③要求承包人按合同的约定支付违约金。

(9)承包人应付给发包人的索赔金额可从拟支付给承包人的合同价款中扣除，或由承包人以其他方式支付给发包人。

费用索赔申请表格式如表9-2所示。

9.3　工程价款结算

9.3.1　合同价款期中支付

1)预付款

预付款是指在开工前，发包人按照合同约定，预先支付给承包人用于购买合同工程施工所需的材料、工程设备，以及组织施工机械和人员进场等的款项。

包工包料工程的预付款的支付比例不得低于签约合同价(扣除暂列金额)的10%，预付款的支付比例不宜高于合同价款的30%。承包人对预付款必须专用于合同工程。

预付款的支付应符合以下规定：①承包人应在签订合同或向发包人提供与预付款等额的预付款保函后，向发包人提交预付款支付申请。②发包人应在收到支付申请的7天内进行核实，向承包人发出预付款支付证书，并在签发支付证书后的7天内向承包人支付预付款。③发包人没有按合同约定按时支付预付款的，承包人可催告发包人支付；发包人在预付款期满后的7天内仍未支付的，承包人可在付款期满后的第8天起暂停施工。发包人应承担由此增加的费用和延误的工期，并应向承包人支付合理利润。④预付款应从每一个支付期应支付给承包人的工程进度款中扣回，直到扣回的金额达到合同约定的预付款金额为止。⑤承包人的预付款保函的担保金额根据预付款扣回的数额相应递减，但在预付款全部扣回之前一直保持有效。发包人应在预付款扣完后的14天内将预付款保函退还给承包人。

2)安全文明施工费

安全文明施工费包括的内容和使用范围，应符合国家有关文件和计量规范的规定。

安全文明施工费的支付应符合以下要求：①发包人应在工程开工后的28天内预付不低于当年施工进度计划的安全文明施工费总额的50%，其余部分应与进度款同期支付。②发包人没有按时支付安全文明施工费的，承包人可催告发包人支付；发包人在付款期满后的7天内仍未支付的，若发生安全事

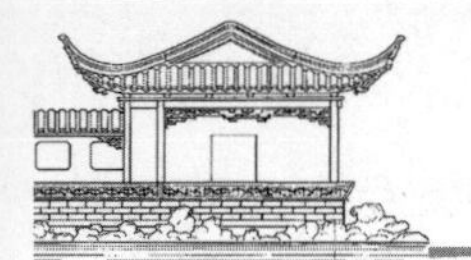

表 9-2　费用索赔申请(核准)表

工程名称：　　　　　　　　　　　标段：　　　　　　　　　　　编号：

<table>
<tr><td>施工部位</td><td></td><td>日期</td><td></td></tr>
<tr><td colspan="4">致：________________________________（发包人全称）
根据施工合同条款______条的约定，由于______________原因，我方要求索赔金额（大写）______（小写______），请予核准。
附：1. 费用索赔的详细理由和依据；
2. 索赔金额的计算；
3. 证明材料。
承包人（章）______
承包人代表______
日　期______</td></tr>
<tr><td colspan="2">复核意见：
根据施工合同条款______条的约定，你方提出的费用索赔申请经复核：
□不同意此项索赔，具体意见见附件。
□同意此项索赔，具体金额的计算，由造价工程师复核。
监理工程师______
日　期______</td><td colspan="2">复核意见：
根据施工合同条款______条的约定，你方提出的费用索赔申请经复核：金额为（大写）______
（小写______）。
造价工程师______
日　期______</td></tr>
<tr><td colspan="4">审核意见：
□不同意此项索赔。
□同意此项索赔，价款与本期进度款同期支付。
发包人（章）______
发包人代表______
日　期______</td></tr>
</table>

注：1. 在选择栏中的“□”内做标识“√”。2. 本表一式四份，由承包人填报，发包人、监理人、造价咨询人、承包人各存一份。

故，发包人应承担相应责任。③承包人对安全文明施工费应专款专用，在财务账目中应单独列项备查，不得挪作他用，否则发包人有权要求其限期改正；逾期未改正的，造成的损失和延误的工期应由承包人承担。

3)进度款

发承包双方应按照合同约定的时间、程序和方法，根据工程计量结果，办理期中价款结算，支付进度款。

进度款的支付应遵循以下要求：

(1)进度款支付周期应与合同约定的工程计量周期一致。

(2)承包人应在每个计量周期到期后的 7 天内向发包人提交已完工程进度款支付申请一式四份，

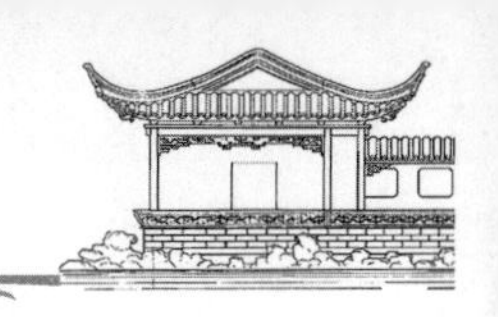

详细说明此周期认为有权得到的款额，包括分包人已完工程的价款。支付申请应包括下列内容：①累计已完成工程的工程价款；②累计已实际支付的工程价款；③本期间完成的工程价款；④本期间已完成的计日工价款；⑤应支付的调整工程价款；⑥本期间应支付的安全文明施工费；⑦本期间应扣回的预付款；⑧本期间应支付的总承包服务费；⑨本期间应扣留的质量保证金；⑩本期间应支付的、应扣除的索赔金额；⑪本期间应支付的或扣留（扣回）的其他款项；⑫本期间实际应支付的工程款项。

（3）发包人应在收到承包人进度款支付申请后的 14 天内，根据计量结果和合同约定对申请内容予以核实，确认后向承包人出具进度款支付证书。若发承包双方对部分清单项目的计量结果出现争议，发包人应对无争议部分的工程计量结果向承包人出具进度款支付证书。

（4）发包人应在签发进度款支付证书后的 14 天内，按照支付证书列明的金额向承包人支付进度款。

（5）若发包人逾期未签发进度款支付证书，则视为承包人提交的进度款支付申请已被发包人认可，承包人可向发包人发出催告付款的通知。发包人应在收到通知后的 14 天内，按照承包人支付申请的金额向承包人支付进度款。

（6）发包人未按照第（4）、（5）条的规定支付进度款的，承包人可催告发包人支付，并有权获得延迟支付的利息；发包人在付款期满后的 7 天内仍未支付的，承包人可在付款期满后的第 8 天起暂停施工。发包人应承担由此增加的费用和延误的工期，向承包人支付合理利润，并应承担违约责任。

（7）发现已签发的任何支付证书有错、漏或重复的数额，发包人有权予以修正，承包人也有权提出修正申请。经发承包双方复核同意修正的，应在本次到期的进度款中支付或扣除。

4）总承包服务费

发包人应在工程开工后的 28 天内向承包人预付总承包费的 20%，分包进场后，其余部分与进度款同期支付。

发包人未按合同约定向承包人支付总承包服务费，承包人可不履行总包服务义务，由此造成的损失（如有）由发包人承担。

总承包服务费计价表格式如表 9-3 所示。

表 9-3　总承包服务费计价表

工程名称：　　　　　　　　　　　　标段：　　　　　　　　　　　　第　页　共　页

序号	项目名称	项目价值(元)	服务内容	费率(%)	金额(元)
1	发包人发包专业工程				
2	发包人供应材料				
	合　计				

9.3.2　竣工结算与支付

1）竣工结算

合同工程完工后，承包人应在经发承包双方确认的合同工程期中价款结算的基础上汇总编制完成竣工结算文件，应在提交竣工验收申请的同时，向发包人提交竣工结算文件。

（1）承包人未在合同约定的时间内提交竣工结算文件，经发包人催告后 14 天内仍未提交或没有明确答复的，发包人有权根据已有资料编制竣工结算

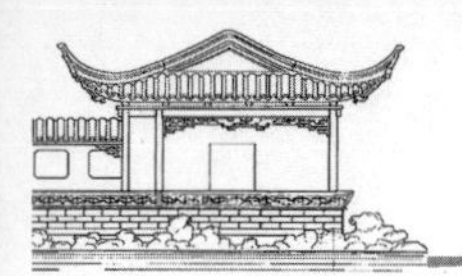

文件，作为办理竣工结算和支付结算款的依据，承包人应予以认可。

(2)发包人应在收到承包人提交的竣工结算文件后的28天内审核完毕。发包人经核实，认为承包人应进一步补充资料和修改结算文件，应在上述时限内向承包人提出核实意见，承包人在收到核实意见后14天内应按照发包人提出的合理要求补充资料，修改竣工结算文件，并应再次提交给发包人复核后批准。

(3)发包人应在收到承包人再次提交的竣工结算文件后的28天内予以复核，将复核结果通知承人，并应遵守下列规定：①发包人、承包人对复核结果无异议的，应在7天内在竣工结算文件上签字确认，竣工结算办理完毕；②发包人或承包人对复核结果认为有误的，无异议部分按照本条第①款规定办理不完全竣工结算；有异议部分由发承包双方协商解决；协商不成的，应按照合同约定的争议解决方式处理。

(4)发包人在收到承包人竣工结算文件后的28天内，不核对竣工结算或未提出核对意见的，应视为承包人提交的竣工结算文件已被发包人认可，竣工结算办理完毕。

(5)承包人在收到发包人提出的核实意见后的28天内，不确认也未提出异议的，应视为发包人提出的核实意见已被承包人认可，竣工结算办理完毕。

(6)发包人委托工程造价咨询人核对竣工结算的，工程造价咨询人应在28天内核对完毕，核对结论与承包人竣工结算文件不一致的，应提交给承包人复核；承包人应在14天内将同意核对结论或不同意见的说明提交工程造价咨询人。工程造价咨询人收到承包人提出的异议后，应再次复核，复核无异议的，应按本规范第(3)条第①款的规定办理，复核后仍有异议的，按本规范第(3)条第②款的规定办理。承包人逾期未提出书面异议的，应视为工程造价咨询人核对的竣工结算文件已经承包人认可。

(7)对发包人或发包人委托的工程造价咨询人指派的专业人员与承包人指派的专业人员经核对后无异议并签名确认的竣工结算文件，除非发承包人能提出具体、详细的不同意见，发承包人都应在竣工结算文件上签名确认，如其中一方拒不签认的，按下列规定办理：①若发包人拒不签认的，承包人可不提供竣工验收备案资料，并有权拒绝与发包人或其上级部门委托的工程造价咨询人重新核对竣工结算文件。②若承包人拒不签认的，发包人要求办理竣工验收备案的，承包人不得拒绝提供竣工验收资料，否则，由此造成的损失，承包人承担相应责任。

(8)发承包双方或一方对工程造价咨询人出具的竣工结算文件有异议时，可向当地工程造价管理机构投诉，申请对其进行执业质量鉴定。

(9)工程造价管理机构受理投诉后，应当组织专家对投诉的竣工结算文件进行质量鉴定，并做出鉴定意见。

(10)竣工结算办理完毕，发包人应将竣工结算书报送工程所在地(或有该工程管辖权的行业主管部门)工程造价管理机构备案，竣工结算书作为工程竣工验收备案、交付使用的必备文件。

2)结算款支付

承包人应根据办理的竣工结算文件向发包人提交竣工结算款支付申请。

申请应包括下列内容：①竣工结算总额；②已支付的合同价款；③应扣留的质量保证金；④应支付的竣工付款金额。

发包人应在收到承包人提交竣工结算款支付申请后7天内予以核实，向承包人签发竣工结算支付证书。

发包人签发竣工结算支付证书后的14天内，应按照竣工结算支付证书列明的金额向承包人支付结算款。

发包人未按规定支付竣工结算款的，承包人可催告发包人支付，并有权获得延迟支付的利息。发包人在竣工结算支付证书签发后或者在收到承包人提交的竣工结算款支付申请7天后的56天内仍未支付的，除法律另有规定外，承包人可与发包人协商将该工程折价，也可直接向人民法院申请将该工程依法拍卖。承包人应就该工程折价或拍卖的价款优先受偿。

工程款支付申请表格式如表9-4所示。

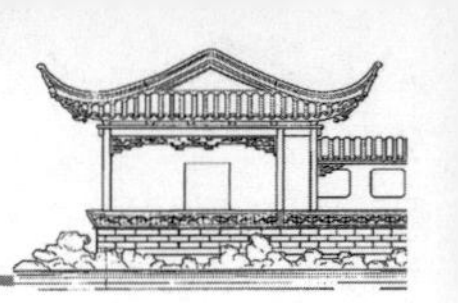

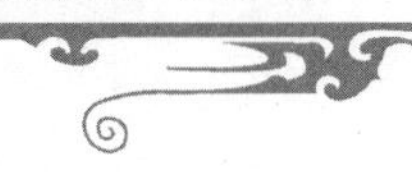

表9-4　工程款支付申请(核准)表

工程名称：　　　　　　　　　　　　标段：　　　　　　　　　　　　编号：

致：____（发包人全称）

我方于__________至__________期间已完成了__________工作，根据施工合同的约定，现申请支付本期的工程款额为(大写)________________(小写__________)，请予核准。

序号	名称	金额(元)	备注
1	累计已完成的工程价款		
2	累计已实际支付的工程价款		
3	本周期已完成的工程价款		
4	本周期完成的计日工金额		
5	本周期应增加和扣减的变更金额		
6	本周期应增加和扣减的索赔金额		
7	本周期应抵扣的预付款		
8	本周期应扣减的质保金		
9	本周期应增加或扣减的其他金额		
10	本周期实际应支付的工程价款		

复核意见：

□与实际施工情况不相符，修改意见见附件；

□与实际施工情况相符，具体金额由造价工程师复核。

监理工程师__________

日　期__________

复核意见：

你方提出的支付申请经复核，本期间已完成工程款额为(大写)________________(小写__________)，本期间应支付金额为(大写)________________(小写__________)。

造价工程师__________

日　期__________

审核意见：

□不同意。

□同意，支付时间为本表签发后的15天内。

发包人(章)__________

发包人代表__________

日　期__________

注：1. 在选择栏中的"□"内作标识"√"。2. 本表一式四份，由承包人填报，发包人、监理人、造价咨询人、承包人各存一份。

3)质量保证金

发包人应按照合同约定的质量保证金比例从结算款中预留质量保证金。

承包人未按照合同约定履行属于自身责任的工程缺陷修复义务的,发包人有权从质量保证金中扣除用于缺陷修复的各项支出。经查验,工程缺陷属于发包人原因造成的,应由发包人承担查验和缺陷修复的费用。

4)最终结清

发承包双方应在合同中约定最终结清款的支付时限。承包人应按照合同约定向发包人提交最终结清支付申请。发包人对最终结清支付申请有异议的,有权要求承包人进行修正和提供补充资料。承包人修正后,应再次向发包人提交修正后的最终结清支付申请。

发包人应在收到最终结清支付申请后的 14 天内予以核实,并应向承包人签发最终结清支付证书。

发包人应在签发最终结清支付证书后的 14 天内,按照最终结清支付证书列明的金额向承包人支付最终结清款。

发包人未在约定的时间内核实,又未提出具体意见的,应视为承包人提交的最终结清支付申请已被发包人认可。

发包人未按期最终结清支付的,承包人可催告发包人支付,并有权获得延迟支付的利息。

最终结清时,承包人被预留的质量保证金不足以抵减发包人工程缺陷修复费用的,承包人应承担不足部分的补偿责任。

承包人对发包人支付的最终结清款有异议的,应按照合同约定的争议解决方式处理。

5)合同解除的价款结算与支付

(1)发承包双方协商一致解除合同的,应按照达成的协议办理结算和支付合同价款。

(2)由于不可抗力致使合同无法履行解除合同的,发包人应向承包人支付合同解除之日前已完工程但尚未支付的合同价款,此外,还应支付下列金额:①已实施或部分实施的措施项目应付价款;②承包人为合同工程合理订购且已交付的材料和工程设备货款;③承包人撤离现场所需的合理费用,包括员工遣送费和临时工程拆除、施工设备运离现场的费用;④承包人为完成合同工程而预期开支的任何合理费用,且该项费用未包括在本款其他各项支付之内;⑤由于不可抗力规定的任何工作应支付的款项。

发承包双方办理结算合同价款时,应扣除合同解除之日前发包人应向承包人收回的价款。当发包人应扣除的金额超过了应支付的金额,承包人应在合同解除后的 56 天内将其差额退还给发包人。

(3)因承包人违约解除合同的,发包人应暂停向承包人支付任何价款。发包人应在合同解除后 28 天内核实合同解除时承包人已完成的全部合同价款以及按施工进度计划已运至现场的材料和工程设备的货款,按合同约定核算承包人应支付的违约金以及造成损失的索赔金额,并将结果通知承包人。发承包双方应在 28 天内予以确认或提出意见,并应办理结算合同价款。如果发包人应扣除的金额超过了应支付的金额,承包人应在合同解除后的 56 天内将其差额退还给发包人。发承包双方不能就解除合同后的结算达成一致的,按照合同约定的争议解决方式处理。

(4)因发包人违约解除合同的,发包人除应按照本规范第(2)条的规定向承包人支付各项价款外,应按合同约定核算发包人应支付的违约金以及给承包人造成损失或损害的索赔金额费用。该笔费用应由承包人提出,发包人核实后应与承包人协商确定后的 7 天内向承包人签发支付证书。协商不能达成一致的,应按照合同约定的争议解决方式处理。

9.4 合同价款纠纷的处理

9.4.1 监理或造价工程师暂定

若发包人和承包人之间就工程质量、进度、价款支付与扣除、工期延期、索赔、价款调整等发生任何法律上、经济上或技术上的争议,首先应根据已签合同的规定,提交合同约定职责范围的总监理工程师或造价工程师解决,并应抄送另一方。总监理工程师或造价工程师在收到此提交件后 14 天内应将暂

定结果通知发包人和承包人。发承包双方对暂定结果认可的，应以书面形式予以确认，暂定结果成为最终决定。

发承包双方在收到总监理工程师或造价工程师的暂定结果通知之后的14天内未对暂定结果予以确认也未提出不同意见的，应视为发承包双方已认可该暂定结果。

发承包双方或一方不同意暂定结果的，应以书面形式向总监理工程师或造价工程师提出，说明自己认为正确的结果，同时抄送另一方，此时该暂定结果成为争议。在暂定结果对发承包双方当事人履约不产生实质影响的前提下，发承包双方应实施该结果，直到按照发承包双方认可的争议解决办法被改变为止。

9.4.2 管理机构的解释或认定

合同价款争议发生后，发承包双方可就工程计价依据的争议，以书面形式提请工程造价管理机构，对争议以书面文件进行解释或认定。工程造价管理机构应在收到申请的10个工作日内就发承包双方提请的争议问题进行解释或认定。

发承包双方或一方在收到工程造价管理机构书面解释或认定后，仍可按照合同约定的争议解决方式提请仲裁或诉讼。除工程造价管理机构的上级管理部门做出了不同的解释或认定，或在仲裁或法院判决中不予采信的外，工程造价管理机构做出的书面解释或认定应为最终结果，并应对发承包双方均有约束力。

9.4.3 协商和解

合同价款争议发生后，发承包双方任何时候都可以进行协商。协商达成一致的，双方应签订书面和解协议，和解协议对发承包双方均有约束力。

如果协商不能达成一致协议，发包人或承包人都可以按合同约定的其他方式解决争议。

9.4.4 调解

发承包双方应在合同中约定或在合同签订后共同约定争议调解人，负责双方在合同履行过程中发生争议的调解。合同履行期间，发承包双方可协议调换或终止任何调解人，但发包人或承包人都不能单独采取行动。除非双方另有协议，在最终结清支付证书生效后，调解人的任期应即终止。

如果发承包双方发生了争议，任何一方可将该争议以书面形式提交调解人，并将副本抄送另一方，委托调解人调解。

发承包双方应按照调解人提出的要求，给调解人提供所需要的资料、现场进入权及相应设施。调解人应被视为不是在进行仲裁人的工作。

调解人应在收到调解委托后28天内或由调解人建议并经发承包双方认可的其他期限内提出调解书，发承包双方接受调解书的，经双方签字后作为合同的补充文件，对发承包双方均具有约束力，双方都应立即遵照执行。

当发承包双方中任一方对调解人的调解书有异议时，应在收到调解书后28天内向另一方发出异议通知，并应说明争议的事项和理由。但除非并直到调解书在协商和解或仲裁裁决、诉讼判决中做出修改，或合同已经解除，承包人应继续按照合同实施工程。

当调解人已就争议事项向发承包双方提交了调解书，而任一方在收到调解书后28天内均未发出表示异议的通知时，调解书对发承包双方应均具有约束力。

9.4.5 仲裁、诉讼

发承包双方的协商和解或调解均未达成一致意见，其中的一方已就此争议事项根据合同约定的仲裁协议申请仲裁，应同时通知另一方。

仲裁可在竣工之前或之后进行，但发包人、承包人、调解人各自的义务不得因在工程实施期间进行仲裁而有所改变。如果仲裁是在仲裁机构要求停止施工的情况下，则对合同工程应采取保护措施，由此增加的费用由败诉方承担。

发包人、承包人在履行合同时发生争议，双方不愿和解、调解或者和解、调解不成，又没有达成仲裁协议的，可依法向人民法院提起诉讼。

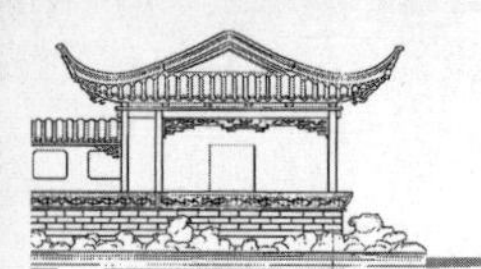

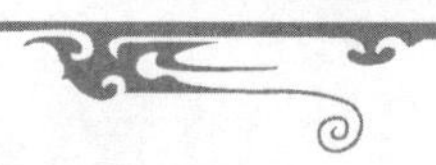

9.4.6 造价鉴定

在合同纠纷案件处理中，需做工程造价鉴定的，应委托具有相应资质的工程造价咨询人进行。

工程造价鉴定应根据合同约定做出，如合同条款出现矛盾或约定不明确，应根据《建设工程工程量清单计价规范》中的规定，结合工程的实际情况做出专业判断，形成鉴定结论。

思考题

1. 名词解释

   工程变更、现场签证、工程索赔
2. 工程款支付的类型、支付项目费用有哪些？
3. 某工程项目采用单价合同，施工过程中发生了以下两个事件：5 月 6 日至 5 月 10 日由于施工单位自有设备未能按时运到施工现场，致使工程停工，施工企业发生误工费 5 万元；5 月 26 日至 5 月 29 日该地区出现罕见的沙尘暴，致使施工企业停止施工，发生误工费 4 万元，机械租赁费 10 万元。请计算施工单位的索赔工期及索赔费用。
4. 请按照以下工程进行现场签证表的填报。

   在某城市道路绿化工程 10 区段栽植色块，色块由红花檵木、金边黄杨品种组成。其中：红花檵木（灌木）54.65 m^2，其规格为：ϕ3～4 cm、h 30～40 cm，经现场抽查，每 30 株/m^2；金边黄杨（灌木）78.46 m^2，其规格为：ϕ5～6 cm、h 50～60 cm，经现场抽查，每 25 株/m^2。根据施工工艺要求，色块按照以下步骤进行栽植：

   (1)绿地平整；

   (2)外购营养土、自卸汽车调运(运距 3 km 内)；

   (3)人工挑运、回填营养土(运距 300 m 内)；

   (4)栽植色块；

   (5)机械灌洒；

   (6)养护。

第10章 竣工决算的编制与保修费用的处理

园林工程项目竣工后，按照国家有关规定在项目竣工验收阶段编制竣工决算报告。并且项目竣工后，需要工程施工单位对项目保留一定的缺陷责任期，在责任期内承担合同约定的缺陷修复责任。同时，按照《建设工程质量管理条例》中规定的保修范围和保修期限承担项目的质量保证责任。

10.1 竣工验收

10.1.1 竣工验收概述

1)建设项目竣工验收的概念

建设项目竣工验收是指由发包人、承包人和项目验收委员会，以项目批准的设计任务书和设计文件，以及国家或部门颁发的施工验收规范和质量检验标准为依据，按照一定的程序和手续，在项目建成并试生产合格后(工业生产性项目)，对工程项目的总体进行检验和认证、综合评价和鉴定的活动。按照我国建设程序的规定，竣工验收是建设工程的最后阶段，是建设项目施工阶段和保修阶段的中间过程，是全面检验建设项目是否符合设计要求和工程质量检验标准的重要环节，审查投资使用是否合理的重要环节，是投资成果转入生产或使用的标志。只有经过竣工验收，建设项目才能实现由承包人管理向发包人管理的过渡，它标志着建设投资成果投入生产或使用，对促进建设项目及时投产或交付使用、发挥投资效果、总结建设经验有着重要的作用。

工业生产项目，须经试生产(投料试车)合格形成生产能力，能正常生产出产品后，才能进行验收。非工业生产项目应能正常使用，才能进行验收。

2)园林工程竣工验收的作用

(1)全面考核建设成果，检查设计、工程质量是否符合要求，确保建设项目按设计要求的各项技术经济指标正常使用。

(2)通过竣工验收办理固定资产使用手续，可以总结工程建设经验，为提高建设项目的经济效益和管理水平提供重要依据。

(3)建设项目竣工验收是项目施工阶段的最后一个程序，是建设成果转入生产使用的标志，是审查投资使用是否合理的重要环节。

(4)建设项目建成投产交付使用后，能否取得良好的宏观效益，需要经过国家权威管理部门按照技术规范、技术标准组织验收确认。通过项目验收，国家可以全面考核项目的建设成果，检验建设项目决策、设计、设备制造和管理水平，以及总结建设经验。因此，竣工验收是建设项目转入投产使用的必要环节。

3)竣工验收的任务

(1)发包人、勘察和设计单位、监理人、承包人分别对建设项目以及施工的全过程进行最后的评价，对各自在建设项目进展过程中的经验和教训进行客观的评价，以保证建设项目按设计要求的各项技术经济指标正常使用。

(2)办理建设项目的验收和移交手续，并办理建

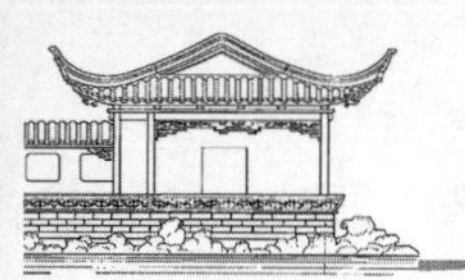

设项目竣工结算和竣工决算，以及建设项目档案资料的移交和保修手续等，总结建设经验，提高建设项目的经济效益和管理水平。

(3)承包人通过竣工验收应采取措施将该项目的收尾工作和包括市场需求、“三废”治理、交通运输等问题在内的遗留问题尽快处理好，确保建设项目尽快发挥效益。

10.1.2 建设工程竣工验收的范围及依据

1)竣工验收的条件

《建设工程质量管理条例》规定，建设工程竣工验收应当具备以下条件：

(1)完成建设工程设计和合同约定的各项内容，主要是指设计文件所确定的、在承包合同中载明的工作范围，也包括监理工程师签发的变更通知单中所确定的内容。

(2)有完整的技术档案和施工管理资料。

(3)有工程使用的主要建筑材料、建筑构配件和设备的进场试验报告。对建设工程使用过的主要建筑材料、建筑构配件和设备的进场，除具有质量合格证明资料外，还应当有试验报告、检验报告。试验、检验报告中应当注明其规格、型号、用于工程的哪些部位、批量批次、性能等技术指标，其质量要求必须符合国家规定的标准。

(4)有勘察、设计、施工、工程监理等单位分别签署的质量合格文件。勘察、设计、施工、工程监理等有关内容依据工程设计文件及承包合同所要求的质量标准，对竣工工程进行检查和评定，符合规定的，签署合格文件。

(5)有承包人签署的工程质量保修书。

2)竣工验收的范围

国家颁布的建设法规规定，凡新建、扩建、改建的基本建设项目和技术改造项目(所有列入固定资产投资计划的建设项目或单项工程)，已按国家批准的设计文件所规定的内容建成，符合验收标准，即：工业投资项目经负荷试车考核，试生产期间能够正常生产出合格产品，形成生产能力的；非工业投资项目符合设计要求，能够正常使用的，不论是属于哪种建设性质，都应及时组织验收，办理固定资产移交手续。

有的工期较长、建设设备装置较多的大型工程，为了及时发挥其经济效益，对其能够独立生产的单项工程，也可以根据建成时间的先后顺序，分期分批地组织竣工验收；对能生产中间产品的一些单项工程，不能提前投料试车，可按生产要求与生产最终产品的工程同步建成竣工后，再进行全部验收。

对于某些特殊情况，工程施工虽未全部按设计要求完成，也应进行验收，这些特殊情况主要有：①因少数非主要设备或某些特殊材料短期内不能解决，虽然工程内容尚未全部完成，但已可以投产或使用的工程项目。②规定要求的内容已完成，但因外部条件的制约，如流动资金不足、生产所需原材料不能满足等，而使已建工程不能投入使用的项目。③有些建设项目或单项工程，已形成部分生产能力，但近期内不能按原设计规模续建，应从实际情况出发，经主管部门批准后，可缩小规模对已完成的工程和设备组织竣工验收，移交固定资产。

3)竣工验收的依据

建设项目竣工验收的主要依据如下：

(1)上级主管部门对该项目批准的各种文件；

(2)可行性研究报告；

(3)施工图设计文件及设计变更洽商记录；

(4)国家颁布的各种标准和现行的施工验收规范；

(5)工程承包合同文件；

(6)技术设备说明书；

(7)建筑安装工程统计规定及主管部门关于工程竣工规定；

(8)从国外引进的新技术和成套设备的项目，以及中外合资建设项目，要按照签订的合同和进口国提供的设计文件等进行验收；

(9)利用世界银行等国际金融机构贷款的建设项目，应按世界银行规定，按时编制《项目完成报告》。

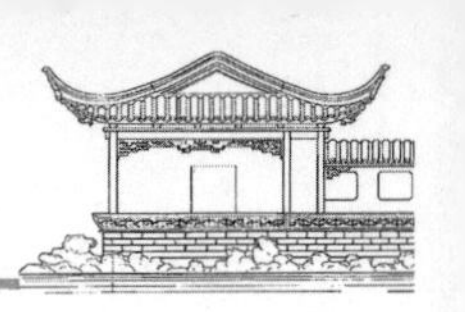

10.1.3　建设工程竣工验收的标准

1)工业性建设项目竣工验收标准

工业建设项目竣工验收、交付生产使用,必须满足以下要求:①生产性项目和辅助性公用设施,已按设计要求完成,能满足生产使用要求。②主要工艺设备、动力设备均已安装配套,经无负荷联动试车和有负荷联动试车合格,并已形成生产能力,能够生产出设计文件所规定的产品。③必要的生产设施,已按设计要求建成合格。④生产准备工作能适应投产的需要,其中包括生产指挥系统的建立,经过培训的生产人员已能上岗操作,生产所需的原材料、燃料和备品备件的储备,经验收检查能够满足连续生产要求。⑤环境保护设施、劳动安全卫生设施、消防设施,已按设计要求与主体工程同时建成使用。⑥设计和施工质量已经过质量监督管理部门检验并做出评定。⑦工程结算和竣工决算通过有关部门审查和审计。

2)民用建设项目竣工验收标准

①建设项目各单位工程和单项工程,均已符合项目竣工验收标准。②建设项目配套工程和附属工程,均已施工结束,达到设计规定的相应质量要求,并具备正常使用条件。

10.1.4　建设项目竣工验收的方式与程序

1)建设项目竣工验收的组织

(1)成立竣工验收委员会或验收组　大、中型和限额以上建设项目及技术改造项目,由国家发改委或国家发改委委托项目主管部门、地方政府部门组织验收;小型和限额以下建设项目及技术改造项目,由项目主管部门或地方政府部门组织验收。建设主管部门和建设单位(业主)、接管单位、施工单位、勘察设计及工程监理等有关单位参加验收工作;根据工程规模大小和复杂程度组成验收委员会或验收组,其人员构成应由银行、物资、环保、劳动、统计、消防及其他有关部门的专业技术人员和专家组成。

(2)验收委员会或验收组的职责　①负责审查工程建设的各个环节,听取各有关单位的工作报告;②审阅工程档案资料,实地考察建筑工程和设备安装工程情况;③对工程设计、施工和设备质量、环境保护、安全卫生、消防等方面客观地做出全面的评价;④处理交接验收过程中出现的有关问题,核定移交工程清单,签订交工验收证书;⑤签署验收意见,对遗留问题应提出具体解决意见并限期落实完成;不合格工程不予验收;提出竣工验收工作的总结报告和国家验收鉴定书。

2)建设项目竣工验收的方式

验收必须遵循一定的程序,并按照建设项目总体计划的要求以及施工进展的实际情况分阶段进行,以保证建设项目竣工验收的顺利进行。建设项目竣工验收,按被验收的对象划分,可分为单位工程验收、单项工程验收及工程整体验收,见表 10-1。

表 10-1　不同阶段的工程验收

类型	验收条件	验收组织
单位工程验收 (中间验收)	1)按照施工承包合同的约定,施工完成到某一阶段后要进行中间验收。 2)主要的工程部位施工已完成了隐蔽前的准备工作,该工程部位将置于无法查看的状态。	由监理单位组织,业主和承包商派人参加,该部位的验收资料将作为最终验收的依据
单位工程验收 (交工验收)	1)建设项目中的某个合同工程已全部完成。 2)合同内约定有分部分项移交的工程已达到竣工标准,可移交给业主投入试运行。	由业主组织,会同施工单位、监理单位、设计单位及使用单位等有关部门共同进行
工程整体验收 (动用验收)	1)建设项目按设计规定全部建成,达到竣工验收条件。 2)初验结果全部合格。 3)竣工验收所需资料已准备齐全。	大中型和限额以上项目由国家发改委或由其委托项目主管部门或地方政府部门组织验收;小型和限额以下项目由项目主管部门组织验收;业主、监理单位、施工单位、设计单位和使用单位参加验收工作

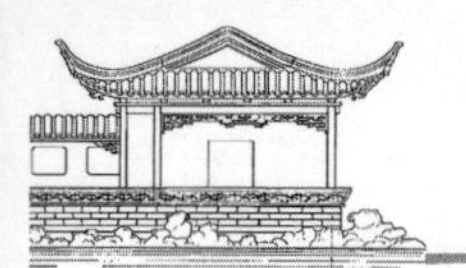

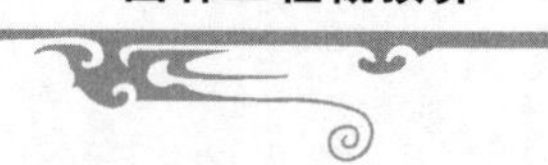

3)建设项目竣工验收的程序

建设项目全部建成，经过各单项工程的验收符合设计的要求，并具备竣工图表、竣工决算、工程总结等必要文件资料，由建设项目主管部门或发包人向负责验收的单位提出竣工验收申请报告，按程序验收。工程验收报告应经项目经理和承包人有关负责人审核签字。竣工验收的一般程序如下：

(1)承包人申请交工验收。

(2)监理人现场初步验收。

(3)单项工程验收　单项工程验收又称交工验收，即验收合格后发包人方可投入使用。由发包人组织的交工验收，由监理人、设计单位、承包人、工程质量监督部门等参加，主要依据国家颁布的有关技术规范和施工承包合同。

(4)全部工程的竣工验收(表 10-2)。

表 10-2　全部工程竣工验收

项目	内容
验收准备	发包人、承包人和其他有关单位均应进行验收准备，验收准备的主要工作内容如下： 1)收集、整理各类技术资料，分类装订成册； 2)核实建筑安装工程的完成情况，列出已交工工程和未完工工程一览表，包括单位工程名称、工程量、预算估价及预计完成时间等内容； 3)提交财务决算分析； 4)检查工程质量，查明须返工或补修的工程并提出具体的时间安排。预申报工程质量等级的评定，做好相关材料的准备工作； 5)整理汇总项目档案资料，绘制工程竣工图； 6)登载固定资产，编制固定资产构成分析表； 7)落实生产准备各项工作，提出试车检查的情况报告，总结试车考评情况； 8)编写竣工结算分析报告和竣工验收报告。
预验收	预验收的主要工作如下： 1)核实竣工验收准备工作内容，确认竣工项目所有档案资料的完整性和准确性； 2)检查项目建设标准、评定质量，对竣工验收准备过程中有争议的问题和有隐患及遗留问题提出处理意见； 3)检查财务账表是否齐全并验证数据的真实性； 4)检查试车情况和生产准备情况； 5)编写竣工预验收报告和移交生产准备情况报告，在竣工预验收报告中应说明项目的概况，对验收过程进行阐述，对工程质量做出总体评价。
正式验收	建设项目的正式竣工验收是由国家、地方政府、建设项目投资商或开发商以及有关单位领导和专家参加的最终整体验收。大中型和限额以上的建设项目的正式验收，由国家投资主管部门或其委托项目主管部门或地方政府组织验收，一般由竣工验收委员会(或验收小组)主任(或组长)主持，具体工作可由总监理工程师组织实施。国家重点工程的大型建设项目，由国家有关部委邀请有关方面的专家参加，组成工程验收委员会进行验收。小型和限额以下的建设项目由项目主管部门组织。发包人、监理人、承包人、设计单位和使用单位共同参加验收工作： 1)发包人、勘察设计单位分别汇报工程合同履约情况，以及在工程建设各环节执行法律法规与工程建设强制性标准的情况； 2)听取承包人汇报建设项目的施工情况、自验情况和竣工情况； 3)听取监理人汇报建设项目监理内容和监理情况及对项目竣工的意见； 4)组织竣工验收小组全体人员进行现场检查，了解项目现状、查验项目质量，及时发现存在和遗留的问题； 5)审查竣工项目移交生产使用的各种档案资料； 6)评审项目质量，对主要工程部位的施工质量进行复验、鉴定，对工程设计的先进性、合理性和经济性进行复验和鉴定，按设计要求和建筑安装工程施工的验收规范和质量标准进行质量评定验收。在确认工程符合竣工标准和合同条款规定后，签发竣工验收合格证书； 7)审查试车规程，检查投产试车情况，核定收尾工程项目，对遗留问题提出处理意见； 8)签署竣工验收鉴定书，对整个项目做出总的验收鉴定。竣工验收鉴定书是表示建设项目已经竣工，并交付使用的重要文件，是全部固定资产交付使用和建设项目正式起用的依据。

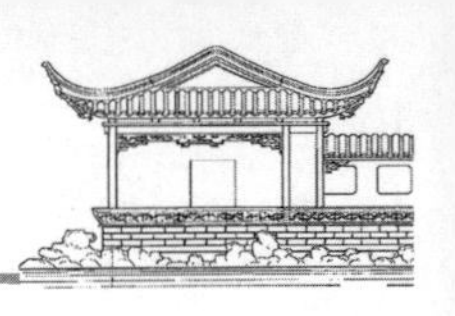

4)建设项目竣工验收管理与备案

(1)竣工验收报告　建设项目竣工验收合格后，建设单位应当及时提出工程竣工验收报告。工程竣工验收报告主要包括工程概况，建设单位执行基本建设程序情况，对工程勘察、设计、施工、监理等方面的评价，工程竣工验收时间、程序、内容和组织形式，工程竣工验收意见等内容。

工程竣工验收报告还应附有下列文件：①施工许可证；②施工图设计文件审查意见；③验收组人员签署的工程竣工验收意见；④市政基础设施工程应附有质量检测和功能性试验资料；⑤施工单位签署的工程质量保修书；⑥法规、规章规定的其他有关文件。

(2)竣工验收的管理　①国务院建设行政主管部门负责全国工程竣工验收的监督管理工作。②县级以上地方人民政府建设行政主管部门负责本行政区域内工程竣工验收监督管理工作。③工程竣工验收工作，由建设单位负责组织实施。④县级以上地方人民政府建设行政主管部门应当委托工程质量监督机构对工程竣工验收实施监督。⑤负责监督该工程的工程质量监督机构应当对工程竣工验收的组织形式、验收程序、执行验收标准等情况进行现场监督，发现有违反建设工程项目质量管理规定行为的，责令改正，并将对工程竣工验收的监督情况作为工程质量监督报告的重要内容。

(3)竣工验收的备案　①国务院建设行政主管部门负责全国房屋建筑工程和市政基础设施工程的竣工验收备案管理工作。县级以上地方人民政府建设行政主管部门负责本行政区域内工程的竣工验收备案管理工作。②依照《房屋建筑工程和市政基础设施工程竣工验收备案管理暂行办法》的规定，建设单位应当自工程竣工验收合格之日起 15 天内，向工程所在地的县级以上地方人民政府建设行政主管部门备案。③建设单位办理工程竣工验收备案应当提交下列文件：a. 工程竣工验收备案表；b. 工程竣工验收报告；c. 法律、行政法规规定应当由规划、公安消防、环保等部门出具的认可文件或准许使用文件；d. 施工单位签署的工程质量保修书，商品住宅还应当提交《住宅质量保证书》和《住宅使用说明书》；e. 法规、规章规定必须提供的其他文件。④备案机关收到建设单位报送的竣工验收备案文件，验证文件齐全后，应当在工程竣工验收备案表上签署文件收讫。工程竣工验收备案表一式两份，一份由建设单位保存，一份留备案机关存档。⑤工程质量监督机构应当在工程竣工验收之日起 5 天内，向备案机关提交工程质量监督报告。⑥备案机关发现建设单位在竣工验收过程中有违反国家有关建设工程质量管理规定行为的，应当在收讫竣工验收备案文件 15 天内，责令停止使用，重新组织竣工验收。

10.2　竣工决算

10.2.1　建设项目竣工决算的概念及作用

1)建设项目竣工决算的概念

项目竣工决算是指所有项目竣工后，项目单位按照国家有关规定在项目竣工验收阶段编制的竣工决算报告。竣工决算是以实物数量和货币指标为计量单位，综合反映竣工建设项目全部建设费用、建设成果和财务状况的总结性文件，是竣工验收报告的重要组成部分，竣工决算是正确核定新增固定资产价值，考核分析投资效果，建立健全经济责任制的依据，是反映建设项目实际造价和投资效果的文件。竣工决算是建设工程经济效益的全面反映，是项目法人核定各类新增资产价值、办理其交付使用的依据。竣工决算是工程造价管理的重要组成部分，做好竣工决算是全面完成工程造价管理目标的关键性因素之一。通过竣工决算，既能够正确反映建设工程的实际造价和投资结果，又可以通过竣工决算与概算、预算的对比分析，考核投资控制的工作成效，为工程建设提供重要的技术经济方面的基础资料，提高未来工程建设的投资效益。

项目竣工时，应编制建设项目竣工财务决算。建设周期长、建设内容多的项目，单项工程竣工，具备交付使用条件的，可编制单项工程竣工财务决算。建设项目全部竣工后应编制竣工财务总决算。

2)建设项目竣工决算的作用

(1)建设项目竣工决算是综合全面地反映竣工

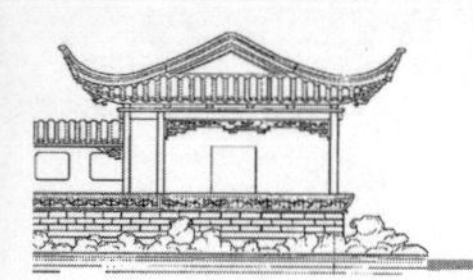

项目建设成果及财务情况的总结性文件，它采用货币指标、实物数量、建设工期和各种技术经济指标综合、全面地反映建设项目自开始建设到竣工为止的全部建设成果和财务状况。

(2)建设项目竣工决算是办理交付使用资产的依据，也是竣工验收报告的重要组成部分。建设单位与使用单位在办理交付资产的验收交接手续时，通过竣工决算反映了交付使用资产的全部价值，包括固定资产、流动资产、无形资产和其他资产的价值。及时编制竣工决算可以正确的核定固定资产价值并及时办理交付使用，可缩短工程建设周期，节约建设项目投资，准确考核和分析投资效果。可作为建设主管部门向企业使用单位移交财产的依据。

(3)建设项目竣工决算是分析和检查设计概算的执行情况，考核建设项目管理水平和投资效果的依据。竣工决算反映了竣工项目计划、实际的建设规模、建设工期以及设计和实际的生产能力，反映了概算总投资和实际的建设成本，同时还反映了所达到的主要技术经济指标。通过对这些指标计划数、概算数与实际数进行对比分析，不仅可以全面掌握建设项目计划和概算执行情况，而且可以考核建设项目投资效果，为今后制订建设项目计划，降低建设成本，提高投资效果提供必要的参考资料。

10.2.2 竣工决算的内容和编制

10.2.2.1 竣工决算的内容

1)竣工财务决算说明书

竣工财务决算说明书主要反映竣工工程建设的成果和经验，是对竣工决算报表进行分析和补充说明的文件，是全面考核分析工程投资与造价的书面总结，是竣工决算报告的重要组成部分，其主要内容如下：①建设项目概况，对工程总的评价；②资金来源及运用等财务分析；③基本建设收入、投资包干结余、竣工结余资金的上交分配情况；④各项经济技术指标的分析；⑤工程建设的经验及项目管理和财务管理工作，以及竣工财务决算中有待解决的问题；⑥决算与概算的差异和原因分析；⑦需要说明的其他事项。

2)竣工财务决算报表(附件5)

(1)建设项目竣工财务决算审批表

该表作为竣工决算上报有关部门审批时使用，其格式是按照中央级小型项目审批要求设计的。地方级项目可按审批要求做适当修改。大、中、小型项目均要按照要求填报此表。

(2)大中型建设项目概括表　该表综合反映大中型项目的基本概况。内容包括该项目总投资、建设起止时间、新增生产能力、主要材料消耗、建设成本、完成主要工程量和主要技术经济指标，为全面考核和分析投资效果提供依据。

(3)大中型建设项目竣工财务决算表　竣工财务决算表是竣工财务决算报表的一种，大中型建设项目竣工财务决算表是用来反映建设项目的全部资金来源和资金占用情况，也是考核和分析投资效果的依据。该表反映竣工的大中型建设项目从开工到竣工为止全部资金来源和资金运用的情况。它是考核和分析投资效果，落实结余资金，并作为报告上级核销基本建设支出和基本建设拨款的依据。在编制该表前，应先编制出项目竣工年度财务决算，根据编制出的竣工年度财务决算和历年财务决算编制项目的竣工财务决算。此表采用平衡表形式，即资金来源合计等于资金支出合计。

(4)大中型建设项目交付使用资产总表　该表反映建设项目建成后新增固定资产、流动资产、无形资产和其他资产价值的情况和价值，作为财产交接、检查投资计划完成情况和分析投资效果的依据。小型项目不编制《交付使用资产总表》，直接编制《交付使用资产明细表》，大中型项目在编制《交付使用资产总表》的同时，还需编制《交付使用资产明细表》。

(5)建设项目交付使用资产明细表　该表反映交付使用的固定资产、流动资产、无形资产和其他资产及其价值的明细情况，是办理资产交接和接收单位登记资产账目的依据，是使用单位建立资产明细账和登记新增资产价值的依据。大中型和小型建设项目均需编制此表。编制时要做到齐全完整，数字准确，各栏目数值应与会计账目中相应科目的数据保持一致。

(6)小型建设项目竣工财务决算总表　由于小

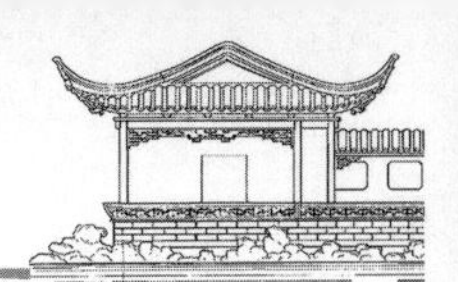

型建设项目内容比较简单，因此可将工程概况与财务情况合并编制一张《竣工财务决算总表》，该表主要反映小型建设项目的全部工程和财务情况。具体编制时可参照大中型建设项目概况表指标和大中型建设项目竣工财务决算表相应指标内容填写。

3)建设工程竣工图

建设工程竣工图是真实地记录各种地上、地下建筑物构筑物等情况的技术文件，是工程进行交工验收、维护、改建和扩建的依据，是国家的重要技术档案。编制竣工图的形式和深度，应根据不同情况区别对待，其具体要求如下：①凡按图竣工没有变动的，由承包人(包括总包和分包承包人，下同)在原施工图上加盖"竣工图"标志后，即作为竣工图。②凡在施工过程中，虽有一般性设计变更，但能将原施工图加以修改补充作为竣工图的，可不重新绘制，由承包人负责在原施工图(必须是新蓝图)上注明修改的部分，并附以设计变更通知单和施工说明，加盖"竣工图"标志后，作为竣工图。③凡结构形式施工工艺、平面布置、项目发生改变或有其他重大改变，不宜再在原施工图上修改、补充，应重新绘制改变后的竣工图。由原设计原因造成的，由设计单位负责重新绘制；由施工原因造成的，由承包人负责重新绘图；由其他原因造成的，由建设单位自行绘制或委托设计单位绘制。承包人负责在新图上加盖"竣工图"标志，并附以有关记录和说明，作为竣工图。④为了满足竣工验收和竣工决算需要，还应绘制反映竣工工程全部内容的工程设计平面示意图。⑤重大的改建、扩建工程项目涉及原有的工程项目变更时，应将相关项目的竣工图资料统一整理归档，并在原图案卷内增补必要的说明。

4)工程造价对比分析

对控制工程造价所采取的措施、效果及其动态的变化需要进行认真对比，总结经验教训。批准的概算是考核建设工程造价的依据。在分析时，可先对比整个项目的总概算，然后将建筑安装工程费、设备工器具费和其他工程费用逐一与竣工决算表中所提供的实际数据和相关资料及批准的概算、预算指标、实际的工程造价进行对比分析，以确定竣工项目总造价是节约还是超支，并在对比的基础上，总结先进经验，找出节约和超支的内容和原因，提出改进措施。在实际工作中，应主要分析以下内容：①考核主要实物工程量；②考核主要材料消耗量；③考核建设单位管理费、措施费和间接费的取费标准。

10.2.2.2　竣工决算的编制

竣工决算的编制见表 10-3。

表 10-3　竣工决算的编制

项目	内容
竣工决算的编制条件	1)经批准的初步设计所确定的工程内容已完成； 2)单项工程或建设项目竣工结算已完成； 3)收尾工程投资和预备费用不超过规定的比例； 4)涉及法律诉讼、工程质量纠纷的事项已处理完成； 5)其他影响工程竣工决算编制的重大问题已经解决。
竣工决算的编制依据	1)经批准的可行性研究报告、投资估算书，初步设计或扩大初步设计，修正总概算及其批复文件； 2)经批准的施工图设计及其施工图预算书； 3)设计交底或图纸会审会议纪要； 4)设计变更记录、施工记录或施工签证单及其他施工发生的费用记录； 5)招标控制价，承包合同、工程结算等有关资料； 6)历年基建计划、历年财务决算及批复文件； 7)设备、材料调价文件和调价记录； 8)有关财务核算制度、办法和其他有关资料。

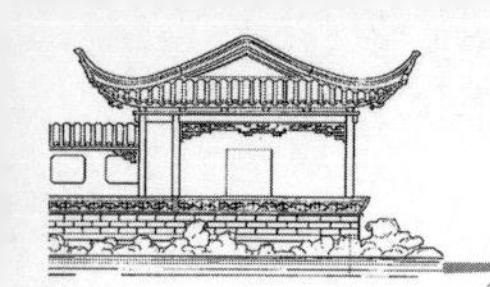

续表 10-3

项目	内容
竣工决算的编制要求	建设单位要做好以下工作： 1)按照规定组织竣工验收,保证竣工决算的及时性； 2)积累、整理竣工项目资料,保证竣工决算的完整性； 3)清理、核对各项账目,保证竣工决算的正确性。
竣工决算的编制步骤	1)收集、整理和分析有关依据资料； 2)清理各项财务、债务和结余物资； 3)核实工程变动情况； 4)编制建设工程竣工决算说明； 5)填写竣工决算报表； 6)做好工程造价对比分析； 7)清理、装订好竣工图； 8)上报主管部门审查存档。
竣工决算的审核内容	1)工程价款结算是否准确,是否按照合同约定和国家有关规定进行,有无多算和重复计算工程量、高估冒算建筑材料价格现象； 2)待摊费用支出及其分摊是否合理、正确； 3)项目是否按照批准的概预算内容实施,有无超标准、超规模、超概预算建设现象； 4)项目资金是否全部到位,核算是否规范,资金使用是否合理,有无挤占、挪用现象； 5)项目形成资产是否全面反映,计价是否准确,资产接收单位是否落实； 6)项目在建设过程中历次检查和审计所提的重大问题是否已经整改落实； 7)待核销基建支出和转出投资有无依据,是否合理； 8)竣工财务决算报表所填列的数据是否完整,表间勾稽关系是否清晰、明确； 9)尾工工程及预留费用是否控制在概算确定的范围内,预留的金额和比例是否合理； 10)项目建设是否履行基本建设程序,是否符合国家有关建设管理制度要求等； 11)决算的内容和格式是否符合国家有关规定； 12)决算资料报送是否完整、决算数据间是否存在错误； 13)相关主管部门或者第三方专业机构是否出具审核意见。

10.2.3 新增资产价值的确定

10.2.3.1 新增资产价值的分类

建设项目竣工投入运营后,所花费的总投资形成相应的资产。按照新的财务制度和企业会计准则,新增资产按资产性质可分为固定资产、流动资产、无形资产和其他资产 4 大类。

10.2.3.2 新增资产价值的确定方法

1)新增固定资产价值的确定

新增固定资产价值是建设项目竣工投产后所增加的固定资产的价值,它是以价值形态表示的固定资产投资最终成果的综合性指标。新增固定资产价值是投资项目竣工投产后所增加的固定资产价值,即交付使用的固定资产价值,是以价值形态表示建设项目的固定资产最终成果的指标。新增固定资产价值的计算是以独立发挥生产能力的单项工程为对象的。单项工程建成经有关部门验收鉴定合格,正式移交生产或使用,即应计算新增固定资产价值。一次交付生产或使用的工程一次计算新增固定资产价值,分期分批交付生产或使用的工程,应分期分批计算新增固定资产价值。新增固定资产价值的内容包括:已投入生产或交付使用的建筑、安装工程造价，达到固定资产标准的设备、工器具的购置费用，增加固定资产价值的其他费用。

在计算时应注意以下几种情况：①对于为了提高产品质量、改善劳动条件、节约材料消耗、保护环境而建设的附属辅助工程，只要全部建成，正式验收交付使用后就要计入新增固定资产价值。②对于单项工程中不构成生产系统，但能独立发挥效益的非生产性项目，如住宅、食堂、医务所、托儿所、生活服务网点等，在建成并交付使用后，也要计算新增固定资产价值。③凡购置达到固定资产标准不需安装的设备、工器具，应在交付使用后计入新增固定资产价值。④属于新增固定资产价值的其他投资，应随同受益工程交付使用的同时一并计入。⑤交付使用财产的成本。⑥共同费用的分摊方法。

新增固定资产的其他费用，如果是属于整个建设项目或两个以上单项工程的，在计算新增固定资产价值时，应在各单项工程中按比例分摊。一般情况下，建设单位管理费按建筑工程、安装工程、需安装设备价值总额等按比例分摊，而土地征用费、地质勘查和建筑工程设计费等费用则按建筑工程造价比例分摊，生产工艺流程系统设计费按安装工程造价比例分摊。

【案例 10.1】某工业建设项目及其总装车间的建筑工程费、安装工程费，需安装设备费以及应摊入费用如表 10-4 所示，计算总装车间新增固定资产价值。

表 10-4　分摊费用计算表　　万元

项目名称	建筑工程	安装工程	需安装设备	建设单位管理费	土地征用费	建筑设计费	工艺设计费
建设项目竣工决算	5 000	1 000	1 200	105	120	60	40
总装车间竣工决算	1 000	500	600	—	—	—	—

【解】计算如下：

$$应分摊的建设单位管理费=\frac{1\ 000+500+600}{5\ 000+1\ 000+1\ 200}\times 105=30.625(万元)$$

$$应分摊的土地征用费=\frac{1\ 000}{5\ 000}\times 120=24(万元)$$

$$应分摊的建筑设计费=\frac{1\ 000}{5\ 000}\times 60=12(万元)$$

$$应分摊的工艺设计费=\frac{500}{1\ 000}\times 40=20(万元)$$

$$\begin{aligned}总装车间新增固定资产价值&=(1\ 000+500+600)+(30.625+24+12+20)\\&=2\ 100+86.625\\&=2\ 186.625(万元)\end{aligned}$$

2)新增流动资产价值的确定

流动资产是指可以在一年内或者超过一年的一个营业周期内变现或者运用的资产，包括现金及各种存款以及其他货币资金、短期投资、存货、应收及预付款项以及其他流动资产等。

(1)货币性资金　货币性资金是指现金、各种银行存款及其他货币资金，其中现金是指企业的库存现金，包括企业内部各部门用于周转使用的备用金；各种存款是指企业的各种不同类型的银行存款；其他货币资金是指除现金和银行存款以外的其他货币资金，根据实际入账数值核定。

(2)应收及预付款项　应收账款是指企业因销售商品、提供劳务等应向购货单位或受益单位收取的款项。预付款项是指企业按照购货合同预付给供货单位的购货定金或部分货款。应收及预付款项包括应收票据、应收款项其他应收款预付货款和待摊费用。一般情况下，应收及预付款项按企业销售商品、产品或提供劳务时的实际成交金额入账核算。

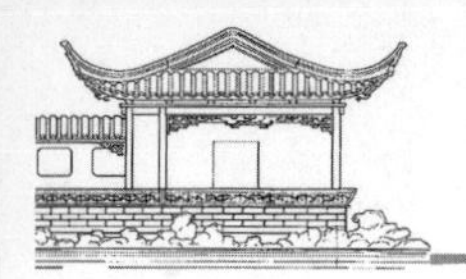

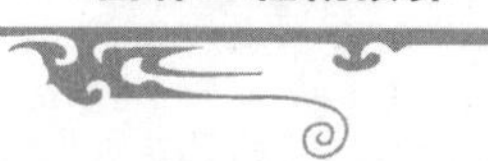

(3)短期投资包括股票、债券、基金　股票和债券根据是否可以上市流通分别采用市场法和收益法确定其价值。

(4)存货　存货是指企业的库存材料、在产品、产成品等。各种存货应当按照取得时的实际成本计价。

3)新增无形资产价值的确定

新增无形资产价值的确定见表10-5。

表10-5　新增无形资产价值的确定

项目		内容
无形资产的计价原则		1)投资者按无形资产作为资本金成者合作条件投入时,按评估确认或合同协议计价。 2)购入的无形资产,按照实际支付的价款计价。 3)企业自创并依法申请取得的,按开发过程中的实际支出计价。 4)企业接受捐赠的无形资产,按照发票账单所载金额或者同类无形资产市场价作价。 5)无形资产计价入账后,应在其有效使用期内分期摊销,即企业为无形资产支出的费用应在无形资产的有效期内得到及时补偿。
无形资产的计价方法	专利权的计价	专利权分为自创和外购两类。自创专利权的价值为开发过程中的实际支出,主要包括专利的研制成本和交易成本。研制成本包括直接成本和间接成本:直接成本是指研制过程中直接投入发生的费用(主要包括材料费用、工资费用、专用设备费、资料费、咨询鉴定费、协作费、培训费和差旅费等);间接成本是指与研制开发有关的费用(主要包括管理费、非专用设备折旧费、应分摊的公共费用及能源费用)。交易成本是指在交易过程中的费用支出(主要包括技术服务费、交易过程中的差旅费及管理费、手续费、税金)。由于专利权是具有独占性并能带来超额利润的生产要素,因此专利权转让价格不按成本估价,而是按照其所能带来的超额收益计价。
	非专利技术的计价	非专利技术具有使用价值和价值,使用价值是非专利技术本身应具有的,非专利技术的价值在于非专利技术的使用所能产生的超额获利能力,应在研究分析其直接和间接的获利能力的基础上准确计算出其价值。如果非专利技术是自创的,一般不作为无形资产入账,自创过程中发生的费用,按当期费用处理。对于外购非专利技术,应由法定评估机构确认后再进行估价,其方法往往通过能产生的收益采用收益法进行估价。
	商标权的计价	如果商标是自创的,一般不作为无形资产入账,而将商标设计、制作、注册、广告宣传等发生的费用直接作为销售费用计入当期损益。只有当企业购入或转让商标时,才需要对商标权计价。商标权的计价一般根据被许可方新增的收益确定。
	土地使用权的计价	根据取得土地使用权的方式不同。土地使用权可有以下几种计价方式:当建设单位向土地管理部门申请土地使用权并为之支付一笔出让金时,土地使用权作为无形资产核算;当建设单位获得土地使用权是通过行政划拨的,这时土地使用权就不能作资产核算;在将土地使用权有偿转让、出租、抵押、作价入股和投资,按规定补交土地出让款时,才作为无形资产核算。

10.3　质量保证金的处理

10.3.1　建设项目缺陷责任期的概念和期限

1)缺陷责任期与保修期的概念区别

(1)缺陷责任期　缺陷是指建设工程质量不符合工程建设强制标准、设计文件以及承包合同的约定。缺陷责任期是指承包人对已交付使用的合同工程承担合同约定的缺陷修复责任的期限。

(2)保修期　建设工程保修期是指在正常使用条件下,建设工程的最低保修期限。其期限长短由《建设工程质量管理条例》规定。

2)建设项目保修的范围

在正常使用条件下,建筑工程的保修范围应包括地基基础工程、主体结构工程、屋面防水工程和其

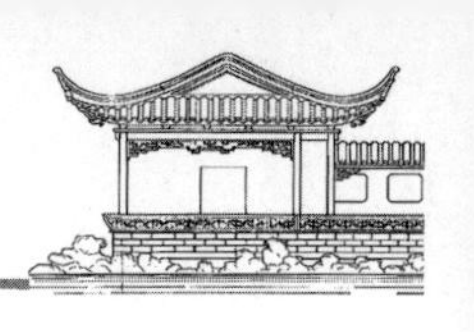

他土建工程以及电气管线、上下水管线的安装工程，供热、供冷系统工程等项目。一般包括以下问题：①屋面、地下室、外墙阳台、卫生间、厨房等处的渗水、漏水问题。②各种通水管道(如自来水、热水、污水、雨水等)的漏水问题，各种气体管道的漏气问题，通气孔和烟道的堵塞问题。③水泥地面有较大面积空鼓、裂缝或起沙问题。④内墙抹灰有较大面积起泡、脱落或墙面浆活起碱脱皮问题，外墙粉刷自动脱落问题。⑤暖气管线安装不妥，出现局都不热、管线接口处漏水等问题。⑥影响工程使用的地基基础主体结构等存在质量问题。⑦其他由于施工不良而造成的无法使用或不能正常发挥使用功能的工程部位。

3)缺陷责任期与保修期的期限

(1)缺陷责任期的期限　缺陷责任期从工程通过竣工验收之日起计。由于承包人原因导致工程无法按规定期限进行竣工验收的，缺陷责任期从实际通过竣工验收之日起计。由于发包人原因导致工程无法按规定期限进行竣工验收的，在承包人提交竣工验收报告 90 天后，工程自动进入缺陷责任期。缺陷责任期一般为 1 年，最长不超过 2 年，由发、承包双方在合同中约定。

(2)保修期的期限　保修期自实际竣工日期起计算，按照《建设工程质量管理条例》《园林绿化工程建设管理规定》的规定，保修期限如下：①地基基础工程和主体结构工程，为设计文件规定的该工程的合理使用年限；②屋面防水工程、有防水要求的卫生间、房间和外墙面的防渗漏为 5 年；③供热与供冷系统为 2 个采暖期和供热期；④电气管线、给排水管道、设备安装和装修工程为 2 年；⑤园林绿化工程施工保修养护期，一般不少于 1 年。

10.3.2　建设项目保修的经济责任及费用处理

1)保修的经济责任

(1)因承包人未按施工质量验收规范、设计文件要求和施工合同约定组织施工而造成的质量缺陷所造成的工程质量问题，应当由承包人负责修理并承担经济责任；由承包人采购的建筑材料、建筑构配件、设备等不符合质量要求，或承包人应进行而没有进行试验或检验，就进入现场使用造成质量问题的，应由承包人负责修理并承担经济责任。

(2)由于勘察、设计方面的原因造成的质量缺陷，由勘察、设计单位负责并承担经济责任，由施工单位负责维修或处理。新合同法规定，勘察、设计人应当继续完成勘察、设计，减收或免收勘察、设计费并赔偿损失。当由承包人进行维修或处理时，费用数额应按合同约定，通过发包人向勘察、设计单位索赔，不足部分由发包人补偿。

(3)由于发包人供应的材料、构配件或设备不合格造成的质量缺陷，或发包人竣工验收后未经许可自行改建造成的质量问题，应由发包人或使用人自行承担经济责任；由发包人指定的分包人或不能肢解而肢解发包的工程，致使施工接口不好造成质量缺陷的，或发包人或使用人竣工验收后使用不当造成的损坏，应由发包人或使用人自行承担经济责任。承包人、发包人与设备、材料、构配件供应部门之间的经济责任，应按其设备、材料构配件的采购供应合同处理。

(4)原建设部第 60 号令(房屋建筑工程质量保修办法)规定，不可抗力造成的质量缺陷不属于规定的保修范围。因此，由于地震洪水、台风等不可抗力原因造成损坏，或非施工原因造成的事故，承包人不承担经济责任，当使用人需要责任以外的修理、维护服务时，承包人应提供相应的服务，但应签订协议，约定服务的内容和质量要求。所发生的费用，应由使用人按协议约定的方式支付。

(5)有的项目经发包人和承包人协商，根据工程的合理使用年限，采用保修保险方式。这种方式不需扣保留金，保险费由发包人支付，承包人应按约定的保修承诺，履行其保修职责和义务。

建设工程在保修范围和保修期限内发生质量问题的，承包人应当履行保修义务，并对造成的损失承担赔偿责任。凡是由于用户使用不当而造成建筑功能不良或损坏，不属于保修范围；凡属工业产品项目发生问题，也不属保修范围。以上两种情况应由发包人自行组织修理。

2)保修的操作方法

保修的操作方法见表 10-6。

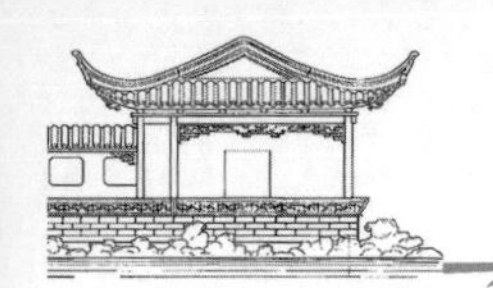

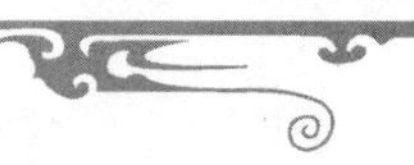

表 10-6 保修的操作方法

项目	内容
发送保修证书	在工程竣工验收的同时(最迟不应超过三天到一周),由施工单位向建设单位发送《建筑安装工程保修证书》。保修证书的主要内容如下: 1)工程简况、房屋使用管理要求; 2)保修范围和内容; 3)保修时间; 4)保修说明; 5)保修情况记录; 6)保修单位(即承包人的名称、详细地址等)。
填写"工程质量修理通知书"	在保修期内,工程项目出现质量问题影响使用,使用人应填写"工程质量修理通知书"告知承包人,注明质量问题及部位、维修联系方式,要求承包人指派人前往检查修理。修理通知书发出日期为约定起始日期,承包人应在7天内派出人员执行保修任务。
实施保修服务	承包人接到"工程质量修理通知书"后,必须尽快派人检查,并会同发包人共同做出鉴定,提出修理方案,明确经济责任尽快组织人力物力进行修理履行工程质量保修的承诺。房屋建筑工程在保修期间出现质量缺陷,发包人或房屋建筑所有人应当向承包人发出保修通知,承包人接到保修通知后,应到现场检查情况,在保修书约定的时间内予以保修,发生涉及结构安全或者严重影响使用功能的紧急抢修事故,承包人接到保修通知后,应当立即到达现场抢修。发生涉及结构安全的质量缺陷,发包人或者房屋建筑产权人应当立即向当地建设主管部门报告,采取安全防范措施;由原设计单位或者具有相应资质等级的设计单位提出保修方案;承包人实施保修,原工程质量监督机构负责监督。
验收	在发生问题的部位或项目修理完毕后,要在保修证书的"保修记录"栏内做好记录,并经发包人验收签认,此时修理工作完毕。

10.3.3 质量保证金的使用及返还

1)质量保证金的含义

根据《建设工程质量保证金管理办法》(建质〔2016〕295)的规定,建设工程质量保证金(以下简称保证金)是指发包人与承包人在建设工程承包合同中约定,从应付的工程款中预留,用以保证承包人在缺陷责任期内对建设工程出现的缺陷进行维修的资金。

2)质量保证金预留及管理

(1)质量保证金的预留　发包人应按照合同约定方式预留质量保证金,质量保证金总预留比例不得高于工程价款结算总额的5%。合同约定由承包人以银行保函替代预留质量保证金的,保函金额不得高于工程价款结算总额的5%。在工程项目竣工前,已经缴纳履约保证金的,发包人不得同时预留工程质量保证金。采用工程质量保证担保、工程质量保险等其他方式的,发包人不得再预留质量保证金。

(2)缺陷责任期内,实行国库集中支付的政府投资项目,质量保证金的管理应按国库集中支付的有关规定执行。其他政府投资项目,质量保证金可以预留在财政部门或发包方。缺陷责任期内,如发包方被撤销,质量保证金随交付使用资产一并移交使用单位,由使用单位代行发包人职责。社会投资项目采用预留质量保证金方式的,发承包双方可以约定将质量保证金交由金融机构托管。

(3)质量保证金的使用　缺陷责任期内,由承包人原因造成的缺陷,承包人应负责维修,并承担鉴定及维修费用。如承包人不维修也不承担费用,发包人可按合同约定从质量保证金或银行保函中扣除,费用超出质量保证金额的,发包人可按合同约定向承包人进行索赔。承包人维修并承担相应费用后,不免除对工程的损失赔偿责任。由他人及不可抗力原因造成的缺陷,发包人负责组织维修,承包人不承担费用,且发包人不得从质量保证金中扣除费用。发承包双方就缺陷责任有争议时,可以请有资质的单位进行鉴定,责任方承担鉴定费用并承担维修费用。

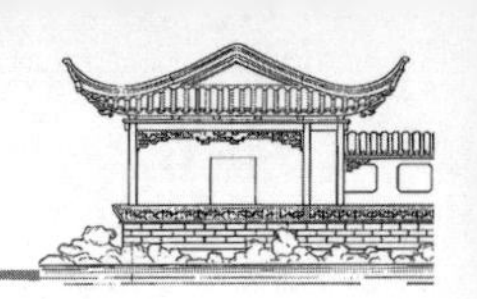

3)质量保证金的返还

缺陷责任期内,承包人认真履行合同约定的责任,到期后,承包人向发包人申请返还质量保证金。

发包人在接到承包人返还质量保证金申请后,应于14天内会同承包人按照合同约定的内容进行核实。如无异议,发包人应当按照约定将质量保证金返还给承包人。对返还期限没有约定或者约定不明确的,发包人应当在核实后14天内将质量保证金返还承包人,逾期未返还的,依法承担违约责任发包人在接到承包人返还质量保证金申请后14天内不予答复,经催告后14天内仍不予答复,视同认可承包人的返还保证金申请。

【案例 10.2】

背景:某施工单位承包某工程项目,甲乙双方签订的关于工程价款的合同内容有:

1.建筑安装工程造价660万元,建筑材料及设备费占施工产值的比重为60%;

2.工程预付款为建筑安装工程造价的20%。工程实施后,工程预付款从未施工工程尚需的建筑材料及设备费相当于工程预付款数额时起扣,从每次结算工程价款中按材料和设备占施工产值的比重扣抵工程预付款,竣工前全部扣清;

3.工程进度款逐月计算;

4.工程质量保证金为建筑安装工程造价的3%,竣工结算月一次扣留;

5.建筑材料和设备价差调整按当地工程造价管理部门有关规定执行(当地工程造价管理部门有关规定,上半年材料和设备价差上调10%,在6月一次调增)。

工程各月实际完成产值(不包括调整部分),见表10-7。

表 10-7　各月实际完成产值　　万元

月份	2	3	4	5	6	合计
完成产值	55	110	165	220	110	660

问题:

1.通常工程竣工结算的前提是什么?

2.工程价款结算的方式有哪几种?

3.该工程的工程预付款、起扣点为多少?

4.该工程2月至5月每月拨付工程款为多少?累计工程款为多少?

5.6月份办理竣工结算,该工程结算造价为多少?甲方应付工程结算款为多少?

6.该工程在保修期间发生屋面漏水,甲方多次催促乙方修理,乙方一再拖延,最后甲方另请施工单位修理,修理费1.5万元,该项费用如何处理?

解析:

问题1:

答:工程竣工结算的前提条件是承包商按照合同规定的内容全部完成所承包的工程,并符合合同要求,经相关部门联合验收质量合格。

问题2:

答:工程价款的结算方式分为:按月结算、按形象进度分段结算、竣工后一次结算和双方约定的其他结算方式。

问题3:

解:工程预付款:660×20%=132(万元)

起扣点:660−132/60%=440(万元)

问题4:

解:各月拨付工程款为:

2月:工程款55万元,累计工程款55万元

3月:工程款110万元,累计工程款55+110=165(万元)

思考题

1. 园林工程建设项目竣工验收的内容有哪些?分别从工程资料验收和工程内容验收阐述。
2. 阐述竣工决算的程序及涉及哪些部门和单位?
3. 不同阶段竣工验收由哪些单位组织验收?
4. 简述《建设工程质量管理条例》中涉及园林工程项目的保修期限。
5. 简述保修期和缺陷责任期的区别。

附件 1　园林工程概算书

封面

（工程名称）

设 计 概 算

档案号：

共　册　第　册

编制人：________________________（执业或从业印章）

审核人：________________________（执业或从业印章）

审定人：________________________（执业或从业印章）

法定代表人或其授权人：________________________

目　录

序号	编号	名称	页次
1		编制说明	
2		总概算表	
3		其他费用表	
4		综合概算表	
5		×××单项工程概算表	
6		×××单项工程概算表	
		⋮	
		主要设备材料数量及价格表	
		概算相关资料	

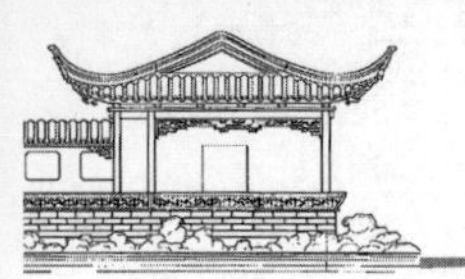

编制说明

1.工程概况

2.主要技术经济指标

3.编制依据

4.风景园林工程费用计算

5.引进设备材料有关费率取定及依据

国外运输费、国外运输保险费、海关税费、增值税、国内运杂费、其他有关税费。

6.工程建设其他费用、预备费等的说明

7.其他应说明的问题

总概算表

总概算编号：__________ 工程名称：__________ 单位：万元　共　页　第　页

序号	概算编号	工程项目或费用名称	设计规模或主要工程量	建筑工程费	设备购置费费	安装工程费	其他费用	合计	其中：引进部分		占投总资比例（%）
									美元	折合人民币	
一		工程费用									
1		主要工程									
（1）											
（2）											
2		辅助工程									
（1）											
3		配套工程									
二		工程建设其他费用									
1											
2											
三		预备费									
四		建设期利息									
五		流动资金									
		建设项目概算总投资									

编制人：　　　　审核人：　　　　审定人：

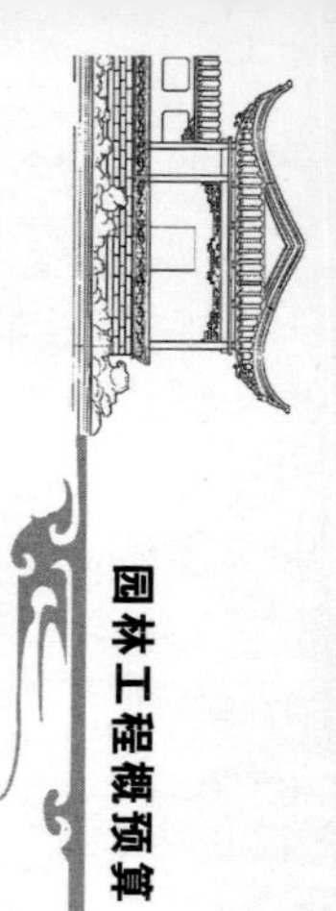

工程建设其他费用表

工程名称：________　　　　单位：万元　共　页　第　页

序号	费用项目编号	费用项目名称	费用计算基数	费率(%)	金额	计算公式	备注
		合计					

编制人：　　　　审核人：　　　　审定人：

综合概算表

综合概算编号：________　工程名称：________　单位：万元　共　页　第　页

序号	概算编号	工程项目或费用名称	设计规模或主要工程量	建筑工程费	设备购置费	安装工程费	合计	其中：引进部分		主要技术经济指标		
								美元	人民币	单位	数量	单位价值
一		主要工程										
二		辅助工程										
三		配套工程										
		各单项工程概算费用										
		合计										

编制人：　审核人：　审定人：

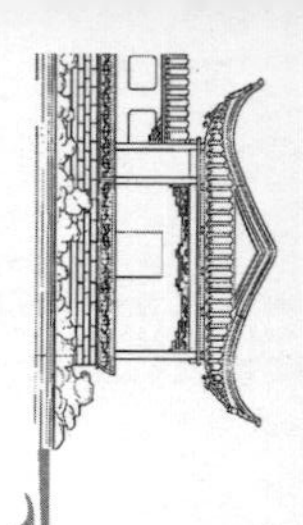

风景园林工程概算表

单项工程概算编号：______________ 单项工程名称：______________ 共 页 第 页

序号	项目编码	工程项目或费用名称	项目名称	单位	数量	综合单价	合价(元)
一		分部分项工程					
(一)		风景园林建筑工程					
1	××	×××××					
2	××	×××××					
(二)		园路工程					
1	××	×××××					
(三)		绿化工程					
1	××	×××××					
		分部分项工程费用小计					
二		可计量措施项目					
(一)	××	×××××					
1	××	×××××					
2	××	×××××					

续表

序号	项目编码	工程项目或费用名称	项目名称	单位	数量	综合单价	合价(元)
(二)		××工程					
1	××	×××××					
		可计量措施项目费用小计					
三		综合取定的措施项目费					
1		安全文明施工费					
2		夜间施工增加费					
3		二次搬运费					
4		冬雨季施工增加费					
5		已完工程及设备保护费					
6		工程定位复测费					
7		特殊地区施工增加费					
8		大型机械设备进出场及安拆费					
	××	×××××					
		综合取定措施项目费用小计					
		合计					

编制人： 审核人： 审定人：

风景园林工程设计概算综合单价分析表

单项工程概算编号：__________ 单项工程名称：__________ 共 页 第 页

<table>
<tr><td>项目编码</td><td></td><td>项目名称</td><td colspan="2"></td><td>计量单位</td><td></td><td>工程数量</td><td></td></tr>
<tr><td colspan="9">综合单价组成分析</td></tr>
<tr><td rowspan="2">定额编号</td><td rowspan="2">定额名称</td><td rowspan="2">定额单位</td><td colspan="3">定额直接费单价(元)</td><td colspan="3">直接费合计</td></tr>
<tr><td>人工费</td><td>材料费</td><td>机械费</td><td>人工费</td><td>材料费</td><td>机械费</td></tr>
<tr><td></td><td></td><td></td><td></td><td></td><td></td><td></td><td></td><td></td></tr>
<tr><td></td><td></td><td></td><td></td><td></td><td></td><td></td><td></td><td></td></tr>
<tr><td rowspan="5">间接费计算</td><td>类别</td><td>取费基数描述</td><td colspan="2">取费基数</td><td>费率(%)</td><td colspan="2">金额(元)</td><td>备注</td></tr>
<tr><td>管理费</td><td>如:人工费</td><td colspan="2"></td><td></td><td colspan="2"></td><td></td></tr>
<tr><td>利润</td><td>如:直接费</td><td colspan="2"></td><td></td><td colspan="2"></td><td></td></tr>
<tr><td>规费</td><td></td><td colspan="2"></td><td></td><td colspan="2"></td><td></td></tr>
<tr><td>税金</td><td></td><td colspan="2"></td><td></td><td></td><td></td><td></td></tr>
<tr><td colspan="9">综合单价(元)</td></tr>
<tr><td rowspan="5">概算定额人、材、机消耗量和单价分析</td><td colspan="2">人、材、机项目名称及规格、型号</td><td>单位</td><td>消耗量</td><td>单价(元)</td><td>合价(元)</td><td colspan="2" rowspan="5">备注</td></tr>
<tr><td colspan="2"></td><td></td><td></td><td></td><td></td></tr>
<tr><td colspan="2"></td><td></td><td></td><td></td><td></td></tr>
<tr><td colspan="2"></td><td></td><td></td><td></td><td></td></tr>
<tr><td colspan="2"></td><td></td><td></td><td></td><td></td></tr>
</table>

编制人： 审核人： 审定人：

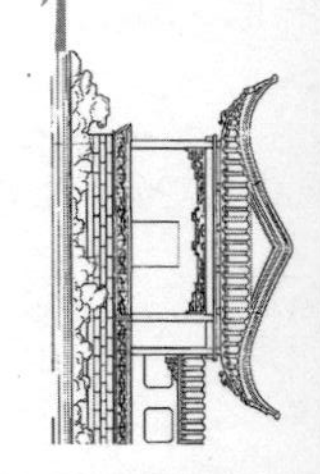

设备及安装工程概算表

单项工程概算编号：________ 单项工程名称：________ 共 页 第 页

序号	项目编码	工程项目或费用名称	项目名称	单位	数量	综合单价（元）		合价（元）	
						设备购置费	安装工程费	设备购置费	安装工程费
一		分部分项工程							
（一）		机械设备安装工程							
1	××	×××××							
2	××	×××××							
（二）		电气工程							
1	××	×××××							
（三）		给排水工程							
1	××	×××××							
		分部分项工程费用小计							
二		可计量措施项目							
（一）	××	××工程							
1	××	×××××							
2	××	×××××							

续表

序号	项目编码	工程项目或费用名称	项目名称	单位	数量	综合单价(元)		合价(元)	
						设备购置费	安装工程费	设备购置费	安装工程费
(二)		××工程							
1	××	×××××							
		可计量措施项目费用小计							
三		综合取定的措施项目费							
1		安全文明施工费							
2		夜间施工增加费							
3		二次搬运费							
4		冬雨季施工增加费							
5		已完工程及设备保护费							
6		工程定位复测费							
7		特殊地区施工增加费							
8		大型机械设备进出场及安拆费							
	××	×××××							
		综合取定措施项目费用小计							
		合计							

编制人：　　　　审核人：　　　　审定人：

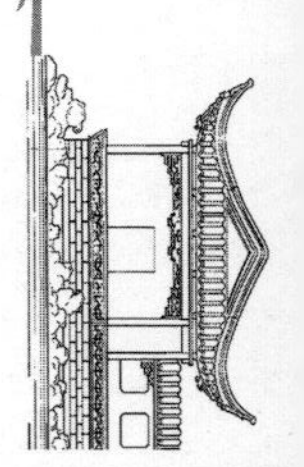

设备及安装工程设计概算综合单价分析表

单项工程概算编号：________　单项工程名称：________　共　页　第　页

项目编码		项目名称			计量单位		工程数量	
综合单价组成分析								
设备或主材名称		设备或主材规格及型号				设备购置费		
定额编号	定额名称	定额单位	定额直接费单价(元)			直接费合计		
			人工费	材料费	机械费	人工费	材料费	机械费
间接费计算	类别	取费基数描述	取费基数		费率(%)	金额(元)		备注
	管理费	如:人工费						
	利润	如:直接费						
	规费							
	税金							
综合单价(元)								
概算定额人、材、机消耗量和单价分析	人、材、机项目名称及规格、型号		单位	消耗量	单价(元)	合价(元)	备注	

编制人：　　　　审核人：　　　　审定人：

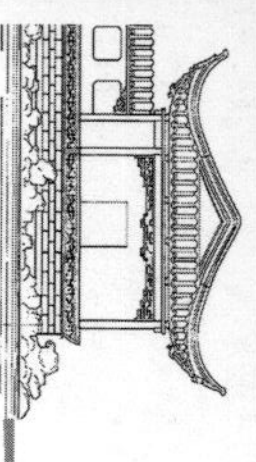

主要设备材料数量及价格表

工程名称：________________　　　　共　页　第　页

序号	设备材料名称	单位	数量	单价(元)	价格来源	备注
		合计				

编制人：　　　　审核人：　　　　审定人：

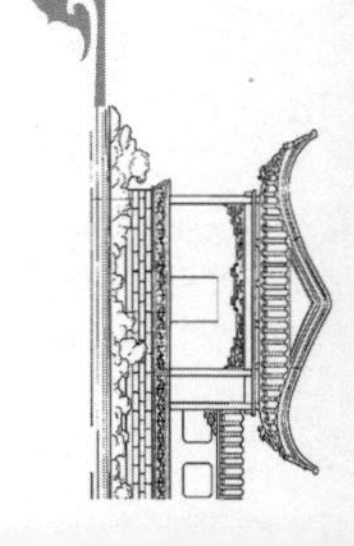

进口设备材料货架及从属费用计算表

序号	设备材料规格名称及费用名称	单位	数量	单价（美元）	外币金额					折合人民币（元）	人民币金额（元）						合计
					货架	运输费	保险费	其他费用	合计		关税	增值税	银行财务费	外贸手续费	国内运杂费	合计	

编制人： 审核人： 审定人：

附件 2　园林工程预算书

园林工程预算书

工程名称：________________	建设面积：________________
工程造价：________________	单位造价：________________
编制人：________________	复核人：________________
（造价人员签字盖专用章）	（造价工程师签字盖专用章）
建设单位：________________	编制单位：________________
（单位盖章）	（单位盖章）
编制时间：____年____月____日	复核时间：____年____月____日

编制说明

1.工程概况

建设规模：

工程特征：

计划工期：

施工现场及变化情况：

自然地理条件：

环境保护要求：

2.工程招标和分包范围

3.工程量清单编制依据

4.工程质量、材料、施工等的特殊要求

5.其他需说明的问题

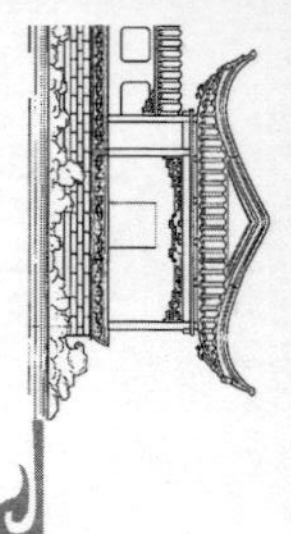

单位工程汇总表

工程名称：　　　　　　　　标段：　　　　　　　　第　页　共　页

序号	汇总内容	金额(元)
1	分部分项工程费	
2	措施项目	
3	其他项目	
4	规费	
5	税金	
	合　计	

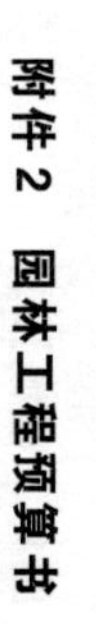

分部分项工程量清单计价表

工程名称：　　　　　　　　　　　　　　标段：　　　　　　　　　　　　　　第　页　共　页

序号	项目编码	项目名称	项目特征	计量单位	工程量	金额(元)	
						综合单价	合价
		分部小计					
		分部小计					
合　计							

措施项目汇总表

工程名称：　　　　标段：　　　　第　页　共　页

序号	项目名称	金额(元)
1	总价措施项目	
2	单价措施项目	
	合　计	

通用措施项目清单计价表

工程名称：　　　　　　　　　　标段：　　　　　　　　　　第　页　共　页

序号	项目编码	项目名称	计算基础	费率	金额(元)
1	050405001001	安全文明施工			
1.1	①	环境保护			
1.2	②	文明施工			
1.3	③	安全施工			
1.4	④	临时设施			
2	050405002001	夜间施工			
3	050405003001	非夜间施工照明			
4	050405004001	二次搬运			
5	050405005001	冬雨季施工			
6	050405006001	反季节栽植影响措施			
7	050405007001	地上、地下设施的临时保护设施			
8	050405008001	已完工程及设备保护			
9	050405009001	工程定位复测费			
合　计					

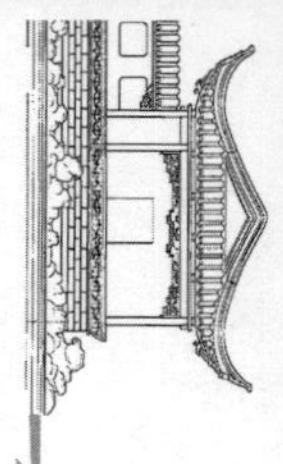

单价措施项目清单计价表

工程名称：　　　　　　　　　　　　　　　　标段：　　　　　　　　　　　　　　　　第　页　共　页

序号	项目编码	项目名称	项目特征描述	计量单位	工程量	金额（元）	
						综合单价	合价
一	脚手架工程						
1							
2							
小计							
二	模板工程						
1							
2							
小计							
三	树木支撑架、草绳绕树干、搭设遮阳（防寒）棚工程						
1							
2							
小计							
四	围堰、排水工程						
1							
2							
小计							
合计							

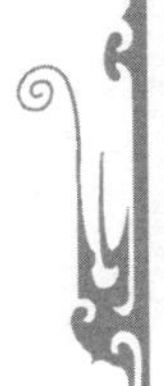

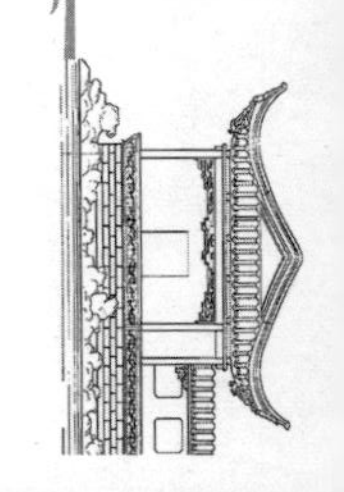

其他项目清单与计价汇总表

工程名称：　　　　　　　　　　标段：　　　　　　　　　　第　页　共　页

序号	项目名称	计量单位	金额(元)	备注
1	暂列金额	项		
2	暂估价			
2.1	材料(设备)暂估价			计算见表
2.2	专业工程暂估价			
3	计日工			
4	总承包服务费			
5	合计			

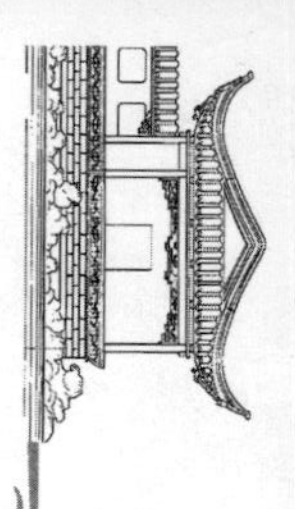

暂列金额明细表

工程名称：　　　　　　　　　　　　　　　　标段：　　　　　　　　　　　　　　　第　页　共　页

序号	项目名称	计量单位	暂定金额(元)	备注
1				
2				
3				
4				
5				
合计				

材料暂估单价及调整表

工程名称：　　　　　　　　　　　　　　标段：　　　　　　　　　　　　　　第　页　共　页

序号	材料（工程设备）名称、规格、型号	计量单位	数量	暂估单价（元）	确认单价（元）	差额	
						差额单价±（元）	差额合价±（元）
1							
2							
3							
4							
合计							

专业工程暂估价表

工程名称：　　　　　　　　　　标段：　　　　　　　　　　第　页　共　页

序号	工程名称	工程内容	金额（元）	备注
1				
2				
3				
4				
合计				

计日工表

工程名称：　　　　标段：　　　　第　页　共　页

编号	项目名称	单位	暂定数量	实际数量	综合单价（元）	合价（元）	
						暂定	实际
一	人工						
1							
2							
3							
4							
5							
人工小计							
二	材料						
1							
2							
3							
4							
5							
材料小计							
三	施工机械						
1							
2							
3							
4							
5							
施工机械小计							
总　计							

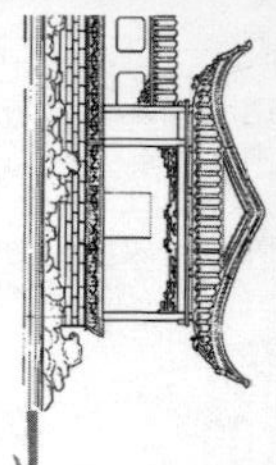

总承包服务费计价表

工程名称：　　　　　　　　　　　　　　标段：　　　　　　　　　　　　　　第　页　共　页

序号	项目名称	项目价值(元)	服务内容	费率%	金额(元)
1	发包人发包专业工程				
2	发包人供应材料				
合计					

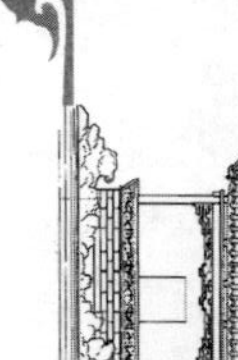

规费、税金清单项目计价表

工程名称：　　　　　　　　　　　　标段：　　　　　　　　　　　　第　页　共　页

序号	项目名称	计算基础	费率(%)	金额(元)
1	规费			
1.1	工程排污费			
1.2	社会保障费			
(1)	养老保险费			
(2)	失业保险费			
(3)	医疗保险费			
(4)	工伤保险费			
(5)	生育保险费			
1.3	住房公积金			
2	税金			
合计				

人、材、机价差表

工程名称：　　　　标段：　　　　第　页　共　页

序号	材料名称及规格	单位	数量	定额价(元)	市场价(元)	价差(元)	价差合计(元)	备注
一	人工							
1								
2								
小计								
二	材料							
1								
2								
小计								
三	机械台班							
1								
2								
小计								
合计								

附件3 工程量清单

________工程

工 程 量 清 单

招　标　人：________	工程造价 咨　询　人：________
（单位盖章）	（单位资质专用章）
法定代表人 或其授权人：________	法定代表人 或其授权人：________
（签字或盖章）	（签字或盖章）
编　制　人：________	复　核　人：________
（造价人员签字盖专用章）	（造价工程师签字盖专用章）
编制时间：　年　月　日	复核时间：　年　月　日

工程量清单扉页

________________工程

工　程　量　清　单

招标人：________________________________(单位盖章)

法定代表人：________________________________(签字盖章)

中介机构：________________________________(单位盖章)

中介机构法定代表人：________________________________(签字盖章)

审核人：____________(签字盖造价工程师执业专用章)

编制人：____________(签字盖造价专业人员专用章)

编制时间：________________________________(单位盖章)

工程量清单总说明

总 说 明

工程名称： 第 页 共 页

附件 4　投资估算文件

投资估算封面格式

(工程名称)

投资估算

档 案 号：

(编制单位名称)
(工程造价咨询单位执业章)
年　月　日

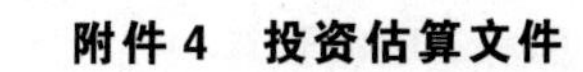

投资估算签署页格式

(工程名称)

投资估算

档　案　号：

编　制　人：　　　　[执业(从业)印章]
审　核　人：　　　　[执业(从业)印章]
审　定　人：　　　　[执业(从业)印章]
法定负责人：

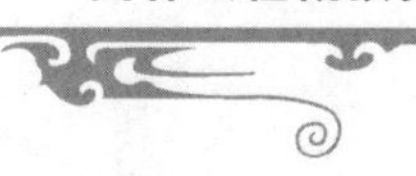

投资估算汇总表

工程名称：

序号	工程和费用名称	估算价值(万元)					技术经济指标			
		建筑工程费	设备及工器具购置费	安装工程费	其他费用	合计	单位	数量	单位价值	比例(%)
一	工程费用									
(一)										
1										
2										
3										
(二)										
1										
2										
3										
(三)										
1										
2										
3										
(四)										
1										
2										
3										
	小计									
二	工程建设其他费用									
1										
2										
3										
	小计									
三	预备费									
1										
2										
	小计									
四	建设期贷款利息									
五	流动资金									
	投资估算合计(万元)									
	比例(%)									

编制人：　　　　　　　　　　　　审核人：

审定人：

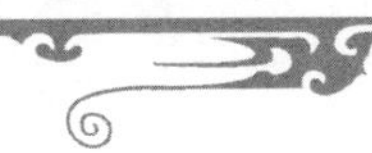

单项工程估算汇总表

工程名称：

序号	工程和费用名称	估算价值(万元)					技术经济指标			
		建筑工程费	设备及工器具购置费	安装工程费	其他费用	合计	单位	数量	单位价值	比例(%)
一	工程费用									
(一)	主要生产系统									
1	××车间									
	一般土建									
	给排水									
	采暖									
	通风空调									
	照明									
	工艺设备及安装									
	工艺金属结构									
	工艺筑炉及保温									
	变配电设备及安装									
	小计									
2										
3										

编制人：　　　　　　　　　　审核人：

审定人：

附件 5　竣工财务决算报表

建设项目竣工财务决算审批表

<table>
<tr><td>建设项目法人（建设单位）</td><td></td><td>建设性质</td><td></td></tr>
<tr><td>建设项目名称</td><td></td><td>主管部门</td><td></td></tr>
<tr><td colspan="4">开户银行意见：

（盖单）
年　月　日</td></tr>
<tr><td colspan="4">专员办审批意见：

（盖单）
年　月　日</td></tr>
<tr><td colspan="4">主管部门或地方财政部门审批意见：

（盖单）
年　月　日</td></tr>
</table>

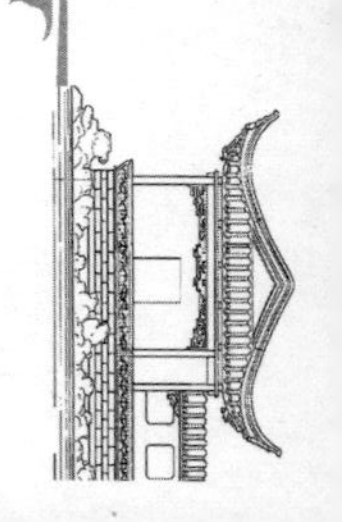

大中型建设项目概况表

<table>
<tr><td>建设项目(单项工程)名称</td><td colspan="2"></td><td>建设地址</td><td></td><td></td><td rowspan="9">基本建设支出</td><td>项目</td><td>概算(元)</td><td>实际(元)</td><td>备注</td></tr>
<tr><td>主要设计单位</td><td colspan="2"></td><td>主要施工企业</td><td></td><td></td><td>建筑安装工程投资</td><td></td><td></td><td></td></tr>
<tr><td rowspan="3">占地面积</td><td>设计</td><td>实际</td><td rowspan="3">总投资/万元</td><td>设计</td><td>实际</td><td>设备、工具、器具</td><td></td><td></td><td></td></tr>
<tr><td rowspan="2"></td><td rowspan="2"></td><td rowspan="2"></td><td rowspan="2"></td><td>待摊投资</td><td></td><td></td><td></td></tr>
<tr><td>其中:建设单位管理费</td><td></td><td></td><td></td></tr>
<tr><td rowspan="2">新增生产能力</td><td colspan="3">能力(效益)名称</td><td>设计</td><td>实际</td><td>其他投资</td><td></td><td></td><td></td></tr>
<tr><td colspan="3"></td><td></td><td></td><td>待销基建支出</td><td></td><td></td><td></td></tr>
<tr><td rowspan="2">建设起止日期</td><td>设计</td><td colspan="4">从 年 月开工至 年 月竣工</td><td>非经营项目转出投资</td><td></td><td></td><td></td></tr>
<tr><td>实际</td><td colspan="4">从 年 月开工至 年 月竣工</td><td>合计</td><td></td><td></td><td></td></tr>
<tr><td>设计概算批准文号</td><td colspan="10"></td></tr>
<tr><td rowspan="3">完成主要工程量</td><td colspan="5">建设规模</td><td colspan="5">设备/(台、套、吨)</td></tr>
<tr><td colspan="3">设计</td><td colspan="2">实际</td><td colspan="2">设计</td><td colspan="3">实际</td></tr>
<tr><td colspan="3"></td><td colspan="2"></td><td colspan="2"></td><td colspan="3"></td></tr>
<tr><td>收尾工程</td><td colspan="3">工程项目、内容</td><td colspan="2">已完成投资额</td><td colspan="2">尚需投资额</td><td colspan="3">完成时间</td></tr>
<tr><td></td><td colspan="3"></td><td colspan="2"></td><td colspan="2"></td><td colspan="3"></td></tr>
</table>

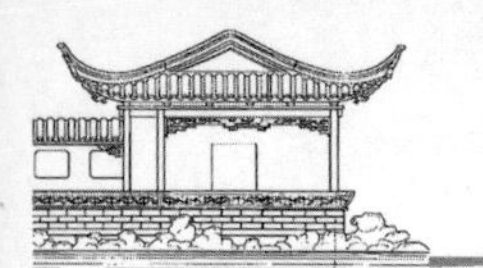

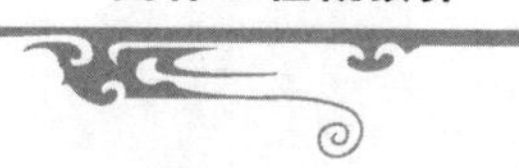

大中型建设项目竣工财务决算表

资金来源	金额	资金占用	金额	补充资料
一、基建拨款		一、基本建设支出		
1.预算拨款		1.交付使用资产		
2.基建基金拨款		2.在建设工程		1.基建投资借款期末余额
其中：国债专项资金拨款		3.待核销基建支出		
3.专项建设基金拨款		4.非经营性项目转出投资		
4.进口设备转账拨款		二、应收生产单位投资借款		
5.器材转账拨款		三、拨付所属投资借款		
6.煤代油专用基金拨款		四、器材		2.应收生产单位投资借款期末数
7.自筹资金拨款		其中：待处理器材损失		
8.其他拨款		五、货币资金		
二、项目资本金		六、预付及应收款		
1.国家资本		七、有价证券		3.基建结余资金
2.法人资本		八、固定资产		
三、项目资本公积金		减：累计折扣		
四、基建借款		固定资产净值		
其中：国债转贷		固定资产清理		
五、上级拨入投资借款		待处理固定资产损失		
六、企业债券资金				
七、待冲基建支出				
八、应付款				
九、未付款				
1.未交税金				
2.未交基建收入				
3.未交基建包干节余				
4.其他未交款				
十、上级拨入资金				
十一、留成收入				
合计		合计		

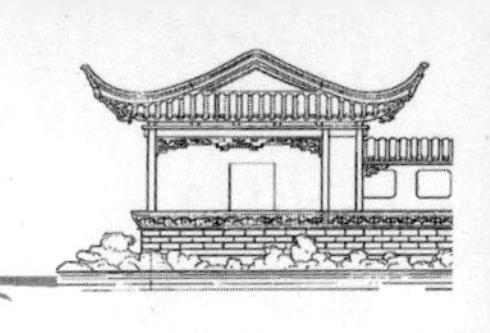

大中型建设项目交付使用资产总表

序号	单项工程项目名称	总计	固定资产				流动资产	无法资产	其他资产
			合计	建安工程	设备	其他			

交付单位： 负责人： 接受单位： 负责人：

盖 章 年 月 日 盖 章 年 月 日

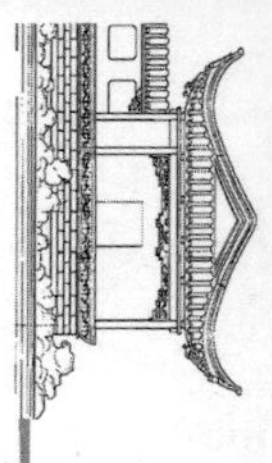

建设项目交付使用资产明细表

单项工程名称	建筑工程			设备、工具、器具、家具						流动资产		无形资产		其他资产	
	结构	面积（m^2）	价值（元）	名称	规格型号	单位	数量	价值（元）	设备安装费（元）	名称	价值（元）	名称	价值（元）	名称	价值（元）

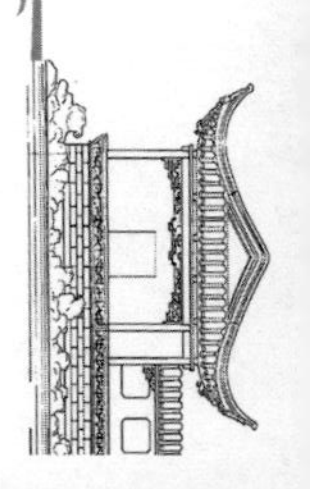

小型建设项目竣工财务决算总表

<table>
<tr><td>建设名称</td><td colspan="3"></td><td colspan="2">建设地址</td><td colspan="2"></td><td colspan="2">资金来源</td><td colspan="2">资金运用</td></tr>
<tr><td>初步设计概算批准文号</td><td colspan="7"></td><td>项目</td><td>金额(元)</td><td>项目</td><td>金额(元)</td></tr>
<tr><td rowspan="3">占地面积</td><td>计划</td><td>实际</td><td rowspan="3">总投资
(万元)</td><td colspan="2">计划</td><td colspan="2">实际</td><td>一、基建拨款
其中:预算拨款</td><td></td><td>一、交付使用资产
二、待核销基建支出</td><td></td></tr>
<tr><td rowspan="2"></td><td rowspan="2"></td><td>固定资产</td><td>流动资金</td><td>固定资产</td><td>流动资金</td><td>二、项目资本</td><td></td><td rowspan="2">三、非经营项目转出投资</td><td rowspan="2"></td></tr>
<tr><td></td><td></td><td></td><td></td><td>三、项目资本公积金</td><td></td></tr>
<tr><td rowspan="2">新增生产能力</td><td colspan="3">能力(效益)名称</td><td colspan="2">设计</td><td colspan="2">实际</td><td>四、基建借款</td><td></td><td rowspan="2">四、应收生产单位投资借款</td><td rowspan="2"></td></tr>
<tr><td colspan="3"></td><td colspan="2"></td><td colspan="2"></td><td>五、上级拨入借款</td><td></td></tr>
<tr><td rowspan="2">建设起止时间</td><td colspan="3">计划</td><td colspan="4">从　年　月开工至　年　月竣工</td><td>六、企业债券资金</td><td></td><td>五、拨付所属投资借款</td><td></td></tr>
<tr><td colspan="3">实际</td><td colspan="4">从　年　月开工至　年　月竣工</td><td>七、待冲基建支出</td><td></td><td>六、器材</td><td></td></tr>
<tr><td rowspan="8">基建支出</td><td colspan="5">项目</td><td>概算(元)</td><td>实际(元)</td><td>八、应付款</td><td></td><td>七、货币资金</td><td></td></tr>
<tr><td colspan="5">建筑安装工程</td><td></td><td></td><td rowspan="2">九、未付款
其中:未交基建收入
未交包干收入</td><td rowspan="2"></td><td>八、预付及应收款</td><td></td></tr>
<tr><td colspan="5">设备、工器具、家具</td><td></td><td></td><td>九、有价证券
十、原有固定资产</td><td></td></tr>
<tr><td colspan="5">待摊投资
其中:建设单位管理费</td><td></td><td></td><td>十、上级拨入资金</td><td></td><td></td><td></td></tr>
<tr><td colspan="5">其他投资</td><td></td><td></td><td>十一、留成收入</td><td></td><td></td><td></td></tr>
<tr><td colspan="5">待核销基建支出</td><td></td><td></td><td></td><td></td><td></td><td></td></tr>
<tr><td colspan="5">非经营性项目转出投资</td><td></td><td></td><td></td><td></td><td></td><td></td></tr>
<tr><td colspan="5">合计</td><td></td><td></td><td>合计</td><td></td><td>合计</td><td></td></tr>
</table>

参考文献

[1] 国家住房和城乡建设部,国家质量监督检疫总局.建设工程工程量清单计价规范(GB 50500—2013).北京:中国计划出版社,2013

[2] 国家住房和城乡建设部,国家质量监督检疫总局.园林绿化工程工程量计算规范(GB 50858—2013).北京:中国计划出版社,2013

[3] 全国造价工程师执业资格考试培训教材编审委员会.建设工程技术与计量(土木建筑工程).北京:中国计划出版社,2017

[4] 全国造价工程师执业资格考试培训教材编审委员会.建设工程造价管理.北京:中国计划出版社,2017

[5] 张琪.园林工程造价员手工算量与实例精析.北京:中国建筑工业出版社,2015

[6] 黎诚,黄开良.工程造价软件应用技巧与操作指南.北京:化学工业出版社,2012

[7] 张建平,杨嘉玲,徐梅,等.园林绿化工程计量与计价.重庆:重庆大学出版社,2015

[8] 北京土木建筑学会,广联达软件股份有限公司.建设工程造价管理基础知识.北京:中国建筑工业出版社,2015

[9] 中华人民共和国住房和城乡建设部.房屋建筑与装饰工程消耗量定额(TY01-31—2015).北京:中国计划出版社,2015

[10] 规范编写组.2013建设工程计价计量规范辅导.北京:中国计划出版社,2013

[11] 董三孝.园林工程概预算与施工组织管理.北京:中国林业出版社,2003

[12] 中华人民共和国住房和城乡建设部.建设工程造价咨询规范(GB/T 51095—2015).北京:中国建筑工业出版社,2015

[13] 梁伊任.园林建设工程.北京:中国城市出版社,2000

[14] 张向辉,程桢.建设工程造价与实务.市政工程、园林绿化工程.哈尔滨:哈尔滨工程大学出版社,2011

园林工程综合案例与素材文件

园林工程综合预算案例与素材文件的网址链接：

http://press.cau.edu.cn/ziyuankutushu/2756.jhtml（网址）

建议使用IE浏览器打开以上网址，下载相关文件。

下载步骤：

1. 注册账户，并登录。
2. 点击【配套资源下载】，下载文件。

文件目录：

综合预算案例：

▽案例1　街区绿化改造预算实例

▽案例2　微空间改造工程预算实例

▽案例3　产业园区景观工程预算实例

▽案例4　生态修复与治理工程预算实例

素材文件：

▽案例1　街区绿化改造预算实例dwg素材文件

▽案例2　微空间改造工程预算实例dwg素材文件

▽案例3　产业园区景观工程预算实例dwg素材文件

▽案例4　生态修复与治理工程预算实例dwg素材文件